U0340973

投入产出方法在资源环境经济领域的应用研究

吴三忙 等◎著

An Applied Study of Input–Output Method in
Resource and Environmental Economics

中国经济出版社
CHINA ECONOMIC PUBLISHING HOUSE

·北京·

图书在版编目（CIP）数据

投入产出方法在资源环境经济领域的应用研究／吴
三忙等著 . —北京：中国经济出版社，2023.6
　ISBN 978 - 7 - 5136 - 7210 - 8

　Ⅰ.①投…　Ⅱ.①吴…　Ⅲ.①投入产出 - 应用 - 资源
经济学 - 环境经济学　Ⅳ.①X196②F062.1

　中国国家版本馆 CIP 数据核字（2023）第 014228 号

责任编辑　郭国玺
责任印制　马小宾
封面设计　任燕飞工作室

出版发行　中国经济出版社
印　刷　者　北京科信印刷有限公司
经　销　者　各地新华书店
开　　　本　710mm×1000mm　1/16
印　　　张　23
字　　　数　344 千字
版　　　次　2023 年 6 月第 1 版
印　　　次　2023 年 6 月第 1 次
定　　　价　128.00 元

广告经营许可证　京西工商广字第 8179 号

中国经济出版社 网址 www.economyph.com **社址** 北京市东城区安定门外大街 58 号 **邮编** 100011
本版图书如存在印装质量问题，请与本社销售中心联系调换（联系电话：010 - 57512564）

本书为

国家自然科学基金面上资助项目（71773118）

序　言

投入产出分析是经济学中应用最广泛的方法之一。1973 年诺贝尔经济学奖得主华西里·列昂惕夫在 1941 年出版的代表作《1919—1939 年美国经济结构：均衡分析的经验应用》中详细说明了投入产出分析的具体内容和应用方法，其后投入产出方法被广泛应用。特别是自 20 世纪 70 年代开始，投入产出方法应用范围逐渐扩大，扩大到产业结构分析、环境污染核算、收入分配、国际贸易预测等领域。

2009 年，我有幸进入清华大学公共管理学院进行博士后研究工作，合作导师为李善同教授。在李老师的指导下，我开始了投入产出方法的应用研究。2011 年，我进入中国地质大学（北京）经济管理学院工作。在 10 余年的教学科研中，我和我的硕士、博士研究生们主要运用投入产出方法开展了资源环境、国际贸易、地区经济发展等方面的系列研究。本书正是近年来这一系列研究成果的总结，共七章。

第一章为投入产出方法概述。本章主要介绍了投入产出方法、投入产出表类型、投入产出表特点和投入产出基本模型，为运用投入产出方法提供基础支撑。

第二章为基于投入产出方法的国内碳排放转移研究。本章主要利用投入产出方法分析了我国居民消费、投资等导致的碳排放、碳排放转移以及京津冀地区与其他地区间的隐含碳转移。研究发现，中国居民消费和投资消费导致的碳排放呈快速增长态势，中国居民消费和投资消费导致的碳排放转移呈现出增长迅速、非均衡性和多层次性等特点，大规模碳排放转移主要表现为山西、内蒙古、河北、陕西等能源富集省份向东部沿海省份调出大量碳排放；为满足北京和天津投资、消费和出口等最终需求，河北产生了大量碳排放，并向北京和天津净调出了大量碳排放。

第三章为基于投入产出方法的中国生产侧与需求侧碳排放核算。本章基于生产者责任原则与消费者责任原则分别对中国碳排放进行测算，旨在从两个方面理解不同原则下中国的碳减排责任。研究发现，中国自身需求拉动的碳排放占70%～80%，其他国家需求拉动的碳排放占20%～30%，其中拉动占比较高的国家为美国、日本、欧盟国家，其次为印度、韩国、加拿大，除印度外均为发达国家。1995—2014年中国进口拉动的碳排放呈增长趋势，其中拉动量较大的国家（或地区）为美国、日本、韩国、俄罗斯、欧盟以及中国台湾地区，占比均为10%左右。

第四章为基于投入产出方法的国际碳排放转移研究。本章主要利用投入产出方法分析我国生产侧和消费侧碳排放，分析生产侧和消费侧碳排放变化的影响因素，并从省级层面分析出口导致的碳排放转移。研究发现，中国存在大规模的碳排放贸易"顺差"，是隐含碳排放净输出国，2007年中国的出口碳排放量和净出口碳排放量均达峰值；中国出口隐含碳排放的产生地和进口隐含碳排放的需求地在空间分布上呈现高度集中的特点，中西部省份是中国净出口隐含碳排放的主要区域，中西部省份出口隐含碳排放受东部省份出口的溢出效应影响较大；自2012年中国经济进入"新常态"以来，中国经济增长率有所下降，导致影响中国生产侧碳排放和消费侧碳排放增长的因素发生重大变化。

第五章为基于投入产出方法的国际贸易不公平性研究。本章基于投入产出方法重点分析了国际贸易或参与全球价值链分工隐含的增加值收益及碳排放转移，进而分析国际贸易导致的经济收益与环境代价的不公平性。研究发现，相较增加值贸易核算，贸易总值统计的方法对中美货物贸易失衡平均高估了48.76%，中国向美国出口产品隐含碳排放强度是美国对中国出口产品隐含碳排放强度的1.6倍，中国在中美贸易中承担了与自身经济收益不对等的环境成本；中国向亚太经济合作组织（以下简称"亚太经合组织"，英文为Asia – Pacific Economic Cooperation，APEC）成员出口产品碳排放强度降低，新加坡、文莱、澳大利亚、韩国、泰国是中国碳排放的净进口国和增加值的净出口国，亚太经合组织成员（除俄罗斯和越南）较中国碳排放强度更低，其中，中国在与新加坡、文莱、澳大利亚的双边贸易中处于不利地位；传统贸易和全球价值链（Global Value Chain，GVC）相关活动表现出的贸易特征有较大差别，通过简单全球价值链途径进行的贸易尤其值得关注，电力、金属、非金属行业是碳排放出口最多的部门，而这几个部门创造增加值的能力有限，在承担了较大碳排放成本的同时只获得了较少的经济收益。

第六章为基于投入产出方法的虚拟水转移研究。本章主要利用投入产出方法分析我国省际贸易中隐含的虚拟水转移和经济收益、我国地区出口导致的虚拟水消耗与增加值收益的不公平交换和对外贸易中隐含的虚拟水转移。研究发现，位于南部沿海、东部沿海和京津的发达省份由于贸易缓解了缺水状况，而位于西北和中部地区的欠发达省份由于贸易加剧了缺水状况；发达省份是中国省际贸易带来的虚拟水和增加值收益净转移的主要受益者，而位于西北和中部地区的欠发达省份遭受了虚拟水转移和经济收益的较大不均衡；东部沿海、南部沿海、京津和北部地区在出口导致的增加值和虚拟水交换中受益，而西北、西南、东北和中部地区在出口中处于劣势地位。

第七章为基于投入产出方法的区域发展研究。本章主要运用投入产出方法分析中国区域发展问题，以山西省为例深入研究了资源型地区融入全球价值链分工的境况变化。研究发现，在国内循环中，中国通过省内循环获得的增加值较多，而通过省际循环获得的增加值不足，且近年来呈下降趋势；中西部省份通过省内循环获得的增加值较多，而通过省际循环与国际循环获得的增加值明显不足；以山西省为代表的资源型省份在全球价值链分工参与中的境况逐渐恶化，而以东部沿海省份为主的加工制造型省份的境况逐渐改善。

本书能够顺利出版，首先要感谢国家自然科学基金面上项目的资助，也要感谢我的硕士、博士研究生们，本书的出版凝聚了他们的辛苦付出。其中，第一章、第三章、第四章由吴三忙完成，第二章由李秋萍、陈萌萌和吴三忙合作完成，第五章由熊云君、刘琼媛和吴三忙合作完成，第六章由郑洁和吴三忙合作完成，第七章由范晓佳和吴三忙合作完成。当然，正如人类一切新知的产生都无法离开前人创造性劳动成果一样，本书的出版参考了诸多学者的相关研究成果，由于篇幅和信息完整性所限，无法一一列出，谨在此表示感谢。

最后，感谢中国经济出版社郭国玺编辑为本书出版提供的帮助和支持。

吴三忙

2022 年 6 月 18 日

目　录

第一章 投入产出方法概述

本章主要阐述投入产出方法起源、投入产出表结构和投入产出基本模型，为运用投入产出方法开展经济、资源、环境等研究奠定基础。

第一节 投入产出方法与投入产出表

一、投入产出方法简介

国民经济的不同部门之间存在交流关系，这种交流可以看作是一种循环系统（见图1–1），对这一循环系统的研究称为投入产出分析。具体而言，投入产出分析是利用投入产出方法通过投入产出表、投入产出模型对产业间"投入"与"产出"的数量比例关系进行分析。投入产出方法由华西里·列昂惕夫（Wassily Leontief）于20世纪30年代后期开创。1973年他被授予诺贝尔经济学奖，因此，人们也将投入产出模型称为"列昂惕夫模型"。如今，列昂惕夫提出的基本概念已成为各种经济分析的关键组成部分，投入产出方法也成为经济学应用最广泛的方法之一（Baumol，2000）。特别是自20世纪70年代开始，投入产出方法应用范围逐渐扩大，扩大到产业结构、核算环境污染、收入分配、财富与资金流量分析与国际贸易预测等领域。

我国自1974年编制投入产出表以来，在经济工作中积极开展投入产出方法的研究和应用工作。目前，各省市和部门都编制了投入产出表，为运用投入产出方法分析国民经济各部门之间生产与分配的数量依存关系以及区域联系等提供了重要基础。

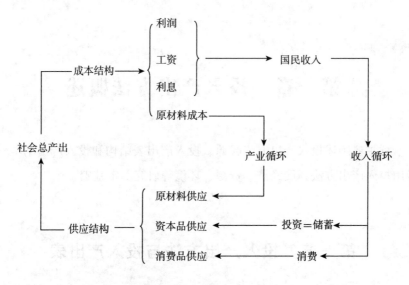

图1-1 国民经济系统循环

二、投入产出表类型

用投入产出方法对相关数据进行分析,投入产出表是基础。所谓投入产出表,是依据经济系统内各部门间的投入与产出的数量关系编制而成的矩形表格。按照投入产出表编制形态划分,可分为实物型投入产出表和价值型投入产出表。

(一) 实物型投入产出表

实物型投入产出表是以产品的标准单位为自然单位计量的,用来显示国民经济各部门主要产品的投入与产出关系,即这些主要产品的生产、使用情况以及它们在生产消耗上的相互联系和比例关系。实物型投入产出表的一般形式如表1-1所示。

表1-1 简化的一般实物型投入产出表

投入	单位	中间产品							最终产品	总产品
		产品1	产品2	…	产品j	…	产品n	合计		
产品1		x_{11}	x_{12}	…	x_{1j}	…	x_{1n}	U_1	Y_1	X_1
产品2		x_{21}	x_{22}	…	x_{2j}	…	x_{2n}	U_2	Y_2	X_2

投入	单位	中间产品						最终产品	总产品
		产品1	产品2	⋯	产品 j	⋯	产品 n	合计		
$\vdots$		$\vdots$	$\vdots$		$\vdots$		$\vdots$	$\vdots$	$\vdots$	$\vdots$
产品 i		x_{i1}	x_{i2}	⋯	x_{ij}	⋯	x_{in}	U_i	Y_i	X_i
$\vdots$		$\vdots$	$\vdots$		$\vdots$		$\vdots$	$\vdots$	$\vdots$	$\vdots$
产品 n		x_{n1}	x_{n2}	⋯	x_{nj}	⋯	x_{nn}	U_n	Y_n	X_n
劳动力		L_1	L_2	⋯	L_j	⋯	L_n	L	—	L

表 1 – 1 中，x_{ij} 是指第 j 种产品生产时所消耗第 i 种产品的数量，或者是第 i 种产品提供给第 j 种产品生产时的需要量。例如，x_{12} 既表示生产第 2 种产品所需要第 1 种产品的投入数量，又表示满足第 2 种产品生产所需要第 1 种产品的产出数量。Y_i 是指第 i 种产品用作最终使用的数量。X_i 是指第 i 种产品的生产总量。L_j 是指 j 部门生产产品的劳动力需要量。L 是指各种产品所需劳动力数量之和。

表 1 – 1 中，沿横行方向看，各项反映各类产品和劳动力的分配使用情况，其中包括作为中间产品的分配使用和作为最终产品的分配使用；沿纵列方向看，各项反映各类产品在生产过程中所消耗的各种产品数量和劳动力数量，合计为整个社会主要最终产品的构成和各种产品的总量。由于采用实物单位计量，表 1 – 1 的纵列各项元素不能相加，也就不能反映产品的价值运动。

（二）价值型投入产出表

最常用的是用统一货币单位计量的价值型投入产出表，其简化的一般形式如表 1 – 2 所示。

表 1 - 2　价值型投入产出表基本结构

投入	中间使用（中间需求）					固定资产更新与大修	最终产品 Y（最终需求）							总产出（总产值）
	部门 1	部门 2	…	部门 n	小计		积累 K			消费 W			合计	
							生产性积累 $K①$	非生产性积累 $K②$	小计	个人消费 $W①$	社会消费 $W②$	小计		
物质消耗　部门 1	x_{11}	x_{12}	…	x_{1n}	$\sum_{j=1}^{n} x_{1j}$	C_1	$K_1①$	$K_1②$	K_1	$W_1①$	$W_1②$	W_1	Y_1	X_1
部门 2	x_{21}	x_{22}	…	x_{2n}	$\sum_{j=1}^{n} x_{2j}$	C_2	$K_2①$	$K_2②$	K_2	$W_2①$	$W_2②$	W_2	Y_2	X_2
…	…	…	…	…	…	…	…	…	…	…	…	…	…	…
部门 n	x_{n1}	x_{n2}	…	x_{nn}	$\sum_{j=1}^{n} x_{nj}$	C_n	$K_n①$	$K_n②$	K_n	$W_n①$	$W_n②$	W_n	Y_n	X_n
小计（不包括折旧）	$\sum_{i=1}^{n} x_{i1}$	$\sum_{i=1}^{n} x_{i2}$	…	$\sum_{i=1}^{n} x_{in}$	$\sum_{i=1}^{n}\sum_{j=1}^{n} x_{ij}$	$\sum_{i=1}^{n} C_i$	$\sum_{i=1}^{n} K_i①$	$\sum_{i=1}^{n} K_i②$	$\sum_{i=1}^{n} K_i$	$\sum_{i=1}^{n} W_i①$	$\sum_{i=1}^{n} W_i②$	$\sum_{i=1}^{n} W_i$	$\sum_{i=1}^{n} Y_i$	X_i
固定资产折旧	D_1	D_2	…	D_n	D_j									
合计（包括折旧）	C_1	C_2	…	C_n	C_j									
新价值创造　劳动报酬	V_1	V_2	…	V_n	V_j									
社会纯收入	M_1	M_2	…	M_n	M_j									
合计	N_1	N_2	…	N_n	N_j									
总计：总产值（总投入）	X_1	X_2	…	X_n	X_j									

其中，x_{ij} 表示第 j 产业部门生产中所消耗第 i 部门产品数量的价值；X_i 表示第 i 产业部门的年产品价值总量；Y_i 表示第 i 产业部门所提供的年最终产品的价值；D_j 表示第 j 产业部门全年提取折旧基金；C_j 表示第 j 产业部门全年生产中的价值转移总量；N_j 表示第 j 产业部门在一年内所创造的国民收入；V_j 表示第 j 产业部门劳动者一年内的劳动报酬；M_j 表示第 j 产业部门劳动者在一年内创造的纯收入。

表 1-2 中，纵列数字是各个产业的投入结构，即各产业为了进行生产，从包括本产业在内的各个产业购进了多少中间产品（原材料）以及为使用各生产要素支付了多少费用，包括工资、利息等。因此，每一纵列反映了相应产业部门的投入构成，其总计就是总投入。

三、投入产出表特点

第一，投入产出表从国民经济是个有机整体的观点出发，综合研究各个具体部门间的技术经济联系，既有社会总产品、中间产品、国民收入、积累基金、消费基金等综合指标，又有按产品部门或大类产品分组的分解指标，二者有机结合，形成一张投入产出表。

第二，投入产出表用棋盘式平衡表把各部门的投入与产出关系有机结合在一起，从生产消耗和分配使用两个方面来反映产品在部门间的运动过程，同时，也反映了产品的价值形成过程和使用价值的运动过程以及生产和（生产）消费的同一性，提供了所有部门间相互消耗和相互提供产品的内在联系。

第三，投入产出表包括直接消耗系数、完全消耗系数、劳动消耗系数、生产基金占用系数、生产性积累占用系数等各种系数，一方面，反映了在一定技术水平和生产组织条件下国民经济各部门间的技术经济联系；另一方面，可以用来测定和体现社会总产品和中间产品、社会总产品和最终产品之间的数量联系。换言之，该表既反映了部门间的直接联系，又反映了部门间的全部间接联系。

第四，投入产出表本身是一个经济矩阵，就是一个部门联系平衡模型，可运用现代数学方法和电子计算机进行运算，并与数学规划和其他数量经济方法相结合，发展成为经济预测、政策模拟和计划择优的经济数学模型。因此，与现代数学方法和电子计算技术的结合，可以说是投入产出法的重要特点之一。

第二节　投入产出基本模型

一、价值型投入产出表的平衡关系

价值型投入产出表可以按行、按列以及行与列之间分别建立起平衡关系。

（一）各行的平衡关系

各行的平衡关系为：各行的中间产品 + 各行的最终产品 = 各行的总产品。其数学表达式为

$$\begin{cases} x_{11} + x_{12} + \cdots + x_{1j} + \cdots + x_{1n} + Y_1 = X_1 \\ x_{21} + x_{22} + \cdots + x_{2j} + \cdots + x_{2n} + Y_2 = X_2 \\ \qquad\qquad\qquad\vdots \\ x_{n1} + x_{n2} + \cdots + x_{nj} + \cdots + x_{nn} + Y_n = X_n \end{cases} \qquad (1-1)$$

即

$$\sum_{j=1}^{n} x_{ij} + Y_i = X_i (i = 1, 2, \cdots, n)$$

这些平衡关系反映了各产业部门产品的流向。

（二）各列的平衡关系

各列的平衡关系为：各列的生产资料转移价值 + 各列新创造价值 = 各列的总产值。其数学表达式为

$$\begin{cases} x_{11} + x_{21} + \cdots + x_{i1} + \cdots + x_{n1} + D_1 + N_1 = X_1 \\ x_{12} + x_{22} + \cdots + x_{i2} + \cdots + x_{n2} + D_2 + N_2 = X_2 \\ \qquad\qquad\qquad\vdots \\ x_{1n} + x_{2n} + \cdots + x_{in} + \cdots + x_{nn} + D_n + N_n = X_n \end{cases} \qquad (1-2)$$

即

$$\sum_{i=1}^{n} x_{ij} + D_j + N_j = X_j (j = 1, 2, \cdots, n) \qquad (1-3)$$

各列的平衡关系说明了各产业部门的价值形成的产出过程,反映了每一产业部门的产出与各产业部门为之投入的平衡关系。

(三)行与列之间的平衡关系

横行各产业部门的总产出等于相对应的同名称的纵列各产业部门的总投入。其数学表达式为

$$\sum_{i=1}^{n} x_{i'j} + D'_j + N'_j = \sum_{j=1}^{n} x_{i'j} + Y_{i'} (当 i' = j' 时) \qquad (1-4)$$

最终产品总量等于国民收入总量和固定资产折旧总量之和,需求部分和附加价值部分相等。其数学表达式为

$$\sum_{j=1}^{n} D_j + \sum_{j=1}^{n} N_j = \sum_{i=1}^{n} Y_i \qquad (1-5)$$

二、投入产出模型

投入产出模型是由系数、变量的函数关系组成的数学方程组构成。其模型建立一般分两步:第一步,依据投入产出表计算各类系数;第二步,在第一步基础上,依据投入产出表的平衡关系,建立投入产出的数学函数表达式,即投入产出模型。

(一)各类系数

1. 直接消耗系数

直接消耗系数又叫投入系数,其经济含义是生产单位 j 产品所直接消耗的 i 产品的数量,直接消耗系数的计算公式为

$$a_{ij} = \frac{x_{ij}}{X_j} \ (i, j = 1, 2, \cdots, n) \qquad (1-6)$$

用矩阵形式表示则为

$$A = Q \hat{X}^{-1} \qquad (1-7)$$

式(1-7)中

$$A = \begin{bmatrix} a_{11} & a_{12} & \cdots & a_{1n} \\ a_{21} & a_{22} & \cdots & a_{2n} \\ \vdots & \vdots & \ddots & \vdots \\ a_{n1} & a_{n2} & \cdots & a_{nn} \end{bmatrix}$$

$$Q = \begin{bmatrix} x_{11} & x_{12} & \cdots & x_{1n} \\ x_{21} & x_{22} & \cdots & x_{2n} \\ \vdots & \vdots & \ddots & \vdots \\ x_{n1} & x_{n2} & \cdots & x_{nn} \end{bmatrix}$$

$$\hat{X}^{-1} = \begin{bmatrix} \dfrac{1}{X_1} & 0 & \cdots & 0 \\ 0 & \dfrac{1}{X_2} & \cdots & 0 \\ \vdots & \vdots & \ddots & \vdots \\ 0 & 0 & \cdots & \dfrac{1}{X_n} \end{bmatrix}$$

矩阵 A 就是直接消耗系数矩阵，反映了投入产出中各产业部门间的技术经济联系和产品之间的技术联系。直接消耗系数是建立模型最重要、最基本的系数。

2. 直接折旧系数

直接折旧系数的经济含义是某产业部门生产单位产品所提取的直接折旧费用的数额。其计算公式为

$$a_{Dj} = \frac{D_j}{X_j} \quad (j = 1, 2, \cdots, n) \tag{1-8}$$

其中，a_{Dj} 表示第 j 产业部门单位产品所提取的折旧费。

3. 国民收入系数

国民收入系数也称净产值系数，表示某产业部门生产单位产品所创造的国民收入或净产值的数额。其计算公式为

$$a_{Nj} = \frac{N_j}{X_j} \quad (j = 1, 2, \cdots, n) \tag{1-9}$$

其中，a_{Nj} 表示 j 部门生产单位产品所创造的国民收入数额。

4. 完全消耗系数

由于各产业的产品在生产过程中除了与相关产业有直接联系外，还与有关产业有间接联系，从而使得各产业的产品在生产中除了直接消耗，还存在间接消耗，完全消耗系数是对这种直接消耗联系与间接消耗联系的全面反映。完全消耗系数在投入产出分析中起着重要的作用，它能深刻地反映一个部门的生产与本部门和其他部门发生的经济数量关系，因此，完全消耗系数比直接消耗系数更本质、更全面地反映部门内部和部门之间的技术经济联系，这对正确地分析国民经济、产业结构十分重要。除此之外，完全消耗系数对经济预测和计划制订也有很大的作用。

完全消耗系数的经济含义是某产业部门单位产品的生产，对各产业部门产品的直接消耗量和间接消耗量的总和。也就是说，完全消耗系数等于直接消耗系数与间接消耗系数之和。用公式表示为

$$b_{ij} = a_{ij} + \sum_{k=1}^{n} b_{ik}a_{kj}(i,j = 1,2,\cdots,n) \qquad (1-10)$$

其中，b_{ij} 为完全消耗系数，表示生产单位 j 产品直接消耗和间接消耗 i 产品数量之和（$i = 1, 2, \cdots, n$）；a_{ij} 为直接消耗系数，其含义如前所述；$\sum_{k=1}^{n} b_{ik}a_{kj}$ 为间接消耗系数，其中 k 为中间产品部门，$\sum_{k=1}^{n} b_{ik}a_{kj}$ 表示通过 k 种中间产品而形成的生产单位 j 产品对 i 产品的全部间接消耗量。

用矩阵表示，即

$$B = (I-A)^{-1} - I \qquad (1-11)$$

式（1-11）中

$$B = \begin{bmatrix} b_{11} & b_{12} & \cdots & b_{1n} \\ b_{21} & b_{22} & \cdots & b_{2n} \\ \vdots & \vdots & \ddots & \vdots \\ b_{n1} & b_{n2} & \cdots & b_{nn} \end{bmatrix} \qquad (1-12)$$

$(I-A)^{-1}$ 是 $(I-A)$ 的逆阵。

上述系数的确立，为建立一系列的投入产出模型做了准备。

（二）投入产出两个基本模型

1. 按行平衡关系式建立的投入产出模型

由直接消耗系数 $a_{ij} = \dfrac{x_{ij}}{X_j}$，得到 $x_{ij} = a_{ij} \times X_j$，并将其代入上文按行建立的平衡关系式，就得到如下投入产出模型

$$\begin{cases} a_{11}X_1 + a_{12}X_2 + \cdots + a_{1j}X_j + \cdots + a_{1n}X_n + Y_1 = X_1 \\ a_{21}X_1 + a_{22}X_2 + \cdots + a_{2j}X_j + \cdots + a_{2n}X_n + Y_2 = X_2 \\ \qquad\qquad\qquad\qquad \vdots \\ a_{n1}X_1 + a_{n2}X_2 + \cdots + a_{nj}X_j + \cdots + a_{nn}X_n + Y_n = X_n \end{cases} \quad (1-13)$$

用矩阵变换，上述投入产出方程组模型可转换成

$$(I - A)\ X = Y$$

其变换过程是：

用和式号表示上述方程组，则为

$$\sum_{j=1}^{n} a_{ij}X_j + Y_i = X_i (i = 1, 2, \cdots, n) \quad (1-14)$$

由式（1-14）移项得

$$X_i - \sum_{j=1}^{n} a_{ij}X_j = Y_i (i = 1, 2, \cdots, n) \quad (1-15)$$

将式（1-15）变换成矩阵，则得到

$$(I - A)\ X = Y \quad (1-16)$$

式（1-16）中

$$(I - A) = \begin{bmatrix} 1 - a_{11} & -a_{12} & \cdots & -a_{1n} \\ -a_{21} & 1 - a_{22} & \cdots & -a_{2n} \\ \vdots & \vdots & \ddots & \vdots \\ -a_{n1} & -a_{n2} & \cdots & 1 - a_{nn} \end{bmatrix}; \ X = \begin{bmatrix} X_1 \\ X_2 \\ \vdots \\ X_n \end{bmatrix}$$

$$Y = \begin{bmatrix} Y_1 \\ Y_2 \\ \vdots \\ Y_n \end{bmatrix}; \quad I = \begin{bmatrix} 1 & 0 & \cdots & 0 \\ 0 & 1 & \cdots & 0 \\ \vdots & \vdots & \ddots & \vdots \\ 0 & 0 & \cdots & 1 \end{bmatrix}$$

$(I-A)$ 被称为列昂惕夫矩阵，其经济含义是，矩阵中的纵列表明每种产品的投入与产出关系；每一列都说明某产业为生产一个单位产品所要投入各相应产业的产品数量；负号表示投入，正号表示产出，对角线上各元素则是各产业产品扣除自身消耗后的净产出。显然，上述投入产出的变换矩阵式（1-16），通过矩阵 $(I-A)$ 把 X 与 Y 的关系揭示了出来，即揭示了总产品与最终产品之间的相互关系。

2. 按列平衡关系式建立的投入产出模型

同理，将 $x_{ij}=a_{ij}$ 代入按列建立的平衡关系式，可得如下投入产出模型

$$\begin{cases} a_{11}X_1 + a_{21}X_1 + \cdots + a_{n1}X_1 + \cdots + D_1 + N_1 = X_1 \\ a_{12}X_2 + a_{22}X_2 + \cdots + a_{n2}X_2 + \cdots + D_2 + N_2 = X_2 \\ \qquad\qquad\qquad \vdots \\ a_{1n}X_n + a_{2n}X_n + \cdots + a_{nn}X_n + \cdots + D_n + N_n = X_n \end{cases} \quad (1-17)$$

用矩阵可将该模型转换成：$(I - \hat{C})\ X = N$。

其转换过程是：

将直接折旧系数公式得到的 $D_i = a_{Dj}X_j$ 代入上述方程组，用和式符号表示：$\sum\limits_{i=1}^{n} a_{ij}X_j + D_j + N_j = X_j(j=1,2,\cdots,n)$，可得

$$\sum_{i=1}^{n} a_{ij}X_j + a_{Dj}X_j + N_j = X_j(j=1,2,\cdots,n) \quad (1-18)$$

将式（1-18）整理可得

$$\left(I - \sum_{i=1}^{n} a_{ij} - a_{Dj}\right)X_j = N_j(j=1,2,\cdots,n) \quad (1-19)$$

将式（1-19）写成矩阵形式可得

$$(I - \hat{C})\ X = N \quad (1-20)$$

其中，I 为单位矩阵，X 矩阵同前。

$$\hat{C} = \begin{bmatrix} \sum\limits_{i=1}^{n} a_{i1} + a_{D1} & 0 & \cdots & 0 \\ 0 & \sum\limits_{i=1}^{n} a_{i2} + a_{D2} & \cdots & 0 \\ \vdots & \vdots & \ddots & \vdots \\ 0 & 0 & \cdots & \sum\limits_{i=1}^{n} a_{in} + a_{Dn} \end{bmatrix}, N = \begin{bmatrix} N_1 \\ N_2 \\ \vdots \\ N_n \end{bmatrix}$$

$\hat{C}$ 矩阵各元素描述了转移价值系数，即直接物质消耗系数加直接折旧系数；$(I - \hat{C})$ 矩阵中的各元素则揭示了总产值与国民收入之间的函数关系。

第三节　区域间投入产出模型

一、两种区域间投入产出模型

自 20 世纪后半期以来，投入产出模型被应用于一个国家内部不同区域间经济联系的研究。Miller 和 Blair（1985）认为，一国内部区域层面存在两个典型的特征使得利用区域投入产出模型进行分析成为必要，原因在于：一方面，一国各区域具有不同的生产技术特征，区域之间可能接近，也可能相去甚远，但是不会完全相同，这在投入产出表中就表现为不同的中间投入结构；另一方面，一国内部区域对外部经济存在依赖，这不仅表现在国际贸易上，也表现在国内贸易上。正因如此，区域间投入产出模型成为研究区域问题非常重要的工具。

从投入产出模型的理论来看，Isard（1951）提出的区域间投入产出模型（Interregional Input – Output Models）是最为理想的区域间经济联系分析工具，该投入产出表不仅包含区域内部的经济联系，而且具有十分详细的区域经济联系，能够明确各区域每一种用途的商品来源。但在现实中，由于这种非常翔实的贸易数据很难收集，因此，很少有研究采用 Isard 提出的区域间投入产出模型。为了克服数据收集的这一难点，Chenery（1953）和 Moses（1955）共同提出了 Multi – Regional Input – Output Model（MRIO 模型），也称为 Chenery – Moses 模型或列系数模型。该模型假设，各区域的商品不管是被用于不同部门的中间投入、最终消费还是投资，尽管商品用途不同，但商品来源构成是一样的，①因此，对区域间的贸易数据只需要了解生产地和使用地，而无须了解该贸易品是被用于哪个部门还是被用于最终消费或投资，这大大地减少了数据的需求量。

二、MRIO 模型

假定一国内部有 n 个区域 m 个生产部门，进一步假设每个产业只生产一种产品（反之亦然）。因此，从需求角度而言，对区域 r 部门 i 产品的总需求可用以下方程表示

$x_i^r = (t_{i1}^{r,1} + t_{i2}^{r,1} + \cdots + t_{i,12}^{r,1} + t_{i,m}^{r,1} + f_i^{r,1}) \dots\dots\dots$ 区域 1 对区域 r 部门 i 产品的总需求

$+ (t_{i1}^{r,2} + t_{i2}^{r,2} + \cdots + t_{i,12}^{r,2} + t_{i,m}^{r,2} + f_i^{r,2}) \dots\dots$ 区域 2 对区域 r 部门 i 产品的总需求

$+ \cdots$

$+ (t_{i1}^{r,r} + t_{i2}^{r,r} + \cdots + t_{i,12}^{r,r} + t_{i,m}^{r,r} + f_i^{r,r}) \dots\dots$ 区域 r 对本区域部门 i 产品的总需求

$+ \cdots$

$+ (t_{i1}^{r,n} + t_{i2}^{r,n} + \cdots + t_{i,12}^{r,n} + t_{i,m}^{r,n} + f_i^{r,n}) \dots\dots$ 区域 n 对区域 r 部门 i 产品的总需求

$+ e_i^r \dots\dots\dots\dots\dots\dots\dots\dots\dots\dots\dots\dots\dots\dots$ 区域 r 部门 i 产品的出口需求

$(1-21)$

其中，i、j 表示生产部门（i，$j = 1$，$\cdots$，m），r、s 表示区域（r，$s =$

---

① 例如，北京所消耗的煤，按地区来源考虑，假设其 2/3 来自山西、1/3 来自河北，在 IRIO 模型中北京各个部门消耗的煤的地区来源比例可能各不相同，但是在 MRIO 模型中假定北京各个部门消耗煤的地区来源比例都是 2/3 来自山西、1/3 来自河北。

1，$\cdots$，n)。x_i^r 表示区域 r 部门 i 产品的总需求/产出;[①] $t_{ij}^{r,s}$ 表示区域 s 部门 j 对区域 r 部门 i 产品的中间投入需求;$f_i^{r,s}$ 表示区域 s 对区域 r 部门 i 产品的国内最终需求（包括最终消费和投资）;e_i^r 表示区域 r 部门 i 产品的出口需求。

从式（1-21）中可以看出，一个区域产品需求不仅包含区域内部中间投入需求和最终需求，还包含国内其他区域对该区域产品的中间投入需求和最终需求，另外还包含该区域的出口需求。

区域间投入产出模型中最关键的就是产品流向 O-D 矩阵（见表1-3）。基于 O-D 矩阵，可以得到贸易系数，即每一区域每种用途产品来源的区域构成或每一区域每种产品去向的区域构成。假设目的地区域各种用途的产品来源构成是相同的，将 O-D 矩阵各元素除以该列之和，可得到相应的贸易系数，即可以测算区域 r 对产品 i 的总需求由本区域提供的比例 $c_i^{r,r}$ 和由其他区域供给的比例 $c_i^{s,r}$。

表1-3　产品 i 的流向矩阵（O-D 矩阵）

		目的地		
		1	**$\cdots$**	**n**
货源地	1	$z_i^{1,1}$	$z_i^{1,s}$	$z_i^{1,n}$
	$\vdots$	$\vdots$	$\vdots$	$\vdots$
	n	$z_i^{n,1}$	$z_i^{n,s}$	$z_i^{1,n}$
	合计	d_i^1	d_i^s	d_i^n

$$c_i^{r,r} = \frac{z_i^{r,r}}{d_i^r}, \quad c_i^{s,r} = \frac{z_i^{s,r}}{d_i^r}$$

利用各区域的投入产出表，还可以得到各区域对国内产品的中间投入技术系数 a_{ij}^r，该系数反映区域 r 生产单位产品 j 对各地区国内 i 产品的投入需求，既包括来自本区域的产品，也包括来自国内其他区域的产品（Moses，1955）。具体用公式表示就是

$$a_{ij}^r = \frac{t_{ij}^{\cdot,r}}{x_j^r}$$

---

① 进口需求已经扣除。

其中，符号·表示对所有来源区域的汇总。将贸易系数和中间投入系数代入式（1-21），可以得到如下公式：

$$x_i^r = (c_i^{r,1}a_{i1}^1x_i^1 + \cdots + c_i^{r,1}a_{i,m}^1x_i^1 + c_i^{r,1}f_i^{\cdot,1})$$
$$+ \cdots \qquad\qquad (1-22)$$
$$+ (c_i^{r,n}a_{i1}^nx_i^n + \cdots + c_i^{r,n}a_{i,m}^nx_i^n + c_i^{r,n}f_i^{\cdot,n})$$
$$+ e_i^r$$

其中，$i = 1$，…，13。式（1-22）可以改写为矩阵形式，即

$$X = CAX + CF + E \qquad\qquad (1-23)$$

其中，X 表示产出矩阵，C 为贸易系数矩阵，A 为国内的中间投入系数矩阵，F 为最终需求矩阵，E 为出口矩阵。各矩阵元素形式具体如下

$$X = \begin{bmatrix} X^1 \\ X^2 \\ \vdots \\ X^n \end{bmatrix}, \text{ 其中 } X^r = \begin{bmatrix} x_1^r \\ x_2^r \\ \vdots \\ x_m^r \end{bmatrix}$$

x_i^r 为区域 r 部门 i 的总产出。

$$C = \begin{bmatrix} C^{1,1} & \cdots & C^{1,n} \\ \vdots & \ddots & \vdots \\ C^{n,1} & \cdots & C^{n,n} \end{bmatrix}, \text{ 其中 } C^{r,s} = \begin{bmatrix} c_1^{r,s} & 0 & 0 & 0 \\ 0 & c_2^{r,s} & 0 & 0 \\ \vdots & \vdots & \ddots & \vdots \\ 0 & 0 & 0 & c_m^{r,s} \end{bmatrix}$$

$c_i^{r,s}$ 为贸易系数，即从区域 r 流向区域 s 部门 i 产品占各区域流向区域 s 部门 i 产品的比重。

$$A = \begin{bmatrix} A^1 & 0 & 0 & 0 \\ 0 & A^2 & 0 & 0 \\ \vdots & \vdots & \ddots & \vdots \\ 0 & 0 & 0 & A^n \end{bmatrix}, \text{ 其中 } A^r = \begin{bmatrix} a_{1,1}^r & \cdots & a_{1,m}^r \\ \vdots & \ddots & \vdots \\ a_{m,1}^r & \cdots & a_{m,m}^r \end{bmatrix}$$

$a_{i,j}^r$ 为区域 r 部门 j 国内产品的中间投入技术系数。

$$F = \begin{bmatrix} F^1 \\ F^2 \\ \vdots \\ F^n \end{bmatrix}, \text{其中 } F^r = \begin{bmatrix} f_1^r \\ f_2^r \\ \vdots \\ f_m^r \end{bmatrix}$$

f_i^r 为区域 r 部门 i 产品的最终消费需求（包括消费需求和投资需求）。

$$E = \begin{bmatrix} E^1 \\ E^2 \\ \vdots \\ E^n \end{bmatrix}, \text{其中 } E^r = \begin{bmatrix} e_1^r \\ e_2^r \\ \vdots \\ e_m^r \end{bmatrix}$$

e_i^r 为区域 r 部门 i 产品的出口需求。

进一步改写式（1－23），可以得到式（1－24）

$$X = CAX + CF + E \Rightarrow (I - CA) \, X = CF + E \Rightarrow X = (I - CA)^{-1} (CF + E) \cdots$$

$$(1-24)$$

式（1－24）可以用来做模拟分析，即可以测算各种最终需求（包括国内消费、投资和出口）对总产出的拉动作用。如果采用单位变化量进行计算，也可以测算各种最终需求的乘数效应。以测算出口需求对各区域影响为例，可以将式（1－24）中的出口分离出来，即可得到

$$XE = (I - CA)^{-1} E \qquad\qquad (1-25)$$

其中，XE 为全国各地区出口拉动的总产出。进一步引入各部门的增加值率，可得

$$VAE = V (I - CA)^{-1} E \qquad\qquad (1-26)$$

其中，VAE 为全国各地区出口对全国增加值的拉动，包括直接拉动和间接拉动，具体矩阵元素形式如下

$$V = \begin{bmatrix} V^1 & 0 & 0 & 0 \\ 0 & V^2 & 0 & 0 \\ \vdots & \vdots & \ddots & \vdots \\ 0 & 0 & 0 & V^n \end{bmatrix}, \text{其中 } V^r = \begin{bmatrix} v_1^r & 0 & 0 & 0 \\ 0 & v_2^r & 0 & 0 \\ \vdots & \vdots & \ddots & \vdots \\ 0 & 0 & 0 & v_m^r \end{bmatrix}$$

v_i^r 为区域 r 部门 i 的增加值率。

$$VAE = \begin{bmatrix} VAE^1 \\ VAE^2 \\ \vdots \\ VAE^n \end{bmatrix}, \quad \text{其中 } VAE^r = \begin{bmatrix} vae_1^r \\ vae_2^r \\ \vdots \\ vae_m^r \end{bmatrix}$$

vae_i^r 为全国各区域出口拉动区域 r 部门 i 的增加值。

显然，全国各区域出口拉动的全国增加值总和为

$$VAE = \sum_{r=1}^{n} VAE^r \qquad (1-27)$$

全国出口拉动区域 r 的增加值为

$$vae^r = \sum_{i=1}^{m} vae_i^r \qquad (1-28)$$

而

$$VAE = \sum_{r=1}^{n} \sum_{i=1}^{m} vae_i^r \qquad (1-29)$$

即可以将全国出口总拉动的增加值分解成全国出口拉动不同区域的增加值之和。此外，还可以进一步分解得到区域 r 出口对全国增加值的拉动和对区域 s 增加值的拉动。

$$VAE^{\cdot,r} = V(I-CA)^{-1}E^r \qquad (1-30)$$

其中，$VAE^{\cdot,r}$ 为区域 r 出口对全国各区域增加值的拉动；E^r 为区域 r 出口矩阵。$VAE^{\cdot,r}$ 矩阵元素形式如下

$$VAE^{\cdot,r} = \begin{bmatrix} VAE^{1,r} \\ VAE^{2,r} \\ \vdots \\ VAE^{n,r} \end{bmatrix} \qquad (1-31)$$

其中，$VAE^{s,r}$ 为区域 r 出口拉动区域 s 的增加值，$VAE^{s,r}$ 矩阵元素形式如下

$$VAE^{s,r} = \begin{bmatrix} vae_1^{s,r} \\ vae_2^{s,r} \\ \vdots \\ vae_m^{s,r} \end{bmatrix} \qquad (1-32)$$

其中，$vae_i^{s,r}$ 为区域 r 出口拉动区域 s 部门 i 的增加值。因此，区域 r 出口拉动区域 s 的增加值总和为

$$VAE^{s,r} = \sum_i^m vae_i^{s,r} \qquad (1-33)$$

利用式（1-33），可以测算出口对某一区域增加值的直接拉动作用和间接拉动作用。当 $r=s$ 时，$VAE^{s,s}$ 为区域 s 出口对自身增加值的直接拉动；而当 $r \neq s$ 时，$VAE^{s,r}$ 为其他区域 r 出口对区域 s 增加值的间接拉动。

本章参考文献

[1] Chenery H. Patterns of industrial growth [J]. American Economic Review, 1960 (50): 624 – 654.

[2] Chenery H, Shishido S, Watanabe T. The pattern of Japanese growth: 1914 – 1954 [J]. Econometrica, 1962, 30 (1): 98 – 139.

[3] Fromm G. Comment on vaccara and simon [A] // Kendrick J. The Industrial Composition of Income and Product [M]. New York: Columbia University Press, 1968: 19 – 66.

[4] Zakaria A, Ahmad E. Sources of industrial growth using the factor decomposition approach: Malaysia, 1978 – 1987 [J]. The Developing Economies, 1999, 37 (2): 162 – 196.

[5] Tregenna F. Sectoral engines of growth in South Africa: An analysis of services and manufacturing [R]. UNU – WIDER Research Paper, 2008: 98.

[6] Tregenna F. Factor decomposition of sectoral growth in South Africa: 1970 – 2007 [R]. Cambridge Working Papers in Economics, 2009: 4 – 6.

第二章　基于投入产出方法的国内碳排放转移研究

近年来，投入产出方法已被广泛应用于环境问题的研究。本章主要利用投入产出模型分析我国居民消费、投资等导致的碳排放、碳排放转移以及京津冀地区与其他地区间的隐含二氧化碳转移。

第一节　居民消费导致的碳排放及转移研究

一、研究背景

自 19 世纪工业革命以来，环境污染、生态破坏和气候变化等各种环境问题逐渐显现。人类活动是造成二氧化碳排放显著增加的主导因素（IPCC，2007，2013；Wang et al.，2015）。因此，积极应对气候变化，减少温室气体排放，已成为国际社会的共识（Liu et al.，2008）。减少温室气体排放的关键是降低各部门的能耗。而居民消费行为在很大程度上影响着国民经济各部门的生产活动，由此，居民消费活动和环境的关系经常被探讨（刘晶茹等，2003）。其中，核算消费活动引起的温室气体排放是最受青睐的研究热点（Kerkhof et al.，2009）。

改革开放以来，中国的经济发展取得巨大成就，面临的环境压力日益增大。据 BP（2014）的统计，2008 年中国成为世界上最大的二氧化碳排放国，2010 年中国成为世界上最大的能源消费国。2015 年，中国能源消费量和二氧化碳排放量已分别占世界的 22.58% 和 27.51%（BP，2017），由此，中国面临着巨大的减排压力。从国内层面来看，环境问题的区域性影响日益严峻，雾霾频发，中国民众的关注热点也越来越转向健康安全、污染防治等许多与环境直接相关的问题。从国际层面来看，随着中国碳排放的快速增长，国际社会要求中国加大减排力度的呼声越来越高。

已有研究表明，居民消费导致的碳排放已成为中国碳排放增长的重要来源（Liu et al.，2011）。从构成来看，居民消费活动引起的温室气体排放可以分为两部分：一是居民能源消费活动直接造成的排放；二是居民消费商品引起的间接排放，因为商品生产过程中存在能源消耗和温室气体排放。工业能耗无疑是碳排放的主要来源，人们的消费行为在很大程度上影响着国民经济各部门的产品和服务生产活动，甚至产出水平。因此，居民消费是二氧化碳等温室气体排放的重要来源之一。

目前，国外关于居民消费碳足迹的研究较国内早且成熟，既有国家和地方等不同层面的研究，又有排放特征和影响因素的研究。测算居民消费碳足迹的方法也比较成熟，多以投入产出方法（Input – Output Analysis）为基础。例如，Druckman 等利用 QM – RIO（Quasi – Multi – Regional Input – Output）模型计算了英国 1990—2004 年的家庭碳足迹，发现隐含碳所占的比例最大，直接能源使用次之，最后是私家车和航空，生活需求的增多也是碳排放增加的主要原因之一，其中，满足人们基本需求的基础设施造成的碳排放也不可忽略。Kenny 和 Gray（2009）考察了爱尔兰的家庭碳足迹特点，发现由直接用能产生的碳足迹占 42.2%；交通碳足迹占 35.1%；搭乘飞机和娱乐休闲占 20.6%；垃圾处理占 2.1%。Weber 等（2008）利用 MRIO 模型研究了美国家庭的碳足迹，考虑了家庭规模、收入和支出等因素对碳足迹的影响，对教育、健康、交通、能耗、休闲娱乐、服装、饮食等 13 个消费种类进行了探讨，发现能耗和交通的碳排放强度较高，且低收支家庭的碳排放主要集中在基本需求消费种类，随着收支水平的增加，娱乐等高级消费种类的碳排放比重上升。

然而，国内关于居民消费碳足迹的研究比较少，还处于起步阶段。Wei等（2007）的研究最为深入，他们利用消费者生活方式方法（Consumer Lifestyle Approach，CLA）研究了中国 1999—2002 年城乡居民能耗和碳足迹（包括直接碳足迹和间接碳足迹），并给出了中肯的政策建议。

本书的研究与已有研究的不同之处在于：

一方面，不仅将核算居民消费导致的直接二氧化碳排放，还将核算居民消费导致的间接碳排放。由于居民消费的产品不仅来自国内不同省份，还来自国外，所以居民消费间接碳排放又可以分为两部分：一是居民消费国内间接碳排放，即居民消费国内不同省份生产的产品，从而导致在国内不同省份产生碳排放；二是居民消费国外间接碳排放，即居民消费国外生产的产品，从而导致在国外产生碳排放。本章将分别核算居民消费国内碳排放和居民消费国外碳排放的情况。

另一方面，对于居民消费国内间接碳排放，本章利用基于环境扩展的 2002 年、2007 年和 2012 年中国区域间投入产出模型进行多年份核算，可以较为清楚地揭示不同省份居民消费国内间接碳排放的变化趋势。同时，本章采用环境扩展的 2002 年、2007 年和 2012 年中国区域间投入产出模型，较为清楚地揭示了中国不同省份居民消费引起的间接碳排放空间分布及省际转移情况。

二、研究方法与数据来源

核算居民消费碳排放需要一套成熟且能够与其他类型排放清单相互兼容的核算方法框架，以更好地支持管理决策（Matthews et al.，2008）。本章分三个方面对居民消费导致的碳排放进行核算：一是核算居民消费引起直接碳排放；二是核算居民消费国内间接碳排放；三是核算居民消费国外间接碳排放。下面对核算方法进行说明。

（一）研究方法

本书对居民消费导致国内间接碳排放的核算是基于环境拓展的地区间投入产出模型（Inter‑Regional Input‑Output Model，IRIO 模型）进行的。选择基于环境拓展的 IRIO 模型核算居民消费国内间接碳排放主要原因如下：

第一，基于环境拓展的 IRIO 模型可以估算中观或宏观消费活动在整个经济系统范围内产生的碳排放，是一种有效的自上而下（Top‑down）的核算方法。如果采用自下而上（Bottom‑up）的方法，如生命周期评价（Process‑based Life Cycle Assessment）方法，不仅面临划定的系统边界不完整问题

（Suh et al.，2005），而且宏观消费问题涉及大量的商品种类和数量，自下而上的方法要求对这些消费品逐一进行核算，常出现有效数据不足和成本过高的困境，导致研究根本无法开展。相反，在现成数据库的支持下，利用基于环境拓展的 IRIO 模型进行核算不仅更省时省力，系统边界也更加完整（Thomas，2009）。

第二，基于环境拓展的 IRIO 模型能够有效解析居民消费导致的国内间接碳排放发生在何地。由于 IRIO 模型刻画了省份内部及省份之间的所有商品链，因此，能够追踪附着在商品贸易中的环境影响（包括碳排放）在省际的转移（Skelton et al.，2011）。也就是说，该模型能够提供居民消费导致的间接碳排放在国内各省份的地理分布信息。

第三，基于环境拓展的 IRIO 模型作为一种常用的基于最终消费视角的核算方法（Consumption – Based Accounting，CBA）已被广泛运用，并被证明是针对宏观尺度理论上最为合适的间接碳排放核算方法（Tukker et al.，2009；Hertwich et al.，2009；Chen et al.，2011）。

本章使用的是中国省区间投入产出模型，该模型中省份（包括省、区、市，以下简称省）数量为 m（在这里，$m = 30$），每个省份有 n 个部门，则恒等关系可以表示为

$$x_i^r = (X_{i,1}^{r,1} + \cdots + X_{i,n}^{r,1}) + (X_{i,1}^{r,2} + \cdots + X_{i,n}^{r,2}) + \cdots + (X_{i,1}^{r,m} + \cdots + X_{i,n}^{r,m})$$

$$+ F_i^{r,1} + \cdots + F_i^{r,m} = \sum_{s=1}^{m} \sum_{j=1}^{n} X_{i,j}^{r,s} + \sum_{s=1}^{m} F_i^{r,s} \qquad (2-1)$$

其中，$X_{i,j}^{r,s}$ 表示省份 r 部门 i 对省份 s 部门 j 的中间投入，$F_i^{r,s}$ 表示省份 s 对省份 r 部门 i 产品的最终需求，由消费 C（消费由居民消费和政府消费构成）、投资 I 和出口 E 构成。x_i^r 表示省份 r 部门 i 的总产出。

引入直接消耗系数 $a_{i,j}^{r,s}$，表示省份 r 部门 i 为生产省份 s 部门 j 单位产出的投入量，则可得

$$a_{i,j}^{r,s} = \frac{X_{i,j}^{r,s}}{x_i^r} \qquad (2-2)$$

将式（2-2）代入式（2-1）中，可得到

$$x_i^r = \sum_{s=1}^{m} \sum_{j=1}^{n} a_{i,j}^{r,s} x_i^r + \sum_{s=1}^{m} F_i^{r,s} \qquad (2-3)$$

用矩阵表示式（2-3），即为

$$X = AX + F \qquad (2-4)$$

即

$$X = (I-A)^{-1}F \qquad (2-5)$$

其中，$A = \begin{bmatrix} A^{1,1} & \cdots & A^{1,m} \\ \vdots & \ddots & \vdots \\ A^{m,1} & \cdots & A^{m,m} \end{bmatrix}$，其子矩阵 $A^{r,s} = \begin{bmatrix} a_{1,1}^{r,s} & \cdots & a_{1,n}^{r,s} \\ \vdots & \ddots & \vdots \\ a_{n,1}^{r,s} & \cdots & a_{n,n}^{r,s} \end{bmatrix}$ 表示省份 s

对省份 r 的直接消耗系数矩阵。$F = [F^1, \cdots, F^m]'$（其中，$F^r = [F^{r,1}, F^{r,2}, \cdots, F^{r,m}]$）和 $X = [X^1, X^2, \cdots, X^m]'$（其中，$X^r = [X^{r,1}, X^{r,2}, \cdots, X^{r,m}]$）分别为各省的最终需求矩阵和总产出矩阵。$X^{r,s}$ 表示省份 r 为满足省份 s 的最终需求所完成的总产出。

令

$$H = (I-A)^{-1} = \left[I - \begin{bmatrix} A^{1,1} & \cdots & A^{1,m} \\ \vdots & \ddots & \vdots \\ A^{m,1} & \cdots & A^{m,m} \end{bmatrix} \right]^{-1} = \begin{bmatrix} H^{1,1} & \cdots & H^{1,m} \\ \vdots & \ddots & \vdots \\ H^{m,1} & \cdots & H^{m,m} \end{bmatrix} (2-6)$$

将式（2-6）代入式（2-5）中，可得

$$\begin{bmatrix} X^{1,1} & \cdots & X^{1,m} \\ \vdots & \ddots & \vdots \\ X^{m,1} & \cdots & X^{m,m} \end{bmatrix} = \begin{bmatrix} H^{1,1} & \cdots & H^{1,m} \\ \vdots & \ddots & \vdots \\ H^{m,1} & \cdots & H^{m,m} \end{bmatrix} \times \begin{bmatrix} F^{1,1} & F^{1,2} & \cdots & F^{1,m} \\ F^{2,1} & F^{2,2} & \cdots & F^{2,m} \\ \vdots & \vdots & \ddots & \vdots \\ F^{m,1} & F^{m,2} & \cdots & F^{m,m} \end{bmatrix}$$

$$(2-7)$$

根据式（2-7）可得

$$X^r = \begin{bmatrix} X^{r,1} & X^{r,2} \cdots & X^{r,m} \end{bmatrix} = \begin{bmatrix} H^{r,1} & H^{r,2} \cdots & H^{r,m} \end{bmatrix} \begin{bmatrix} F^{1,1} & F^{1,2} & \cdots & F^{1,m} \\ F^{2,1} & F^{2,2} & \cdots & F^{2,m} \\ \vdots & \vdots & \ddots & \vdots \\ F^{m,1} & F^{m,2} & \cdots & F^{m,m} \end{bmatrix}$$

$$(2-8)$$

其中，X^r 表示省份 r 的总产出，由 m 个部分组成，每部分为 $X^{r,s}$：

$$X^{r,s} = H^{r,1}(F^{1,s}) + H^{r,2}(F^{2,s}) + \cdots + H^{r,m}(F^{m,s}) \qquad (2-9)$$

仅考虑最终需求中的居民消费需求对总产出的拉动作用，则可得到

$$\begin{bmatrix} XC^{1,1} & \cdots & XC^{1,m} \\ \vdots & \ddots & \vdots \\ XC^{m,1} & \cdots & XC^{m,m} \end{bmatrix} = \begin{bmatrix} H^{1,1} & \cdots & H^{1,m} \\ \vdots & \ddots & \vdots \\ H^{m,1} & \cdots & H^{m,m} \end{bmatrix} \times \begin{bmatrix} FC^{1,1} & FC^{1,2} & \cdots & FC^{1,m} \\ FC^{2,1} & FC^{2,2} & \cdots & FC^{2,m} \\ \vdots & \vdots & \ddots & \vdots \\ FC^{m,1} & FC^{m,2} & \cdots & FC^{m,m} \end{bmatrix}$$

$$(2-10)$$

其中，$XC^{r,s}$ 表示省份 s 居民消费需求拉动省份 r 的总产出，$FC^{r,s}$ 表示省份 r 为满足省份 s 的居民最终需求向其提供的最终产品。

为核算居民消费国内间接碳排放，需要在模型中引入碳排放系数，令

$$\widetilde{G} = \begin{bmatrix} G^1 & \cdots & 0 \\ \vdots & \ddots & \vdots \\ 0 & \cdots & G^m \end{bmatrix} \qquad (2-11)$$

$$G^r = [e_j^r], \quad e_j^r = \frac{w_j^r}{x_j^r} \qquad (2-12)$$

其中，G^r 为 r 省直接二氧化碳消耗系数矩阵（吨/万元），e_j^r 为 r 省 j 部门的直接二氧化碳消耗系数，w_j^r 为 r 省 j 部门的直接二氧化碳排放量，x_j^r 为 r 省 j 部门的总产出。

将碳排放系数代入式（2-10），则得到所有省份居民消费国内间接碳排放矩阵

$$M = \begin{bmatrix} M^{11} & \cdots & M^{1m} \\ \vdots & \ddots & \vdots \\ M^{m1} & \cdots & M^{mm} \end{bmatrix} = \begin{bmatrix} G^1 & \cdots & 0 \\ \vdots & \ddots & \vdots \\ 0 & \cdots & G^m \end{bmatrix} \times \begin{bmatrix} XC^{11} & \cdots & XC^{1m} \\ \vdots & \ddots & \vdots \\ XC^{m1} & \cdots & XC^{mm} \end{bmatrix} =$$

$$\begin{bmatrix} G^1 XC^{11} & \cdots & G^1 XC^{1m} \\ \vdots & \ddots & \vdots \\ G^m XC^{m1} & \cdots & G^m XC^{mm} \end{bmatrix} \qquad (2-13)$$

其中，$M^{rs} = G^r XC^{rs}$，M^{rs} 代表省份 r 为满足省份 s 居民消费排放的碳，即省份 r 为满足省份 s 居民消费需求而向省份 s 转移的碳排放量，则省份 s 的居民消费国内间接碳排放总量为

$$M^s = \sum_{r=1}^{m} M^{rs} = \sum_{r=1}^{m} G^r XC^{rs} \qquad (2-14)$$

$$M^s_{inflow} = \sum_{r \neq s}^{m} G^r XC^{rs} \qquad (2-15)$$

M^s_{inflow} 是其他省份为满足省份 s 居民消费需求而向省份 s 转移的碳排放总量。

而省份 s 为满足其他省份的居民消费需求，向其他省份转移的碳排放量为

$$M^s_{outflow} = \sum_{r \neq s}^{m} M^{sr} = \sum_{r \neq s}^{n} G^s XC^{sr} \qquad (2-16)$$

则省份 s 为满足居民消费需求净调出的碳排放量为

$$M^s_{net} = M^s_{outflow} - M^s_{inflow} \qquad (2-17)$$

由于各省居民消费的最终产品部分来源于国外，因此，全面核算居民消费间接碳排放，还需要核算这部分产品生产的碳排放。但是，目前缺乏中国各省不同部门进口产品来源的具体数据，由于进口产品满足居民消费需求主要是为了减少本地区的碳排放，因此，进口产品的碳排放应该是它们在进口地生产时的碳排放（Weber et al.，2008）。本章假定各省各进口产品的生产技术水平与本省生产技术水平相同，假定各省进口产品的单位产出碳排放系数与本省碳排放系数相同，由于各省投入表中各部门的中间需求及最终需求中都存在一定的进口产品，为得到各省各部门最终需求进口量，假设各部门对其他部门的投入中来自国外的比例与该部门进口产品在该部门总使用比例

一致（Chen et al. , 2017），则可得到

$$W^s = G^s (I - A_d^s)^{-1} M^s \qquad (2-18)$$

其中，W^s 为省份 s 的居民消费国外间接碳排放，A_d^s 为省份 s 扣除进口产品后的直接消耗系数，M^s 为省份 s 居民消费的进口产品。

本章对居民消费直接碳排放（D）采用线性乘数因子算法直接核算，即先将居民每种能源使用量与对应能源排放系数相乘，再将这些乘积相加得到总的居民消费直接碳排放量。

居民消费直接碳排放和间接碳排放之和构成了居民消费碳排放。其中，居民消费间接碳排放又包括居民消费国内间接碳排放和居民消费国外间接碳排放。省份 s 的居民消费碳排放计算公式如下

$$CF^s = M^s + W^s + D^s \qquad (2-19)$$

（二）数据来源

本章使用的投入产出表数据来源于国务院发展研究中心李善同团队编制的 2002 年、2007 年和 2012 年中国区域间投入产出表（李善同，2010，2016，2018），共包括 30 个省、市、区（以下统称为省），每个省划分为 28 个部门。

本章中 2002 年、2007 年和 2012 年各省分行业碳排放数据来源于中国碳核算数据库（China Emissions Accounts and Datasets，CEADS）。2002 年、2007 年和 2012 年各省居民能源使用量数据来源于《中国能源统计年鉴》（2003，2008，2013）中的各省能源使用平衡表，排放系数采用 IPCC 组织发布的参考系数（IPCC，2006）。

三、中国居民消费碳排放特征分析

（一）全国居民消费碳排放总量与人均碳排放量

中国居民消费导致的碳排放增长迅速，2002 年、2007 年和 2012 年中国居民消费碳排放总量分别为 122845 万吨、190385 万吨和 273258 万吨，2012年为 2002 年的 2.22 倍。

从城乡构成来看，城镇居民消费贡献了更多的碳排放。农村居民消费碳

排放量由 2002 年的 51944 万吨增加至 2012 年的 71194 万吨，增长了 37%；而城镇居民消费碳排放量由 2002 年的 70902 万吨增加至 2012 年的 202064 万吨，增长了 185%。城镇居民消费碳排放增长明显快于农村居民消费碳排放增长，城镇居民消费碳排放对中国居民消费碳排放的贡献由 2002 年的 57% 上升至 2012 年的 75%。城镇居民消费碳排放对中国居民消费碳排放贡献越来越大的原因有两个方面：一方面，由于中国城市化的快速推进，城市化率由 2002 年的 39.1% 上升至 2012 年的 52.5%，中国步入了城市化社会，城市人口越来越多，使得城市居民消费碳排放快速增长；另一方面，中国城镇居民收入远高于农村居民收入，城镇居民相较农村居民具有更高的消费支出，由此形成更高的居民消费碳排放。2012 年中国城镇居民人均消费支出 18488 元，而农村居民家庭平均每人消费支出仅 5908 元，相差 2 倍多。

从直接碳排放和间接碳排放构成来看，间接碳排放是中国居民消费碳排放的主要来源，2002 年、2007 和 2012 年居民消费间接碳排放占居民消费碳排放的比重分别为 82.5%、85.6% 和 85.1%。这组数据反映出，居民通过消费产品间接排放了大量的二氧化碳。从居民消费碳排放的国内和国外构成来看，来自国内的居民消费碳排放是中国居民消费碳排放的主要来源，占 97% 左右。但是，来自国外的居民消费碳排放增长迅速，二氧化碳排放量由 2002 年的 3379 万吨增加至 2012 年的 7026 万吨，增长了 108%。这表明随着中国对外开放水平的提高，居民消费国外产品的量越来越大，由此，居民消费导致排放在国外的二氧化碳总量显著增加。

在中国居民消费碳排放总量快速增长的同时，居民消费人均碳排放量也呈现快速增长的态势。2002 年、2007 年和 2012 年，中国居民消费人均碳排放量分别为 0.956 吨、1.441 吨和 2.018 吨，2012 年是 2002 年的 2.11 倍。2012 年，中国居民消费人均碳排放大约是印度（0.9 吨）的 2 倍多，高于巴西（1.5 吨）的水平，大约是欧盟（6.7 吨）的 1/3、美国（10.09 吨）的 1/5。从城乡比较来看，中国城镇居民消费人均碳排放也明显高于农村居民消费人均碳排放，城镇居民消费人均碳排放为农村居民消费人均碳排放的 2~3 倍。

中国各省居民消费碳排放总量存在显著的差异。2012 年，居民消费碳排放总量最大的两个省是广东和山东，分别为 22966 万吨和 20655 万吨，其次是江苏、河北、浙江、河南、湖北、四川和辽宁等省份。这些省份的显著特征是人口规模较大或者是经济较发达，人均收入水平和城市化水平更高。比如，从常住人口规模来看，广东、山东、河南、四川和江苏位居中国前五名。同时，广东、山东、江苏、河北、浙江、辽宁等均是中国经济较为发达的省份。

2012 年，居民消费碳排放总量最小的两个省是青海和海南，分别是 1449 万吨和 1118 万吨，与居民消费碳排放总量最大的广东和山东相比，相差接近 20 倍。居民消费碳排放总量较小的省份还有宁夏、甘肃、天津、福建和广西等。居民消费碳排放总量较小的省份显著特征是人口规模相对较小或者经济相对落后，人均收入水平相对较低，由此居民消费支出较低，比如，青海、宁夏、海南和天津是中国省份中常住人口最少的四个省。此外，青海、宁夏、甘肃、广西均属于中国西部省份，经济较为落后，人均收入相对较低。

从变化趋势来看，中国各省居民消费碳排放总量呈现快速增长态势。2002 年，只有广东的居民消费碳排放总量超过 10000 万吨，为 10746 万吨，而到 2012 年，广东、山东、江苏、河北、浙江、河南、湖北、四川、辽宁、黑龙江和内蒙古等省份的居民消费碳排放总量均超过 10000 万吨。2002—2012 年，居民消费碳排放总量增长最快的前三个省区是内蒙古、宁夏和海南，分别增长了 498%、261% 和 202%，湖南、陕西、天津、浙江和新疆等省的居民消费碳排放总量增长速度也较快。

居民消费人均碳排放消除了人口规模的影响，更能反映各省居民消费碳排放状况，各省居民消费人均碳排放存在较大的差异。2012 年，居民消费人均碳排放最大的三个省是内蒙古、北京和上海，分别为 4.16 吨、4.15 吨和 4.07 吨，居民消费人均碳排放较大的省区还有浙江、宁夏、新疆、青海和辽宁等。居民消费人均碳排放较高的省份主要分为两类：一类是人均收入水平和城市化水平较高的东部沿海地区省份。如上海、北京和浙江。2012 年，这三个地区居民人均可支配收入分别为 42173 元、40830 元和 29774 元，是中国各省中人均可支配收入最高的三个省份，同时，这三个地区也是中国城市化率较高的省份。2012 年，三个省份的城市化率分别为 89.3%、86.2% 和

63.2%，远高于全国52.5%的城市化率水平。总体而言，更高的城市化水平和更高的人均收入，意味着更高的居民消费人均碳排放。另一类是居民消费人均碳排放较高的地处中国北部甚至北部边疆的省份，如内蒙古、宁夏、新疆、青海等。由于冬天取暖需要燃煤或燃气，能源利用效率低，碳排放系数高（石敏俊等，2012），导致这些省份居民消费人均碳排放较高。2012年，居民消费人均碳排放最小的三个省区是广西、云南、海南，居民消费人均碳排放分别为1.19吨、1.23吨和1.26吨，仅为居民消费人均碳排放最高省内蒙古的1/4~1/3。此外，安徽、四川、江西、湖南等省份的居民消费人均碳排放也较低。

居民消费碳排放相对较低的省份的显著特征：一是均属于中国南方省份。二是经济相对东部沿海省份均较为落后，城市化水平和人均收入均相对较低。如2012年广西的城市化率仅为43%，远低于上海、北京等的城市化率，也低于全国城市化率10个百分点左右。2012年广西的居民人均可支配收入仅为14082元，也远低于上海、北京等地的居民人均可支配收入以及全国居民人均可支配收入。这进一步验证了前文提出的城市化水平和人均收入与居民消费人均碳排放正相关。

从居民人均碳排放变化趋势来看，各省居民消费人均碳排放均呈现迅速增长的态势。2002年，居民消费人均碳排放超过2吨的只有北京和上海，分别为2.85吨和2.55吨，而到2012年居民消费人均碳排放超过2吨的省份达到18个，占中国省份的绝大多数。其中，内蒙古居民消费人均碳排放增长尤为迅速，由2002年的0.73吨上升至2012年的4.16吨，跃居全国首位。

（二）中国居民消费导致的碳排放省际转移

和居民消费直接碳排放不同，居民消费间接碳排放与消费活动在时间和空间上常常是分离的。由于省际贸易和国际贸易的存在，每个省的居民消费的产品可能由本省或其他省生产，也可能是国外生产。因此，每个省为本省居民消费和其他省居民消费承担一定的碳排放。如果某省居民消费导致了一定量的排放，但排放活动却发生在其他省，则称该省由其他省调入了碳排放；相反，如果某省发生的碳排放与自身居民消费无关，而是为了满足其他省居民消费而排放了碳，则称该省向其他省调出了碳排放。2012 年各省调入和调出碳排放情况见表 2 – 1。

表 2 – 1　2012 年居民消费间接导致碳排放跨省流量

省份	本省排放量		从其他省份流入量		从国外流入量		流出到其他省份量	净流出量
	排放量（百万吨）	百分比（%）	流入量（百万吨）	百分比（%）	流入量（百万吨）	百分比（%）	（百万吨）	（百万吨）
北京	2.72	4	62.5	88	5.94	8	18.38	−44.13
天津	18.55	44	20.84	49	3.1	7	14.55	−6.29
河北	84.1	64	46.06	35	1.11	1	60.89	14.82
山西	40.89	64	22.44	35	0.27	0	77.31	54.87
内蒙古	57.6	74	19.89	26	0.43	1	106.13	86.24
辽宁	58.11	61	35.89	37	1.78	2	37.05	1.16
吉林	43.53	69	18.68	30	0.53	1	19.99	1.32
黑龙江	66.88	72	25.49	27	0.99	1	37.06	11.57
上海	21.98	25	51.38	59	13.22	15	25.02	−26.36
江苏	93.16	61	52.68	35	5.98	4	41.81	−10.87
浙江	68.49	52	57.95	44	4.36	3	28.81	−29.14
安徽	26.54	37	45.22	63	0.28	0	54.57	9.35
福建	41.38	85	3.02	6	4.1	8	12.98	9.96
江西	23.77	41	33.59	58	0.19	0	11.87	−21.72
山东	132.65	75	37.36	21	6.07	3	28.03	−9.33
河南	70.57	63	39.68	36	1.47	1	45.19	5.51
湖北	75.3	68	34.11	31	0.72	1	12.18	−21.93
湖南	51.6	64	28.28	35	0.41	1	23.54	−4.74
广东	108.03	54	75.55	38	15.21	8	19.37	−56.18
广西	27.5	56	20.65	42	0.57	1	15.37	−5.27
海南	3.95	39	5.93	59	0.24	2	6.25	0.32
重庆	17.85	38	28.81	61	0.85	2	18.99	−9.82
四川	62.7	73	21.8	26	0.83	1	12.18	−9.62
贵州	30.35	65	15.91	34	0.09	0	34.36	18.46
云南	25.75	54	21.78	46	0.32	1	23.39	1.61

省份	本省排放量		从其他省份流入量		从国外流入量		流出到其他省份量	净流出量
	排放量（百万吨）	百分比（%）	流入量（百万吨）	百分比（%）	流入量（百万吨）	百分比（%）	（百万吨）	（百万吨）
陕西	30.87	47	34.34	52	0.84	1	39.71	5.37
甘肃	18.26	53	16.19	47	0.04	0	18.98	2.79
青海	8.8	75	2.87	25	0.02	0	1.85	-1.01
宁夏	9.06	60	5.9	39	0.09	1	20.8	14.9
新疆	38.7	76	11.84	23	0.22	0	29.98	18.14

由于其他省份居民消费导致调出较大规模碳排放的省区主要有内蒙古、山西、河北、安徽、河南、江苏、黑龙江、辽宁等。这些省区主要分为两大类型：一是能源富集省份，如内蒙古、山西、河北、安徽、吉林、黑龙江等。这些省份通过调出大量的煤炭、电力等产品，满足其他省份居民消费需求，由此调出了大量的碳排放。二是制造业大省，如江苏、浙江等，这些省份通过调出较多加工制造品，调出较多碳排放。

由于居民消费导致调入较大规模碳排放的省份主要有广东、北京、浙江、江苏、上海等。外省调入碳排放占居民消费间接碳排放的比重比较大的省份主要有北京、重庆、上海、海南、江西、陕西、天津、甘肃、云南等。将两者进行对比，反映出几个特点：其一，北京、上海、天津等中心城市居民消费间接碳排放对外省的依赖比较大，即这些地区居民更多依赖外部调入产品，尤其是高碳产品满足消费需求。其二，尽管广东、浙江、江苏等制造业大省从外省调入的碳排放量较大，但是其占居民消费间接碳排放的比例并不高。其三，海南、江西、甘肃、云南等经济总量较小的省份，虽然碳排放调入的数量不大，但由于产业结构不完整，调入的比例相对较高。此外，为满足各省居民消费在国外产生的碳排放数量也不容忽视。上海、福建、北京、广东、天津等省市，为满足居民消费需求，从国外调入了较多的碳排放，占比较高；而甘肃、贵州、青海、江西等省份从国外调入的碳排放相对较少，占比也较低。这种差异主要由各省自身进口规模差异造成，即各省与国外的经济联系程度存在差异。

碳排放为净调出的省份主要有内蒙古、陕西、贵州、新疆、宁夏、河北、黑龙江等，这些省份的显著特征是均为中国能源富集区和生产基地（见表2-2），大量调出能源和重化工产品，以满足其他省份特别是沿海省份居民消费需要，由此调出了大量碳排放。碳排放为净调入的省份主要有广东、北京、浙江、上海、湖北、江西、江苏、重庆等。这些省份总体属于能源资源较为短缺的地区，此外，北京、上海、天津、广东、浙江、江苏等属于中国较为发达的地区，收入水平较高，因此，这些省份居民消费的高碳产品对调入的碳依赖较大，导致碳排放净调入数量巨大。

表2-2　中国主要能源资源分布

能源种类	矿种	主要分布省区	占全国比重（%）
煤炭	远景储量	新疆、内蒙古、陕西、山西	94.9
	探明储量	山西、内蒙古、陕西、新疆	80.5
石油	远景储量	新疆、黑龙江、山东、辽宁	85
	探明储量	黑龙江、山东、辽宁、河北	70

中国由居民消费导致的碳排放省际转移主要呈现以下特点：

第一，增长迅速。随着中国市场一体化的推进和省际贸易联系的加强，各省居民消费外省产品的数量迅速增加。由此，由居民消费导致的碳排放省际转移也快速增加。由2002年的36200万吨增长至2007年的66600万吨，再增长至2012年的89600万吨，2012年是2002年的2.48倍。2002年中国30个省份之间只发生了35组规模超过2×10^6吨的碳排放转移，最大规模碳排放转移是河北调往山东，为400万吨；到2012年中国30个省份之间，已经存在165组规模超过200万吨的碳排放转移，其中，规模超过400万吨的碳排放转移多达49组。

第二，非均衡性。中国经济活动和人口在空间分布上呈现较大的非均衡性特点，长三角、珠三角和京津冀地区是中国经济活动和人口的主要集中区域。由此，中国由居民消费导致的碳排放转移空间分布也呈现出较大的非均衡性特点。大规模碳排放省际转移主要发生在长三角、珠三角和京津冀地区内部省际以及这三个区域的省际，此外，东北地区的黑龙江、吉林和辽宁，以及华北地区的内蒙古、山西等省区由于能源富集，为其他省份居民提供了大量的高碳电力产品等，由此也存在较大规模的碳排放调出。而西北、西南、华中地区省份之间以及与其他区域省份之间的碳排放转移规模较小。例如，2002年规模超过200万吨的碳排放转移主要发生在长三角、珠三角、京津冀和东北地区内部省际以及这四个地区的省际，而西南、西北、华中区域各省之间及与其他地区的省际均不存在规模超过200万吨的碳排放转移；2012年，尽管西北的陕西、新疆，西南的贵州、云南、重庆、四川等，华中的河南等与其他省份之间，尤其是与东部沿海省份间的碳排放转移规模显著增大，但是中国由居民消费导致的大规模碳排放省际转移主要发生在长三角、珠三角和京津冀地区内部省际以及这三个区域的省际格局没有发生改变。

第三，多层次性。中国由居民消费导致的碳排放省际转移还呈现出多层次性的特点。大规模碳排放转移（超过600万吨）主要发生在山西向江苏、河北、湖北和广东，内蒙古向安徽、辽宁、广东和山东，河北向江苏转移碳排放。

较大规模碳排放转移（400万～600万吨）主要发生在内蒙古向浙江、江西、上海、陕西、湖北、江苏、河南和重庆；陕西向北京、山东、江西和上海；黑龙江向北京、上海和辽宁；河北向上海、北京、浙江和广东；安徽向浙江、上海、北京、广东和江苏等。

中等规模碳排放转移（200万～400万吨）主要发生在新疆向山东、江苏、北京、河南、广东、甘肃和河北；山西向陕西、河南、辽宁、天津、重庆、安徽、湖南和吉林；内蒙古向黑龙江、吉林、天津、山西、广西、湖南、四川和云南；陕西向上海、河南、江西、北京、河北、湖南、安徽、湖北和广东；浙江向安徽、广东、江苏、北京和上海；上海向广东、安徽、江苏、浙江、北京和河南；江苏向安徽、北京、广东、辽宁、云南、黑龙江和山西等。

可见，中国居民消费导致的碳排放转移呈现出山西、内蒙古、河北、陕西能源富集省份向东部沿海省份调出电力等高碳产品，以满足居民消费需要，由此调出大量碳排放的特点。同时，浙江、江苏等省份由于制造能力较强，通过调出制造产品满足其他省份居民需求，也调出了一定量的碳排放。

四、研究结论与政策建议

本节构建了以环境扩展 IRIO 模型为核心的中国省域居民消费碳排放核算方法框架，并以 2002 年、2007 年和 2012 年中国 30 个省份作为研究对象进行了详细的案例分析。本节主要结论如下：

第一，中国居民消费碳排放呈现快速增长态势，由 2002 年的 122845 万吨增加至 2012 年的 273258 万吨，增长了 1.22 倍。从城乡构成来看，城镇居民消费碳排放占中国居民消费碳排放的 75%。从直接碳排放和间接碳排放构成来看，间接碳排放占比达到 80% 以上。中国各省居民消费碳排放总量存在显著的差异，人口规模较大以及人均收入水平和城市化水平更高的省份碳排放总量更大。由于各省与国外经济联系程度存在差异，不同省份居民消费国外碳排放数量和比重均呈现较大的差异。

第二，中国居民消费人均碳排放快速增长，2012 年是 2002 年的 2.11 倍。城镇居民消费人均碳排放为农村居民消费人均碳排放的 2 ~ 3 倍。中国各省居民消费人均碳排放呈现明显差异，在城市化水平和人均收入更高的省份，居民消费人均碳排放更高。同时，中国北部特别是北部边疆省份存在较高的居民消费人均碳排放。

第三，中国居民消费导致的碳排放省际转移快速增加。由 2002 年的 36200 万吨增加至 2012 年的 89600 万吨。中国居民消费导致的碳排放转移呈现出增长迅速、非均衡性和多层次性等特点，大规模碳排放转移主要体现在山西、内蒙古、河北、陕西等能源富集省份向东部沿海省份调出大量碳排放。

本研究对中国省域居民消费碳排放进行了核算，核算结果不仅有助于促进消费者行为转变，也有助于有效地支持区域乃至全国的碳减排政策制定。一方面，核算结果可以使中国居民明确地意识到他们的消费行为通过直接和间接途径造成了多大的环境影响。本节研究发现中国居民消费造成了 273258 万吨的碳排放。这一点是非常有价值的，因为只有人们清楚地知道其行为的后果，才有可能去慎重考虑选择何种消费行为。另一方面，本研究也为相关政策制定提供了有价值的信息。中国 30 个省份居民消费碳排放总量、构成及人均碳排放都有明显的差异。同时，居民消费行为导致了大量的碳排放空间转移。因此，具体政策的制定必须考虑这些因素，而不能简单地对所有省份同等对待。比如，城市化水平和人均收入高的省份居民消费人均碳排放较大，应该承担更多的碳减排责任；而城镇居民碳排放总量和人均碳排放均远大于农村居民，表明碳减排责任应该以城镇居民为主，保障乡村居民的权益，由此，减排责任的分配才会具有实际可行性。同时，居民消费导致的大规模碳排放转移的存在，也表明在制定碳减排政策时需要考虑省际"碳泄漏"问题（Tukker et al.，2009）。

第二节　投资需求导致的碳排放及转移研究

一、研究背景

改革开放 40 多年以来，中国经济总量从 1978 年的 3645 亿元增至 2017 年的 827122 亿元，GDP 年均增长率约为 9.5%（国家统计局，2018）。高速的经济增长带来碳排放量的迅猛增加，中国目前已成为世界上温室气体排放最多的国家。根据 2017 年《BP 世界能源统计年鉴》的数据，2016 年中国二氧化碳排放量约为 91.2 亿吨，占全球的 27.3%。

中国既是碳排放大国，也是一个对全球减排负责任的国家。在 2009 年哥本哈根气候变化大会上，中国向世界做出减排承诺：到 2020 年单位国内生产总值二氧化碳排放比 2005 年下降 40%~45%，并将碳排放强度作为约束性指标纳入国民经济和社会发展中长期规划。

中国的二氧化碳排放问题也受到了国内外学者的广泛关注，特别是许多学者从国际贸易视角研究了中国进出口隐含的二氧化碳排放（Guo et al.，2012；Pan et al.，2008）。大量研究表明，中国存在大规模贸易隐含二氧化碳排放"顺差"（Yan et al.，2010；Qi et al.，2014；Dietzenbacher et al.，2012；

Liu et al., 2017；Weitzel et al., 2014；Wu et al., 2016；Ren et al., 2014）。根据 Yan 等（2010）的研究结果，中国 1997—2007 年累计贸易碳排放净差为11.32 亿吨，出口产品的碳排放量占国内生产的 10.03% ~ 26.54%。Cui 等（2015）测算得出中国能源贸易顺差从 2001 年的 1.56 亿吨增加到 2007 年的514 亿吨，国内能源消费比重从 14% 上升到 23%，模拟结果显示中国碳泄漏约为 50%。一些学者利用结构分解分析方法（Structural Decomposition Analysis，SDA）对中国对外贸易隐含二氧化碳排放的驱动因素进行了研究。Ren 等（2014）研究表明，中国不断增长的贸易顺差是二氧化碳排放量迅速上升的重要原因，而 FDI 的大量流入进一步加剧了中国的二氧化碳排放。Xu 等（2011）研究显示，碳排放强度的下降抑制了二氧化碳排放量的增加，而经济生产结构、出口结构和总出口量的变化推动了二氧化碳排放量的增加。在关注国际贸易造成的"碳泄漏"的同时，省际贸易隐含二氧化碳排放转移也不容忽视。2008 年国际金融危机爆发后，全球生产与贸易格局发生了重要的变化（Meng et al., 2018）。在这一背景下，部分学者也研究了中国国际隐含碳贸易的新变化。

此外，还有一些学者从消费需求角度研究了中国消费需求导致的二氧化碳排放。中国家庭消费的增长很大程度上促进了中国二氧化碳排放的增长（Guan et al., 2008）。家庭消费导致的二氧化碳排放包括直接排放和间接排放，间接二氧化碳排放在家庭消费导致的二氧化碳排放中占有较大比重（Yao et al., 2012；Zhang et al., 2017；Yao et al., 2017）。Zhang 等（2017）研究发现，间接能源消耗和二氧化碳排放分别占家庭消费引起的总能源消耗和二氧化碳排放的 69% 和 77%，而且受人均家庭消费和能源强度的推动，间接二氧化碳排放表现出上升的趋势。除了对直接和间接二氧化碳排放进行估计外，还有一些文献进一步对二氧化碳排放的影响因素进行了分解。Wang 等（2015）利用经济投入产出生命周期评价法（LCA）和结构分解模型测算了中国居民消费二氧化碳排放变化的影响因素，研究结果表明，消费水平和排放强度是间接碳排放变化的主要驱动力；除此之外，城市化、生产结构、人口规模和消费结构等因素也促进了碳排放的快速增长。

随着城市人口和收入的增长，中国城市化进程中不断增加的消费被认为是家庭消费碳足迹的一个重要驱动力，而中国经济碳强度的降低仅是微弱地抑制了这些趋势（Feng et al.，2016；Wiedenhofer et al.，2013；Zhao et al.，2012）。此外，居民消费碳排放在不同收入层次的城乡居民之间存在较大差异（Yang et al.，2017；Xu et al.，2016；Golley et al.，2012；Dong et al.，2017）。Wang 等（2016）研究发现，收入差距是导致碳排放水平显著差异的主要原因，农村高收入群体和城市低收入群体在碳密集型产品（如电力、交通、能源）上的收入占其收入的比例更大，从而使得消费模式更加碳密集。由于消费的规模和模式的不同，家庭消费碳足迹在富人和穷人之间分配不均，家庭消费碳足迹增长的 75% 来自城市中产阶级和富人的消费增长（Wiedenhofer et al.，2016）。

从国际贸易和消费视角对中国碳排放开展研究具有重要意义，然而，从最终需求角度来看，消费需求、投资需求和出口需求是拉动经济增长的三大最终需求，因此，除了需要研究出口、消费对我国碳排放的影响外，还需要研究投资对我国碳排放的影响，而这方面的研究相对较少。事实上，投资在中国经济发展过程中一直扮演着非常重要的角色。根据国家统计局的数据，1997 年资本形成总额对国内生产总值增长的贡献率为 15.1%，2009 年达到 86.5%，2016 年仍然高达 43.1%（国家统计局，2018）。特别是 2008 年全球金融危机爆发后，中国政府为了应对金融危机，刺激经济，提出了"四万亿计划"，进行大规模基础投资建设等，由此导致投资迅速增长。为了更全面地揭示中国碳排放增长的主要影响因素，科学制定中国碳减排政策，有必要从投资需求角度研究其对中国碳排放增长的影响。中国是一个区域差异巨大的国家，各省在资源禀赋、产业结构、发展阶段、经济规模、人口规模等方面均存在较大的差异（Hubacek and Sun，2001），同时，省份又是中国重要的经济单元，是中央人民政府碳减排政策的重要执行者（Meng et al.，2013），因此，本节重点核算中国各省投资需求导致的碳排放，并分析投资需求导致的省际碳排放转移情况。

二、研究方法与数据来源

(一) 研究方法

区域间投入产出模型（Multi – Regional Input – Output Model，MRIO 模型）能够系统、全面地反映各区域之间和部门之间的经济联系，对不同区域之间的产业结构和技术差异进行比较，因此被广泛应用于区域碳排放核算（石敏俊等，2012；Meng et al.，2013；Su and Ang，2014，2017）。本章将利用环境扩展型中国多区域投入产出模型对中国各省投资需求导致的二氧化碳排放量以及二氧化碳排放的跨省溢出效应进行测算。

假设在 MRIO 模型中有 m 个省，每个省的部门数量是 n。基本的投入产出等式如下

$$X = (I - A)^{-1} F \qquad\qquad (2-20)$$

其中，A 是中间消耗系数，$A = \begin{bmatrix} A^{1,1} & \cdots & A^{1,m} \\ \vdots & \ddots & \vdots \\ A^{m,1} & \cdots & A^{m,m} \end{bmatrix}$，其子矩阵 $A^{r,s} = \begin{bmatrix} a^{r,s}_{1,1} & \cdots & a^{r,s}_{1,n} \\ \vdots & \ddots & \vdots \\ a^{r,s}_{n,1} & \cdots & a^{r,s}_{n,n} \end{bmatrix}$ 是 s 省对 r 省的直接消耗系数矩阵。F 代表最终需求，X 代表最终需求驱动的总产出。

由于计算的是投资需求产生的二氧化碳排放，用 P 代替 F，可以得到以下公式

$$X_P = (I - A)^{-1} P \qquad\qquad (2-21)$$

其中，P 代表投资需求，$P = \begin{bmatrix} P^{1,1} & \cdots & P^{1,m} \\ \vdots & \ddots & \vdots \\ P^{m,1} & \cdots & P^{m,m} \end{bmatrix}$，$P^{r,s}$ 代表 r 省所提供给 s 省用于投资的最终产品（包括进口）。X_P 代表投资需求驱动的总产出，

$$X_P = \begin{bmatrix} X_P^{1,1} & \cdots & X_P^{1,m} \\ \vdots & \ddots & \vdots \\ X_P^{m,1} & \cdots & X_P^{m,m} \end{bmatrix}。$$

如果在每个省的每个部门的中间需求和最终需求中剔除进口产品，就可以获得新的平衡等式

$$X_P^d = (I - A^d)^{-1} P^d \qquad (2-22)$$

其中，A^d 是直接消耗系数矩阵（不包括进口），P^d 代表国内投资需求，X_P^d 是由国内投资需求驱动的总产出。

为了计算环境影响，必须在 MRIO 模型中增加环境信息。令 $\widetilde{G} = diag$ $(G^1, \cdots, G^r, \cdots, G^m)$，$G^r$ 是 r 省各部门的二氧化碳排放系数（单位产出碳排放量）所组成的 $n \times 1$ 行向量。则由投资需求所产生的二氧化碳排放量等于二氧化碳排放系数乘以相应的产出

$$M_t = \widetilde{G} X_P = \widetilde{G} (I - A)^{-1} P \qquad (2-23)$$

$$M_d = \widetilde{G} X_P^d = \widetilde{G} (I - A^d)^{-1} P^d \qquad (2-24)$$

M_t 代表投资需求所造成的总的二氧化碳排放量，包括国内和国外的二氧化碳排放；M_d 代表国内投资需求（除去进口）所造成的国内二氧化碳排放，则 s 省投资需求导致的国外二氧化碳排放由以下公式可得

$$M^s = \sum_{r=1}^{m} G^r X_P^{r,s} - \sum_{r=1}^{m} G^r X_P^{(d)r,s} \qquad (2-25)$$

M^s 代表 s 省投资需求导致的国外二氧化碳排放。$X_P^{r,s}$ 代表 s 省投资需求（包括进口）所拉动的产出，该产出包括 s 省投资需求拉动的 r 省的产出和国外产出。$X_P^{(d)r,s}$ 是 s 省投资需求拉动的 r 省的产出。

令

$$H = (I - A^d)^{-1} = \left[I - \begin{bmatrix} A^{(d)1,1} & \cdots & A^{(d)1,m} \\ \vdots & \ddots & \vdots \\ A^{(d)m,1} & \cdots & A^{(d)m,m} \end{bmatrix} \right]^{-1} = \begin{bmatrix} H^{1,1} & \cdots & H^{1,m} \\ \vdots & \ddots & \vdots \\ H^{m,1} & \cdots & H^{m,m} \end{bmatrix}$$

$$(2-26)$$

$H^{r,s}$ 代表 r 省为了满足 s 省每单位增加的最终需求的总投入（直接和间接）。

根据式（2-26），式（2-22）可以转换为以下公式

$$\begin{bmatrix} X^{(d)1,1} & \cdots & X^{(d)1,m} \\ \vdots & \ddots & \vdots \\ X^{(d)m,1} & \cdots & X^{(d)m,m} \end{bmatrix} = \begin{bmatrix} H^{1,1} & \cdots & H^{1,m} \\ \vdots & \ddots & \vdots \\ H^{m,1} & \cdots & H^{m,m} \end{bmatrix} \times \begin{bmatrix} P^{(d)1,1} & \cdots & P^{(d)1,m} \\ \vdots & \ddots & \vdots \\ P^{(d)m,1} & \cdots & P^{(d)m,m} \end{bmatrix}$$

$$(2-27)$$

由投资需求引起的二氧化碳排放的跨省转移矩阵可以由二氧化碳排放系数矩阵和总产出矩阵得出

$$M = \begin{bmatrix} M^{1,1} & \cdots & M^{1,m} \\ \vdots & \ddots & \vdots \\ M^{m,1} & \cdots & M^{m,m} \end{bmatrix} = \begin{bmatrix} G^1 & \cdots & 0 \\ \vdots & \ddots & \vdots \\ 0 & \cdots & G^m \end{bmatrix} \times \begin{bmatrix} X^{(d)1,1} & \cdots & X^{(d)1,m} \\ \vdots & \ddots & \vdots \\ X^{(d)m,1} & \cdots & X^{(d)m,m} \end{bmatrix} =$$

$$\begin{bmatrix} G^1 X^{(d)1,1} & \cdots & G^1 X^{(d)1,m} \\ \vdots & \ddots & \vdots \\ G^m X^{(d)m,1} & \cdots & G^m X^{(d)m,m} \end{bmatrix}$$

$$(2-28)$$

$M^{r,s}$ 代表了 s 省的投资需求拉动的 r 省的二氧化碳排放，即为满足 s 省的投资需求，由 r 省转移到 s 省的二氧化碳排放。

s 省的投资需求所造成的国内二氧化碳排放总量为

$$M^s = \sum_{r=1}^{m} M^{r,s} = \sum_{r=1}^{m} G^r X^{(d)r,s} \qquad (2-29)$$

因此，为了满足 s 省的投资需求，其他省份排放的二氧化碳总量为

$$M^s_{inflow} = \sum_{r \neq s}^{m} G^r X^{(d)r,s} \qquad (2-30)$$

而 s 省为满足自身投资需求在本省排放的二氧化碳为

$$M^s_{local} = G^s X^{(d)s,s} \qquad (2-31)$$

s 省的投资需求导致的二氧化碳排放有国内排放和国外排放，国内排放又分为本省排放和其他省份排放。因此，s 省的投资需求导致的二氧化碳排放量的计算公式为

$$M_t = M^s + M^s_{inflow} + M^s_{local} \qquad (2-32)$$

为了满足其他省份的投资需求，s 省的二氧化碳排放量（即二氧化碳省际调出量）的计算公式为

$$M^s_{outflow} = \sum_{r \neq s}^{m} M^{s,r} = \sum_{r \neq s}^{m} G^s X^{(d)s,r} \qquad (2-33)$$

因此，结合式（2-30），为了满足其他省份的投资需求，s 省的净二氧化碳排放量为

$$M^s_{net} = M^s_{outflow} - M^s_{inflow} \qquad (2-34)$$

（二）数据来源

本章使用的投入产出表数据来源于国务院发展研究中心李善同团队编制的 2002 年、2007 年和 2012 年中国区域间投入产出表（李善同，2010，2016，2018），共包括 30 个省、市、区（以下统称为省），每个省划分为 28 个部门（见表 2-3）。

表 2-3　研究中的 28 个部门分类情况和名称缩写

序号	部门	部门缩写
1	农林牧渔业	FFAF
2	煤炭开采和洗选业	MWC
3	石油和天然气的开采业	EPN
4	金属矿石的开采和加工业	MPM
5	非金属矿的开采和加工业	MPN
6	食品和烟草的制造业	MFT
7	纺织品制造业	MT
8	服装、皮革、羽毛及相关产品的制造业	MWLFR
9	木材加工、家具制造业	PTMF
10	文化、教育和体育活动制造、纸张、印刷品和物品业	MPPA
11	石油加工、炼焦、核燃料加工业	PPCPN
12	化工业	MCM
13	非金属矿产品的制造业	MNM
14	金属冶炼和压制业	SPM
15	金属制品制造业	MM

序号	部门	部门缩写
16	通用和专用机械制造业	MGSM
17	交通设备业	MTE
18	机电设备制造业	ME
19	通信设备、计算机和其他电子设备制造业	MCCO
20	文化活动和仪器设备制造业	MMCO
21	其他制造业	MAO
22	电力与热力供应业	PDEH
23	燃气生产与供应业	PDG
24	水的生产与供应业	PDW
25	建筑业	CS
26	交通邮政业	TSP
27	批发零售业	WRHR
28	其他服务业	OTHERS

本章使用的 2002 年、2007 年和 2012 年各省分行业碳排放数据来源于 Guan 等（2017）。2002 年、2007 年和 2012 年各省居民能源使用量数据来源于《中国能源统计年鉴》2003 年、2008 年、2013 年的各省能源使用平衡表，排放系数采用 IPCC 组织发布的参考系数（IPCC，2006）。

三、研究结果分析

（一）中国投资需求导致的二氧化碳排放分析

从最终需求的角度来看，二氧化碳排放是由消费、投资和出口引起的。比较三种最终需求引起的二氧化碳排放量可以看出，1997 年后，中国由消费需求、投资需求和出口需求引起的二氧化碳排放均有所上升。其中，投资需求导致的二氧化碳排放量增长幅度最大。消费需求导致的二氧化碳排放从 1997 年的 141986 万吨增加至 2012 年的 333271 万吨，年均增长率为 5.85%；而投资需求导致的二氧化碳排放由 1997 年的 125991 万吨增加至 2012 年的 568989 万吨，年均增长率为 10.57%；出口需求导致的二氧化碳排放从 1997 年的 66038 万吨增加至 2012 年的 220473 万吨，年均增长率为 8.37%。可见，投资需求是这一时期中国二氧化碳排放快速增长的重要原因，是中国成为世界上最大二氧化碳排放国的重要原因。

从三大最终需求引起的二氧化碳排放占中国最终需求引起的二氧化碳排放的比例来看，投资需求引起的二氧化碳排放占比呈上升趋势，由 1997 年的 37.72% 上升到 2012 年的 50.68%，上升约 13 个百分点。消费需求引起的二氧化碳排放所占比重呈逐年下降趋势，由 1997 年的 42.51% 降到 2012 年的 29.68%，下降约 13 个百分点；出口引起的二氧化碳排放占比相对稳定，从 1997 年的 19.77% 变化到 2012 年的 19.64%。

具体分阶段来看，2002—2007 年，受中国加入 WTO 的影响，中国出口迅速增长，因此这一阶段由出口导致的二氧化碳排放迅速增长，年均增幅达到了 24.03%。2008 年全球金融危机爆发后，中国出口增速放缓，甚至出现负增长，由此出口导致的二氧化碳排放增长减速，2007—2012 年出口导致的中国二氧化碳排放年均增速仅为 0.19%。进入 2000 年后，中国工业化与城市化加速推进，在工业化方面，钢铁、煤炭、石化、建材、机械、造船等重化工业快速发展。以钢铁为例，2000 年中国钢铁产量仅为 13146.00 万吨，2007 年增长至 56560.87 万吨。在城市化方面，2000 年中国城市化率仅为 36.21%，2007 年上升到 45.90%。工业化和城市化的发展带动了大量的基础设施投资建设，由此，中国投资需求快速增长，1997 年中国资本形成占 GDP 的比例为 36.2%，2007 年上升到 41.2%，这也导致了这一时期投资需求所带来的中国二氧化碳排放迅速增长，2002—2007 年投资需求所导致的二氧化碳排放年均增长率达到 15.07%。2008 年全球金融危机爆发后，中国经济增速快速回落，出口出现负增长，为刺激经济，中国政府推出了"四万亿计划"，重点加强基础设施投资建设。由此，中国投资需求进一步增长，至 2012 年，中国资本形成占 GDP 的比重达到 47.3%。由此，这一时期中国投资需求导致的二氧化碳排放仍保持了较快的增速，2007—2012 年年均增速达到 8.94%，为三大最终需求导致的二氧化碳排放增速最快的需求。

（二）中国投资需求导致的人均二氧化碳排放量

随着中国投资需求导致的二氧化碳排放总量的快速增长，由投资需求导致的人均二氧化碳排放量迅速提高。中国投资需求导致的人均二氧化碳排放量 1997 年、2002 年、2007 年和 2012 年分别为 1.02 吨、1.43 吨、2.81 吨和 4.21 吨。1997 年到 2012 年，中国投资需求导致的人均二氧化碳排放量增长了 312.75%，略低于中国投资需求导致的二氧化碳排放总量增长（351.61%）。

（三）中国投资需求导致的二氧化碳排放产业构成

从中国投资需求导致二氧化碳排放产生的部门构成来看，投资需求导致各部门产生的二氧化碳排放差异巨大。中国投资需求导致的二氧化碳排放主要集中在电力、热力的生产和供应业，金属冶炼和压延加工业和非金属矿物制品业等高碳行业（见图 2-1）。这主要是因为投资活动往往意味着要消耗水泥、钢材等能源密集型产品，由此与这些产品相关的行业二氧化碳排放较高（Feng et al., 2013）。

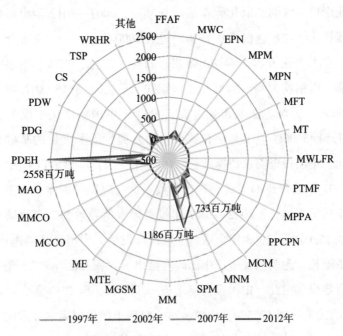

图 2-1 中国投资需求导致的二氧化碳排放部门构成

2012 年，中国投资需求导致这三个部门二氧化碳排放量分别为 255800 万吨、118600 万吨和 73300 万吨。其中，投资需求导致电力、热力的生产和供应业产生的二氧化碳排放量占中国投资需求导致的二氧化碳排放总量的比例高达44.96%。在中国的电力能源结构中，71.49%依赖于由煤炭转换而来的火电（国家统计局能源司，2016），煤炭资源转换为电力、热力等高碳产品向外输出，导致了电力、热力的生产和供应业的高二氧化碳排放。从1997年到2012年，投资需求导致电力、热力的生产和供应业产生的二氧化碳排放量一直居高不下，表明该部门对投资需求导致的二氧化碳排放有着重要影响。

（四）各省投资需求导致的二氧化碳排放分析

各省投资需求导致的二氧化碳排放总量存在明显差异。从区域来看，东部地区省份是中国投资需求导致二氧化碳产生的主要区域，2012年东部省份投资需求共导致的二氧化碳排放占全国投资需求导致的二氧化碳排放总量的比例为41.10%，中部、西部和东北地区省份导致的二氧化碳排放占全国的比例分别为21.73%、24.92%和12.24%。具体到省份来看，山东和河南两省的投资需求导致的二氧化碳排放总量最大，2012年分别为66565万吨和43149万吨。紧随其后的是江苏、广东、辽宁、河北、吉林、内蒙古、四川，投资需求导致的二氧化碳排放总量均超过20000万吨。这些省份大致可以分为两类，一类是以山东、广东和江苏为代表的东部沿海省份，经济规模和人口规模大，工业较为发达，投资需求规模较大，因而由本省投资需求诱发的二氧化碳排放较高。以山东为例，其不仅是中国经济规模最大的省份，工业增加值也位居全国前列，2012年资本形成总额27551.54亿元，为全国最高（山东省统计局，2014），由此投资需求导致大量二氧化碳排放。另一类是以河北和内蒙古为代表的资源型或重化工业省份，经济增长呈现出更为明显的投资驱动型特点，同时能源利用效率偏低、碳排放系数较高（石敏俊等，2012），使得其投资需求导致的二氧化碳排放较高。以内蒙古为例，2012年资本形成总额占其地区生产总值（GRP）的比例为84.60%（内蒙古统计局，2014）。青海和宁夏的投资需求导致的二氧化碳排放总量最少，分别为2690万吨和3816万吨，山东省投资需求导致的二氧化碳排放是青海省的24.75倍。其他投资需求导致的二氧化碳排放较低的省份还有海南、甘肃、贵州等。这些都是人口相对较少、经济总量小、工业化程度较低的省份，投资活动规模相对较小，投资需求活动导致的二氧化碳排放也较低。

各省投资需求导致的二氧化碳排放量不仅与各省经济规模相关，更与各省工业规模呈正相关关系。2012 年，工业总产值排名前五的省份是广东、江苏、山东、浙江和河南，这些省份投资需求导致的二氧化碳排放量也居全国前列。工业总产值较低的省份有海南、青海、宁夏等，这些省份投资需求导致的二氧化碳排放也比较低。较大的工业规模往往伴随着较大规模的工业投资，而工业投资更多地消耗钢材、水泥等能源密集型产品，由此导致了大量的二氧化碳排放。

由于国际贸易的存在，中国各省投资活动所消耗的产品可能在国内生产也可能在国外生产。从投资需求导致的二氧化碳排放产生在国内和国外的占比情况来看，投资需求导致的二氧化碳排放产生在国外比例较高的省份主要位于东部沿海地区，包括上海、福建、广东、江苏等。其中，2012 年上海投资需求导致的二氧化碳排放有 51.86% 产生在国外。而宁夏、湖北、贵州等中西部省份投资需求导致的二氧化碳排放在国外产生的比例较低，例如，2012年宁夏投资需求导致的二氧化碳排放在国外产生的比例仅为 4.6%。各省投资需求导致的二氧化碳排放在国外比例的差异实际上反映了各省与世界经济联系紧密程度的不同。改革开放后，中国实施的是东部沿海优先开放战略，同时东部沿海具有比较有利的地理位置条件，由此，东部沿海省份对外贸易迅速发展，成为中国进出口中心，投资需求也较多使用了进口产品，由此使得投资需求导致的二氧化碳排放在国外产生的比例较高。

从发展趋势来看，研究期间中国每个省份的投资需求导致的二氧化碳排放总量均大幅上升，但是中部、西部和东北地区省份投资需求导致的二氧化碳排放增幅更大，而东部地区省份增幅相对较小。从地区来看，东部地区投资需求导致的二氧化碳排放由 1997 年的 64774 万吨上升至 2012 年的 233875 万吨，年均增幅为 8.94%，占全国的比例由 51.41% 降至 41.10%；而中部、西部和东北地区年均增幅分别为 10.79%、12.69% 和 13.09%，投资需求导致的二氧化碳排放占全国投资需求导致的二氧化碳排放的比重均有所提高。具体到省份来看，1997 年，只有江苏和广东两省的投资需求导致的二氧化碳排放总量超过 10000 万吨，分别为 11305 万吨和 11014 万吨。到 2012 年，有 25 个省的投资需求导致的二氧化碳排放超过了 10000 万吨，各省投资需求导致的二氧化碳排放增长迅速。从 1997 年到 2012 年，投资需求导致的二氧化碳排放增长速度最快的前三个省份是位于西部和东北地区的内蒙古、吉林和广西，年均增速分别为 18.07%、17.87% 和 15.59%。中部、西部和东北地区各省份投资需求导致的二氧化碳排放增长较快的重要原因是，进入 21 世纪后，中国政府致力于缩小地区差距，实现区域经济平衡发展，并于 2000 年启动了西部大开发战略，2004 年启动了中部崛起战略，2004 年启动了振兴东北战略。由此，中部、西部和东北地区投资得到了较快的增长，投资成为拉动经济增长的主要力量，也导致由投资带动的二氧化碳排放快速增长。以广西为例，2000 年资本形成占其地区生产总值（GRP）的比例为 32.57%，2012 年上升至 84.9%（广西统计局，2014）。

由于剔除了人口的影响，投资需求导致的人均二氧化碳排放能更好地反映各省的实际情况。根据测算结果，各省的投资需求导致的人均二氧化碳排放差异十分显著。2012 年，投资需求导致的人均二氧化碳排放最高的前三个省份分别是天津、内蒙古和吉林，分别为 12.35 吨、8.64 吨和 8.17 吨。其次是山东、新疆、辽宁、海南、宁夏、北京、山西，人均二氧化碳排放均超过了 5 吨。投资需求导致的人均二氧化碳排放高的省份主要有两类，一是北京、天津等全国性中心城市，人均 GRP 较大，导致人均二氧化碳排放较高；二是内蒙古、山西等资源富集的省份，工业比重较高，投资驱动经济增长特征明显，导致人均二氧化碳排放偏高。投资需求导致的人均二氧化碳排放较低的省份是安徽、贵州和江西，分别为 2.202 吨、2.204 吨和 2.327 吨。安徽与天津相比，投资需求导致的人均二氧化碳排放相差 4.6 倍。此外，甘肃、四川、湖南、湖北、福建、河北、陕西、云南、广西的投资需求导致的人均二氧化碳排放均低于全国 4.21 吨的平均水平。

从时间序列来看，中国各省投资需求导致的人均二氧化碳排放量快速增长。1997 年，只有上海、天津的投资需求导致的人均二氧化碳排放量超过了 3 吨，分别是 6.18 吨、3.03 吨。而到 2012 年，有 22 个省的投资需求导致的人均二氧化碳排放量超过了 3 吨。图 2 - 2 是根据中国各省 1997 年、2002 年、2007 年和 2012 年投资需求导致的人均二氧化碳排放描绘的核密度图（Kernel Density）。可见，随着时间的推移，整体分布向右移动，表明投资需求导致的人均二氧化碳排放整体提高。此外，各省投资需求导致的人均二氧化碳排放分布逐渐平缓以及右拖尾不断增大，表明各省之间的差异在不断扩大。

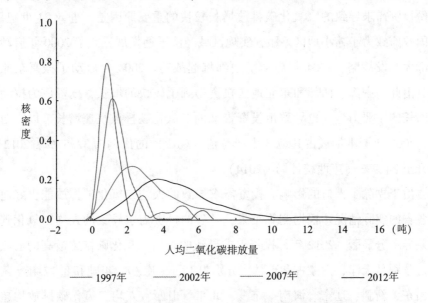

图 2 - 2　投资需求导致的人均二氧化碳排放核密度估计

（五）投资需求导致的二氧化碳排放的省际调入和调出

随着通信成本和交通成本的下降，产业分工与贸易不仅在国与国之间迅速发展，更在一国内部不同地区之间迅速发展（倪红福、夏长杰，2016）。各省满足投资需求的产品不仅来自本省，也可从本国其他省份和国外调入。由此，各省投资需求导致的二氧化碳排放可能产生于本省，也可能产生于其他省份和国外。为满足某省投资需求，从其他省份调入产品，由此导致二氧化碳排放在其他省份产生，称为该省为满足投资需求从其他省份调入二氧化碳排放。相反，如果某省为了满足其他省份的投资需求而调出产品，从而间接调出二氧化碳排放，称为该省向其他省份调出二氧化碳排放。

为满足其他省份投资需求，向其他省份调出大量二氧化碳排放的主要是能源资源丰富，高能耗、高碳排放产业比较集中的省份，包括河北、内蒙古、河南、辽宁、山西和安徽等。2012 年这些省份为满足其他省份投资需求调出的二氧化碳排放均超过 10000 万吨。此外，江苏作为中国重要制造业省份，钢铁等重工业较为发达，为满足其他省份投资需求也向其他省份调出了大量二氧化碳排放，2012 年为 18854 万吨。

为满足本省投资需求，从其他省份调入较多二氧化碳排放的省份有河南、江苏、广东、河北、内蒙古、辽宁等。虽然河北、内蒙古、辽宁等省份能源资源富集且产量高，但由于产业结构不太合理，为满足投资需求需要从省外调入能源高碳产品，因此，二氧化碳排放省际调入总量较高。例如，河北是中国的钢铁生产大省，在钢铁产品的制造过程中会消耗大量的能源，能源的供不应求导致其需要从省外调入大量的能源，从而调入大量的二氧化碳排放。另外，广东、江苏、河南等省份是制造业大省，制造业产品生产过程中要消耗大量的能源产品和能源密集型产品，但这些省份的资源禀赋并不高，因此需要从省外调入这些原材料来满足生产需要，从而导致其二氧化碳排放调入总量较高。

对比投资需求导致的二氧化碳排放调入量和调出量，欠发达的中部和西部地区为满足其他地区投资需求长期处于净调出二氧化碳排放的地位。1997 年，中部和西部地区为满足国内其他地区投资需求净调出的二氧化碳排放分别为 3099 万吨和 1526 万吨，2012 年则分别上升至 6290 万吨和 9042 万吨。而发达的东部地区为满足本地区投资需求长期从国内其他地区净调入二氧化碳排放，1997 年净调入二氧化碳排放 7581 万吨，2012 年为 3103 万吨。东北地区则出现了较大的变化，由投资需求导致的二氧化碳排放净调出地区，转变为二氧化碳排放净调入地区。1997 年东北地区为满足其他地区投资需求，净调出二氧化碳排放 2956 万吨，2012 年转变为净调入二氧化碳排放 12230 万吨。东北地区转变的重要原因是，其在新中国成立后相当长的时期内是中国重要重工业基地，为满足其他地区投资需求调出大量高碳产品。但是进入 21 世纪后，东部地区经济增长相对缓慢，大量国有企业破产，调出的投资品相对减少；与此同时，2004 年中国政府实施振兴东北计划，加大了对东北地区的投资建设，大量的投资品及隐含二氧化碳排放调入。由此，东北地区转变为投资需求导致的二氧化碳排放净调入地区。

具体到省份，净调出二氧化碳排放规模较大的省份主要包括河北、内蒙古、山西、宁夏、安徽等。这些省份除河北外，均属于中部和西部地区欠发达省份，能源资源较为丰富。投资需求导致的二氧化碳排放净调入较大的省份主要包括广东、吉林、天津、黑龙江、河南、云南、北京、山东等。其中北京、天津等发达城市有较大的经济规模，投资活动需要大量的产品，但受自身生产条件所限只能依赖于省际调入。而在广东、山东等制造业发达的省份，二氧化碳排放的调出量和调入量都很高，但由于本省调出的产品大多是低能耗、低污染产品，而从省外调入的是高碳排放或能源密集型产品，所以二氧化碳排放表现为净调入。吉林、黑龙江、云南等省份的经济水平不高，产业结构不合理，自身的投资需求只能依靠省际调入来满足。投资需求导致的二氧化碳排放调入调出基本平衡的省份有四川、青海、江西、新疆和陕西，调入调出差距小于 1000 万吨。总体来看，随着省际贸易的增强，中国投资需求导致的二氧化碳排放存在由能源资源丰富的欠发达省份向经济发达且能源资源短缺省份转移的现象，即前者为后者的投资需求承担了大量碳排放。

（六）投资需求导致的二氧化碳排放省际转移

二氧化碳排放省际转移，指的是隐含碳排放从二氧化碳调出省份向二氧化碳调入省份的转移，即二氧化碳调出省份为二氧化碳调入省份承担了碳排放压力，也是二氧化碳调入省份通过省际贸易避免的自身碳排放量。随着市场化的不断推进，中国各省份间的经济联系不断加强，各省投资需求导致了大量的二氧化碳排放省际转移。

根据测算结果，投资需求导致的中国二氧化碳排放省际转移的特征如下：

第一，投资需求导致的省际二氧化碳排放转移显著增加。随着中国市场一体化的推进，再加上省际贸易的增强，当地投资活动所需其他省份的产品数量大幅增加，带来了投资产生的二氧化碳省际转移的快速增长。从转移量来看，投资需求导致的省际二氧化碳排放转移量从 1997 年的 47979 万吨上升到 2002 年的 66100 万吨，再到 2007 年的 155938 万吨，最后到 2012 年的

269990 万吨。2012 年的转移量是 1997 年的 5.63 倍。中国投资需求带来的省际二氧化碳排放转移量占中国投资需求导致的二氧化碳排放量的比重，由 1997 年的 38.08% 上升至 2012 年的 47.45%。1997 年超过 500 万吨的二氧化碳排放转移量只有从河北到江苏、山东两条路径，2002 年有 8 条转移量超过 500 万吨的路径，2007 年增加到 64 条，2012 年增加到 148 条。

　　第二，投资需求导致的二氧化碳排放在相邻省份之间的转移更为显著。如河北、山西和内蒙古三地位置相邻，省份之间距离较近，相应地，运输成本较低，产品或原材料转移很方便，从而促进了省际贸易的发展，由此投资需求导致的二氧化碳转移量较大。具有类似特征的还有北京、天津与河北、山西、内蒙古之间，辽宁、吉林、黑龙江之间，安徽、山东、江苏、河南之间等。2012 年，由投资需求导致的超大规模的二氧化碳排放（超过 2000 万吨）省际转移发生在从河北到河南、江苏，从江苏到河南，从内蒙古到河南、辽宁，从辽宁到黑龙江。其中最大规模的转移发生在从河北到河南，转移量为 3429 万吨。大规模的二氧化碳排放（1000 万～2000 万吨）跨省转移发生在从河北到北京、天津、山西等，从内蒙古到北京、天津、河北等，从山西到河北、江苏、山东等，从辽宁到内蒙古、吉林、河南，从安徽到江苏、河南，从河南到江苏、广东。投资需求导致的大规模二氧化碳排放转移主要发生在华北和东北地区。结合转入量和转出量来看，河北、河南、江苏、内蒙古与其他各省之间的二氧化碳排放转移量较大。

　　第三，中国投资需求导致的二氧化碳排放存在由能源富集的中西部欠发达省份向东部地区经济发达和资源短缺省份净转移的特点。1997 年中西部地区省份为满足东部发达地区的投资需求，分别向其净调出二氧化碳排放 3565 万吨和 2059 万吨，2012 年分别上升至 3578 万吨和 4780 万吨。具体到省份来看，北京作为中国首都，产业结构中服务业占比较高，2012 年为满足投资需求从其他省份净调入二氧化碳排放 4743 万吨，其中来自中西部省份的比例为 58.19% 左右。广东作为中国经济规模最大的东部地区省份，2012 年为满足投资需求从其他省份净调入二氧化碳排放 9637 万吨，其中来自中西部地区省份的比例达到 64.13%。西部地区的内蒙古作为中国重要能源供应省份，2012

年为满足其他省份投资需求净调出二氧化碳排放 11988 万吨，其中 42.49% 调往东部省份。中部地区的山西作为中国另一个重要能源供应省份，2012 年为满足其他省份投资需求净调出二氧化碳排放 8165 万吨，其中 41.09% 调往东部地区省份。

第四，中西部能源富集省份为满足东部省份投资需求调出大量能源高碳产品，从而净调出大量隐含碳排放。2012 年，中部地区除河南和湖南为满足投资需求从东部地区净调入二氧化碳排放外，其他中部省份都是为满足东部地区的投资需求净调出二氧化碳排放。山西为满足东部地区的投资需求净调出二氧化碳排放 3705 万吨，其中电力、热力的生产和供应业，煤炭采选业，石油、炼焦和核燃料加工业的净调出二氧化碳比重分别为 65.74%、14.69% 和 12.98%。山西作为中国的产煤大省，调出了大量能源高碳产品（见图 2 - 3）。从西部地区来看，内蒙古、四川、贵州、甘肃、青海、宁夏为满足东部地区投资需求净调出二氧化碳排放，其中内蒙古净调出二氧化碳排放规模最大，占西部地区净调出到东部地区二氧化碳排放的 79.36%，且主要是通过电力、热力的生产和供应部门调出二氧化碳排放。内蒙古作为中国重要的能源供应省份，向东部地区调出大量隐含碳排放，极大地支撑着东部地区的发展（见图 2 -4）。

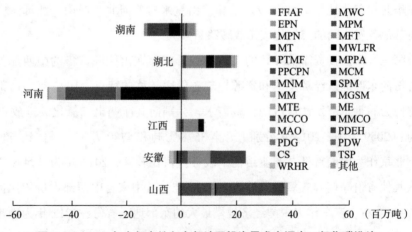

图 2 - 3　2012 年中部省份向东部地区投资需求净调出二氧化碳排放

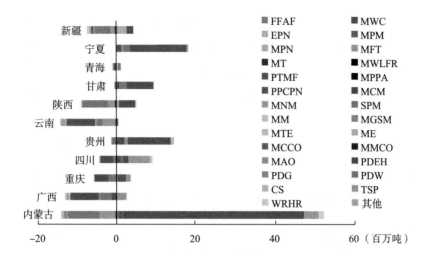

图 2-4　2012 年西部省份向东部地区投资需求净调出二氧化碳排放

四、研究结论与政策建议

本节采用 1997 年、2002 年、2007 年和 2012 年环境拓展型中国多区域投入产出表测算了中国 30 个省份投资需求导致的二氧化碳排放量，分析了投资需求导致的二氧化碳排放省际转移，得出以下几点结论：

第一，中国投资需求导致的二氧化碳排放呈上升趋势，由 1997 年的 125991 万吨增加至 2012 年的 568989 万吨，增长了 3.51 倍。投资需求导致的人均二氧化碳排放量也呈快速增长的趋势，从 1997 年到 2012 年增长了 3.13 倍。此外，投资需求导致的二氧化碳排放占三大需求导致的二氧化碳排放的比重明显上升，1997 年为 37.72%，2012 年上升至 50.68%。研究期间，资本形成不仅是中国经济增长的重要拉动力，也是影响中国碳排放增长的重要因素，是中国成为全球最大二氧化碳排放国的重要原因。中国投资需求导致的二氧化碳排放约 20% 来源于国外，其余大部分都产生在中国境内。从部门层面来看，投资需求导致的二氧化碳排放主要集中在电力、热力的生产和供应业，金属冶炼和压延加工业及非金属矿物制品业上。

第二，各省份投资需求导致的二氧化碳排放和人均二氧化碳排放增长迅速，且各省之间的排放情况存在显著差异。工业总产值较大的省份，投资需求导致的二氧化碳排放较大，全国性中心城市和资源型省份投资需求产生的人均二氧化碳排放更多。由于投资需求的增加，各省投资需求导致的二氧化碳排放占三大需求导致的二氧化碳排放的比例也在逐年增加。从二氧化碳排放的构成上看，东部沿海省份投资需求导致的二氧化碳排放产生于国外的比例更大。

第三，中国投资需求导致的二氧化碳排放省际转移大幅增加，中西部地区欠发达的能源资源丰富省份为满足东部发达省份的投资需求承担了大量二氧化碳排放。中国投资需求带来的省际二氧化碳排放转移量占中国投资需求导致的二氧化碳排放的比重由 1997 年的 38.08% 上升至 2012 年的 47.45%。受地理位置的影响，相邻省份之间的二氧化碳排放转移较为显著。但是从四大区域来看，欠发达的中部和西部地区的能源富集省份为满足东部地区经济发达且能源短缺的省份的投资需求，向这些省份净调出了大量碳排放，有力地支撑了这些省份的发展。

根据上述实证研究结论，本节提出以下一些相关的政策建议：一方面，在中国由于投资需求导致的二氧化碳排放是最终需求导致的二氧化碳排放的主要组成部分，因此，制定政策时应重点关注如何有效地减少投资需求带来的二氧化碳排放，特别是对投资需求导致的二氧化碳排放比较大的行业应重点关注，如电力、热力的生产和供应业，金属冶炼和压延加工业及非金属矿物制品业，应加大对这些行业的技术研发力度来提高能源利用效率和降低碳排放密度。另一方面，对于中国的不同省份，投资需求导致的二氧化碳排放量和人均二氧化碳排放量存在明显的差异，同时还存在大量的由投资需求活动导致的二氧化碳排放跨省转移，尤其是中西部地区欠发达的能源富集省份为满足东部地区经济发达且能源短缺省份的投资需求，排放了大量的二氧化碳，因此，在制定旨在减少二氧化碳排放的政策时，应综合考虑各省的碳排放水平和省际碳转移情况，科学地界定各省的碳排放责任，公平合理地分配碳排放配额，特别制定政策促进东部发达省份向中西部欠发达的能源富集省份和重化工业省份提供资金和技术上的扶持，帮助这些省份提高能源利用效率，以减少二氧化碳排放。当然，也要看到目前中国经济发展已经步入新常态，中国的新发展模式强调结构升级，将增长平衡从重工业投资转向国内消费，尤其是服务业消费。消费对中国经济增长的贡献率不断上升，最终消费支出对 GDP 增长的贡献率由 2010 年的 44.9% 上升至 2016 年的 66.5%（国家统计局，2018）。这对减缓由投资需求带来的二氧化碳排放增长具有重要意义。

第三节　京津冀地区与其他地区间的隐含二氧化碳转移研究

一、研究背景

京津冀地区包括北京市、天津市以及河北省的保定、廊坊、唐山、张家口、承德、秦皇岛、沧州、衡水、邢台、邯郸、石家庄共 11 个地级市，是中国继长三角、珠三角之后又一重点发展区域。2015 年中共中央政治局审议通过《京津冀协同发展规划纲要》，明确提出，将该区域打造成为"以首都为核心的世界级城市群、区域整体协同发展改革引领区、全国创新驱动经济增长新引擎、生态修复环境改善示范区"。尽管中国政府高度重视京津冀地区的发展，但是目前京津冀地区面临着严重的环境污染问题，尤其是以雾霾为主的大气污染更使京津冀地区面临严峻的挑战。

世界卫生组织公布的世界城市空气质量数据显示，中国 $PM_{2.5}$ 浓度最高的前五座城市均位于河北省，分别为邢台、保定、石家庄、邯郸和衡水。其中，邢台和保定更是进入全球 $PM_{2.5}$ 污染前十，年均浓度分别为 128 微克/立方米和 126 微克/立方米。北京以每立方米 85 微克的 $PM_{2.5}$ 浓度居中国第 11 位，全球第 56 位（WHO，2017）。中国环境保护部监测了中国 74 个城市空气质量，空气质量相对较差的保定、邢台、衡水、唐山、郑州、济南、邯郸、石家庄、廊坊和沈阳 10 个城市中，河北省占 7 个；京津冀及周边地区的山西、山东、河南等省份是中国空气重污染的高发地区，2015 年该区域内 70 个地级以上城市共发生 1710 次重度及以上污染，占全国的 44.1%（中国环境保护部，2016）。

京津冀地区严重的环境污染问题，尤其是大气污染问题，使中国政府日益重视这一地区的环境治理问题。2015 年中共中央政治局审议通过《京津冀协同发展规划纲要》，提出："到 2017 年，区域生态环境保护协作机制基本完善，重大生态环保工程全面实施，区域生态环境质量恶化趋势得到遏制。到 2020 年，区域生态环境质量明显改善。"治理京津冀地区环境污染问题，需要揭示京津冀地区环境污染形成的内部原因。京津冀地区内部各省市之间以及京津冀地区与其他省份之间存在广泛的贸易联系，这使得京津冀地区环境污染形成的原因可能较为复杂。其一，京津冀地区可能为满足本地区消费排放了大量二氧化碳，导致大气污染问题严重；其二，京津冀地区可能为满足其他地区消费，调出大量高隐含二氧化碳产品，进而在本地区排放了大量二氧化碳，导致大气污染问题严重；其三，京津冀地区内部由于各省份之间贸易联系的存在，使得二氧化碳排放形成原因较为复杂。因此，为厘清京津冀地区二氧化碳排放产生的内在原因，推进该地的二氧化碳减排，实现大气污染治理，需要深入研究京津冀地区内部以及京津冀地区与其他地区之间的隐含二氧化碳转移。本章将利用区域间投入产出模型展开这一研究。

隐含碳转移的测算方法主要有两种：一是投入产出法（IOA）；二是生命周期评价法（LCA）。生命周期评价法测算隐含碳转移，对数据要求较高，目前主要运用于美国、日本以及欧盟国家等少数国家（Rocco，2017；Müller-Wenk，2010；Collins，2010；Saynajoki，2017），这使得大多数学者更倾向于使用投入产出法测算隐含碳转移（Zheng，2017；Zhang，2017；Su，2014；Chen，2010）。

利用投入产出方法测算隐含碳转移，又可分为两种方法，即单区域投入产出模型（SRIO）和区域间投入产出模型（MRIO）。Sánchez-Chóliz 和 Duarte（2004）采用单区域投入产出模型研究了西班牙贸易中的隐含碳转移，研究表明，西班牙的对外贸易中存在隐含碳的净出口，且进口和出口的隐含碳排放占总需求碳排放的 73% 左右。Kratena 和 Meyer（2007）研究了奥地利进出口贸易中的隐含碳转移，结果显示，奥地利进口商品的碳排放量比出口商品的碳排放量高。Wyckoff 和 Roop（1994）利用单个国家投入产出表和双边贸易数据，估算了 6 个最大 OECD 国家进口产品隐含二氧化碳转移情况，结果表明，这些国家进口产品隐含碳排放量占其国内总碳排放量的 13%。Shui 和 Harriss（2006）利用单区域投入产出模型研究了中美贸易对全球二氧化碳排放量的影响，结果表明，由于中国制造业对煤的高使用率以及制造技术的效率相对较低，中美贸易实际上加剧了全球二氧化碳的排放。盛仲麟等（2016）利用单区域投入产出模型，结合 1999—2012 年中国海关进出口商品数据，测算了中国进出口贸易中的隐含碳排放量，研究结果显示，随着出口贸易的不断增长，中国所排放的碳中大部分被用于满足国外消费者生产和生活需求，美国、欧盟国家、日本等发达国家是中国出口贸易碳排放的主要受惠国。

尽管单区域投入产出模型数据获取相对容易，可操作性较强，但是该方法采用国内投入产出系数替代进口国的投入产出系数，并且该方法无法将一国对世界各国具体行业的中间产品进口和最终进口的数据分离开来。因此，利用该方法测算出来的结果与真实结果相差较大（邓荣荣，2014）。

区域间投入产出模型较好地克服了单区域投入产出模型的缺陷。Ahmad 和 Wyckoff（2003）是最早使用 MRIO 完整地计算多国之间生产端、消费端贸易隐含碳的学者，他们基于 OECD 数据库中的各国投入产出表，研究了 1995 年 24 个 OECD 国家和中国、印度、俄罗斯等国家的贸易隐含碳。

Peters 和 Hertwich（2006）采用区域间投入产出模型对挪威进行的研究表明，单区域投入产出模型测算的结果大大低估了挪威的贸易隐含碳排放量。Su（2014）用 HEET 方法和 SWD - EET 综合分析了中国的区域贸易和国际贸易的碳排放影响，并提出了相应的政策建议。Liu 等（2015）利用 1997—2007 年中国区域间投入产出模型分析了地方级增值链中的 VBEs 和碳排放量，结论显示，中国区域增值链中转移的碳排放量在 1997—2007 年呈快速增长态势，经济增长与碳排放污染之间的区域不平等程度有所下降。肖雁飞等（2014）利用中国 2002 年、2007 年区域间投入产出表数据测算了中国区域碳排放转移情况，研究发现，通过东部沿海产业转移，西北和东北等地区成为碳排放转入和"碳泄漏"重灾区，京津和北部沿海等地区则表现出产业转移碳减排效应，产业转移对不同区域碳排放的影响存在差异。Zhang 等（2017）根据全球 MIRO 模型评估了中国城市碳减排能力。Zheng 等（2017）利用区域间投入产出模型分析了 2002—2007 年中国各省市各个行业中隐含能源的消耗，计算了包含京津冀在内的三个地区五个部门的碳耗情况，结论表明，天津和河北能耗增加是导致京津冀能耗量巨大的重要原因。

考虑单区域投入产出模型只局限于一个地区内部产业间、本地生产与需求之间的经济关系分析，无法准确刻画出多个地区产业之间相互依存、相互影响的经济关系，特别是贸易导致的隐含碳转移，而区域间投入产出模型能系统、全面地反映各个地区各个产业之间的经济联系，并能对各个地区间的商品和劳务流动进行描述，从而能较为准确地刻画出地区间贸易导致的隐含碳转移。因此，本章对京津冀地区与其他地区之间的隐含碳转移的研究将采用区域间投入产出模型。

二、研究方法与数据来源

（一）研究方法

本节使用区域间投入产出模型，假设省份数量为 m（$m = 30$），每个省份有 n 个部门。各省的总产出为本省及其他省份的中间使用、最终使用及本省出口之和。每个地区的最终需求和中间需求还包括进口产品和服务，这些产品和服务所引起的碳排放发生在国外，本章仅关注国内的碳排放，暂不考虑进口产生的碳排放。

上述模型中的恒等关系可以表示为

$$x_i^r = (X_{i,1}^{r,1} + \cdots + X_{i,n}^{r,1}) + (X_{i,1}^{r,2} + \cdots + X_{i,n}^{r,2}) + \cdots + (X_{i,1}^{r,m} + \cdots + X_{i,n}^{r,m})$$

$$+ f_i^{r,1} + \cdots + f_i^{r,m} + e_i^r = \sum_{s=1}^{m} \sum_{j=1}^{n} X_{i,j}^{r,s} + \sum_{s=1}^{m} f_i^{r,s} + e_i^r \qquad (2-35)$$

其中，$X_{i,j}^{r,s}$ 表示省份 s 部门 j 对省份 r 部门 i 的中间使用，$f_i^{r,s}$ 表示省份 s 对省份 r 部门 i 的最终使用（包括最终消费和投资），e_i^r 表示省份 r 部门 i 的出口总量，x_i^r 表示省份 r 部门 i 的总产出。

引入直接消耗系数 a_{ij}^{rs}，表示省份 s 部门 j 的单位总产出对省份 r 部门 i 的中间使用量

$$a_{ij}^{rs} = \frac{X_{ij}^{rs}}{x_i^r} \qquad (2-36)$$

将式（2-36）代入式（2-35）中可得到

$$x_i^r = \sum_{s=1}^m \sum_{j=1}^n a_{ij}^{rs} x_i^r + \sum_{s=1}^m f_i^{rs} + e_i^r \qquad (2-37)$$

用矩阵表示式（2-37）即为

$$X = AX + F + E \qquad (2-38)$$

即

$$X = (I-A)^{-1} F + (I-A)^{-1} E \qquad (2-39)$$

其中，$A = \begin{bmatrix} A^{11} & \cdots & A^{1m} \\ \vdots & \ddots & \vdots \\ A^{m1} & \cdots & A^{mm} \end{bmatrix}$，其子矩阵 $A^{rs} = \begin{bmatrix} a_{11}^{rs} & \cdots & a_{1n}^{rs} \\ \vdots & \ddots & \vdots \\ a_{n1}^{rs} & \cdots & a_{nn}^{rs} \end{bmatrix}$ 表示省份 r 对

省份 s 的直接消耗系数矩阵。$F = [F^1, F^2, \cdots, F^m]'$（其中 $F^r = [F^{r1}, F^{r2}, \cdots, F^{rm}]$）、$E = [E^1, E^2, \cdots, E^m]'$ 和 $X = [X^1, X^2, \cdots, X^m]'$（其中 $X^r = [X^{r1}, X^{r2}, \cdots, X^{rm}]$）分别为各省的最终使用矩阵、出口矩阵及总产出矩阵。X^{rs} 代表省份 r 为满足省份 s 的最终需求所带动的总产出。

$$H = (I-A)^{-1} = \left[I - \begin{bmatrix} A^{11} & \cdots & A^{1m} \\ \vdots & \ddots & \vdots \\ A^{m1} & \cdots & A^{mm} \end{bmatrix} \right]^{-1} = \begin{bmatrix} H^{11} & \cdots & H^{1m} \\ \vdots & \ddots & \vdots \\ H^{m1} & \cdots & H^{mm} \end{bmatrix} \qquad (2-40)$$

将式（2-40）代入式（2-39）可得

$$X = \begin{bmatrix} H^{11} & \cdots & H^{1m} \\ \vdots & \ddots & \vdots \\ H^{m1} & \cdots & H^{mm} \end{bmatrix} \times \begin{bmatrix} F^1 \\ \vdots \\ F^m \end{bmatrix} + \begin{bmatrix} H^{11} & \cdots & H^{1m} \\ \vdots & \ddots & \vdots \\ H^{m1} & \cdots & H^{mm} \end{bmatrix} \times \begin{bmatrix} E^1 \\ \vdots \\ E^m \end{bmatrix} =$$

$$\begin{bmatrix} X^{11} & \cdots & X^{1m} \\ \vdots & \ddots & \vdots \\ X^{m1} & \cdots & X^{mm} \end{bmatrix} \qquad (2-41)$$

$$X^r = \begin{bmatrix} X^{r1} & X^{r2} & \cdots & X^{rm} \end{bmatrix} = \begin{bmatrix} H^{r1} & H^{r2} & \cdots & H^{rm} \end{bmatrix} \begin{bmatrix} F^{11} & F^{12} & \cdots & F^{1m} \\ F^{21} & F^{22} & \cdots & F^{2m} \\ \vdots & \vdots & \ddots & \vdots \\ F^{m1} & F^{m2} & \cdots & F^{mm} \end{bmatrix} +$$

$$\begin{bmatrix} H^{r1} & H^{r2} & \cdots & H^{rm} \end{bmatrix} \times \begin{bmatrix} E^{11} & E^{12} & \cdots & E^{1m} \\ E^{21} & E^{22} & \vdots & E^{2m} \\ \vdots & \vdots & \ddots & \vdots \\ E^{m1} & E^{m2} & \cdots & E^{mm} \end{bmatrix} =$$

$$\begin{bmatrix} \sum_{s=1}^{m} H^{rs} \left(F^{s1} + E^{s1} \right) & \sum_{s=1}^{m} H^{rs} \left(F^{s2} + E^{s2} \right) & \cdots & \sum_{s=1}^{m} H^{rs} \left(F^{sm} + E^{sm} \right) \end{bmatrix}$$

$$(2-42)$$

式（2-42）表示省份 r 的总产出 X^r，它由 m 个部分组成，每部分为 X^{rs}：

$$X^{rs} = \sum_{s=1}^{m} H^{rs} \left(F^{ss} + E^{ss} \right) = H^{r1} \left(F^{1s} + E^{1s} \right) + H^{r2} \left(F^{2s} + E^{2s} \right) + \cdots +$$

$$H^{rm} \left(F^{ms} + E^{ms} \right) \qquad (2-43)$$

接下来，将二氧化碳的排放量引入投入产出模型中，最重要的就是引入直接二氧化碳消耗系数。直接二氧化碳消耗系数指单位产出的直接二氧化碳排放量。

$$G^r = \begin{bmatrix} e_j^r \end{bmatrix}, \ e_j^r = \frac{w_j^r}{x_j^r} \qquad (2-44)$$

其中，G^r 为 r 省直接二氧化碳消耗系数矩阵（吨/万元），e_j^r 为 r 省 j 部门的直接二氧化碳消耗系数，w_j^r 为 r 省 j 部门的直接二氧化碳排放量，x_j^r 为 r 省 j 部门的总产出。

令

$$\widetilde{G} = \begin{bmatrix} G^1 & \cdots & 0 \\ \vdots & \ddots & \vdots \\ 0 & \cdots & G^m \end{bmatrix} \qquad (2-45)$$

因此，所有省份之间的隐含二氧化碳转移可以通过以下二氧化碳消耗系数矩阵和总产出矩阵得出

$$C = \begin{bmatrix} C^{11} & \cdots & C^{1m} \\ \vdots & \ddots & \vdots \\ C^{m1} & \cdots & C^{mm} \end{bmatrix} = \begin{bmatrix} G^1 & \cdots & 0 \\ \vdots & \ddots & \vdots \\ 0 & \cdots & G^m \end{bmatrix} \times \begin{bmatrix} X^{11} & \cdots & X^{1m} \\ \vdots & \ddots & \vdots \\ X^{m1} & \cdots & X^{mm} \end{bmatrix} = \begin{bmatrix} G^1 X^{11} & \cdots & G^1 X^{1m} \\ \vdots & \ddots & \vdots \\ G^m X^{m1} & \cdots & G^m X^{mm} \end{bmatrix}$$

$$(2-46)$$

其中，$C^{rs} = G^r X^{rs}$，C^{rs} 代表省份 r 为满足省份 s 的最终需求（消费、投资和出口）所排放的二氧化碳总量，即省份 r 向省份 s 转移的隐含二氧化碳排放量。

则 s 省消费侧二氧化碳排放总量（s 省消费侧二氧化碳排放总量，是指为满足 s 省最终需求造成的所有二氧化碳排放，不管发生在 s 省还是发生在 s 省外）为

$$C_{com}^s = \sum_{r=1}^n C^{rs} \qquad (2-47)$$

s 省生产侧二氧化碳排放总量（s 省生产侧二氧化碳排放总量，是指统计 s 省各产业生产过程中的直接二氧化碳排放量）为

$$C_{pro}^s = \sum_{r=1}^n C^{sr} \qquad (2-48)$$

因此，从 r 省转移到 s 省的隐含二氧化碳净额为

$$C_{net}^{rs} = C^{rs} - C^{sr} \qquad (2-49)$$

（二）数据来源

本章所使用的数据分为以下两部分：

一是中国区域间投入产出表。本章中所使用的中国区域间投入产出表为中国科学院编制的 2010 年中国区域间投入产出表（刘卫东等，2018）。该表中包含 30 个省、市、区（以下简称省），每个省包含 30 个部门。由于中国各地区综合能源平衡表仅提供了交通运输及仓储业，批发、零售业和住宿、餐饮业以及其他服务业能源消耗数据，因此，本章将 2010 年中国区域间投入产出表中的批发零售业和住宿餐饮业合并为批发、零售业和住宿、餐饮业，将租赁和商业服务业、研究与试验发展业和其他服务业合并为其他服务业（见表 2-4）。

表 2−4　分类合并表

部门编号	合并后的部门	2010 年中国省区域投入产出表中的部门
A01	农林牧渔业	农林牧渔业
A02	煤炭开采和洗选业	煤炭开采和洗选业
A03	石油和天然气开采业	石油和天然气开采业
A04	金属矿采选业	金属矿采选业
A05	非金属矿及其他矿采选业	非金属矿及其他矿采选业
A06	食品制造及烟草加工业	食品制造及烟草加工业
A07	纺织业	纺织业
A08	纺织服装鞋帽皮革羽绒及其制品业	纺织服装鞋帽皮革羽绒及其制品业
A09	木材加工及家具制造业	木材加工及家具制造业
A10	造纸印刷及文教体育用品制造业	造纸印刷及文教体育用品制造业
A11	石油加工、炼焦及核燃料加工业	石油加工、炼焦及核燃料加工业
A12	化学工业	化学工业
A13	非金属矿物制品业	非金属矿物制品业
A14	金属冶炼及压延加工业	金属冶炼及压延加工业
A15	金属制品业	金属制品业
A16	通用、专用设备制造业	通用、专用设备制造业
A17	交通运输设备制造业	交通运输设备制造业
A18	电气机械及器材制造业	电气机械及器材制造业
A19	通信设备、计算机及其他电子设备制造业	通信设备、计算机及其他电子设备制造业
A20	仪器仪表及文化办公用机械制造业	仪器仪表及文化办公用机械制造业
A21	其他制造业	其他制造业
A22	电力、热力的生产和供应业	电力、热力的生产和供应业
A23	燃气及水的生产与供应业	燃气及水的生产与供应业
A24	建筑业	建筑业
A25	交通运输及仓储业	交通运输及仓储业
A26	批发、零售业和住宿、餐饮业	批发零售业
		住宿餐饮业
A27	其他服务业	租赁和商业服务业
		研究与试验发展业
		其他服务业

二是各省分行业的二氧化碳排放量。本章根据以下步骤获得各省分行业的二氧化碳排放量。

首先，根据《中国能源统计年鉴（2011）》中各地区综合能源平衡表，得到各省2010年农林牧渔业、工业、建筑业、交通运输仓储和邮政业、批发零售和住宿餐饮业以及其他服务业这6个行业的能源消费实物量数据。本章中仅考虑以下13种能源的消费量：原煤、洗精煤、洗煤煤泥、焦炭、焦炉煤气、其他煤气、原油、汽油、煤油、柴油、燃料油、液化石油气以及天然气。按照IPCC（2006）给出的各种能源折算标准煤的系数，将各省上述6个行业的能源消费实物量折算为标准煤消费量。

其次，按照IPCC（2006）给出的各种能源折算标准煤系数（见表2-5），将《中国经济普查年鉴（2008）》给出的2007年各省分行业规模以上工业企业不同类型能源消费实物量数据折算为标准煤消费量，然后将2010年相应省份工业标准煤消费量等比例地分配为各省工业分部门能源消费量。综上，可以得到2010年各省分行业能源消费标准量数据。

最后，根据IPCC（2006）给出的单位标准煤排放二氧化碳量数据，将各省各行业标准煤消费量折算为各省各行业二氧化碳排放量。

表2-5　各类能源折算标准煤的参考系数

序号	能源名称	平均低位发热量 （千焦/千克或立方米）	折标准煤系数 （千焦/千克或立方米）
1	原煤	20934	0.7143
2	洗精煤	26377	0.9000
3	洗煤煤泥	8374	0.2857
4	焦炭	28470	0.9714
5	原油	41868	1.4286
6	燃料油	41868	1.4286
7	汽油	43124	1.4714
8	煤油	43124	1.4714
9	柴油	42705	1.4571
10	液化石油气	47472	1.6198

序号	能源名称	平均低位发热量 (千焦/千克或立方米)	折标准煤系数 (千焦/千克或立方米)
11	天然气	35588	1.2143
12	焦炉煤气	16746	0.5714
13	其他煤气	10463	0.3570

资料来源：IPCC. Climate Change 2007：The AR4 Synthesis Report ［M］. London：Cambridge University Press，2007。

三、研究结果分析

（一）中国各省及各产业生产侧二氧化碳排放情况

2010 年中国各省生产侧二氧化碳排放总量为 484476 万吨。各省生产侧二氧化碳排放总量差异较大，京津冀及周边地区的山西、山东等省是中国生产侧二氧化碳排放的主要区域。生产侧二氧化碳排放量最小的两个省是海南省和青海省，分别为 2655 万吨和 2192 万吨，生产侧二氧化碳排放量最大的是山东省，为 44513 万吨，是青海省的 20 倍。

中国各省生产侧二氧化碳排放量差异较大主要是由以下原因所致：

第一，各省经济总量差异较大，导致各省生产侧二氧化碳排放差异较大。山东省 2010 年的地区生产总值为 39170 亿元，是海南省 2010 年地区生产总值的 19 倍；山东省 2010 年生产侧二氧化碳排放总量为 44513 万吨，是海南省生产侧二氧化碳排放总量的 16 倍；总体来看，地区生产总值与生产侧二氧化碳排放量呈正比关系。

第二，各省产业结构差异较大，导致各省生产侧二氧化碳排放差异较大。例如，山东省产业中重工业比重较高，2015 年山东省工业总产值为 145964 亿元，其中重工业总产值为 99188 亿元，占比高达 68%（山东省统计局，2017）；而海南省 2015 年第三产业产值占总产值的比例为 53.3%，工业产值仅占总产值的 13%。重工业生产需要消耗更多能源，必然导致二氧化碳排放比较高。

第三，各省生产技术水平差异较大，导致各省生产侧二氧化碳排放差异较大。2010 年河南省有 22 个行业单位二氧化碳消耗系数高于广东省，尤其是 A2（煤炭开采和洗选业）、A22（电力、热力的生产和供应业）二氧化碳消耗系数明显高于广东省。由此，尽管 2010 年河南省生产总值仅为广东省的 50.19%，但是河南省生产侧二氧化碳排放与广东省生产侧二氧化碳排放基本相当，分别为 27987 万吨和 27994 万吨。

为更好地说明中国生产侧二氧化碳排放的来源，本章进一步分析了中国各产业生产侧二氧化碳排放情况。2010 年中国生产侧二氧化碳排放量最大的行业为 A12（化学工业，包括化学原料及化学制品制造业、医药制造业、化学纤维制造业、橡胶制造业以及塑料制造业等），其生产侧二氧化碳排放量为 86166 万吨，占全行业二氧化碳排放总量的 17.79%；其次是 A22（电力、热力的生产和供应业），其生产侧二氧化碳排放量为 84928 万吨，占全行业二氧化碳排放总量的 17.53%。2010 年中国 27 个行业中二氧化碳排放量最大的 15 个行业的二氧化碳排放总量为 474717 万吨，占全行业二氧化碳排放总量的 98%。

（二）京津冀地区内部各省之间隐含二氧化碳转移

京津冀地区内部各省生产侧二氧化碳排放和消费侧二氧化碳排放差异较大，北京、天津调入大量隐含二氧化碳，河北则调出大量隐含二氧化碳。2010 年北京、天津和河北生产侧二氧化碳排放分别为 7006 万吨、7435 万吨和 40204 万吨，而消费侧二氧化碳排放分别为 13320 万吨、12788 万吨和 28414 万吨。可见，北京、天津消费侧二氧化碳排放明显高于生产侧二氧化碳排放，为隐含二氧化碳净调入地区；河北生产侧二氧化碳排放明显高于消费侧二氧化碳排放，为隐含二氧化碳净调出地区。

为了更好地观察京津冀地区内部各省消费侧二氧化碳排放的根源，本章基于产业视角对北京、天津和河北消费侧二氧化碳排放情况进行了分析（见图 2-5）。2010 年北京消费侧二氧化碳排放较大的行业分别是 A12（化学工业）、A25（交通运输及仓储业）、A11（石油加工、炼焦及核燃料加工业），由消费这 3 个行业产品导致的二氧化碳排放占北京消费侧二氧化碳排放的 50.7%。2010 年天津消费侧二氧化碳排放较大的行业分别是 A25（交通运输及仓储业）、A12（化学工业）、A22（电力、热力的生产和供应业），由消费这3个行业产品导致的二氧化碳排放占天津消费侧二氧化碳排放的52.74%。2010年河北消费侧二氧化碳排放较大的行业分别是A22（电力、热力的生产和供应业）、A11（石油加工、炼焦及核燃料加工业）、A12（化学工业），由消费这3个行业产品导致的二氧化碳排放占河北消费侧二氧化碳排放的53.87%。

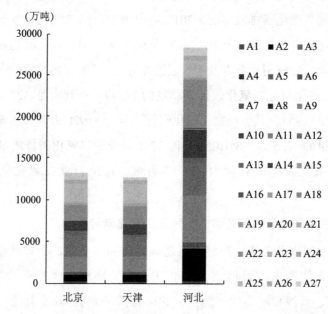

图2-5 京津冀地区基于产业视角的消费侧二氧化碳排放

京津冀地区内部各省之间存在较大规模的隐含二氧化碳转移，河北为北京、天津净调出了大量隐含二氧化碳（见图2-6）。2010年河北为满足北京的消费、投资和出口需求，共计向北京调出了1843万吨隐含二氧化碳，占北京消费侧二氧化碳排放的13.8%；北京为满足河北地区的消费、投资和出口需求，共计向河北调出了190万吨隐含二氧化碳，两者相比，河北共计向北京调出1653万吨净隐含二氧化碳。2010年河北为满足天津消费、投资和出口需求，共计向天津调出了1499万吨隐含二氧化碳，占天津消费侧二氧化碳排放的12.9%；天津为满足河北消费、投资和出口需求，共计调出221万吨隐含二氧化碳，两者相比，河北共计向天津调出 1278 万吨净隐含二氧化碳。
2010 年天津为满足北京消费、投资和出口需求，共计向北京调出 228 万吨隐
含二氧化碳；北京为满足天津消费、投资和出口需求，共计向天津调出 220
万吨隐含二氧化碳，北京和天津之间隐含二氧化碳调入调出基本持平。可见
京津冀三省市之间，主要是河北向北京、天津调出大量净隐含二氧化碳，这
不仅会加剧河北的大气污染状况，同时由于北京、天津位于河北省行政区域
内部，大气污染物的区域传输效应也必会加剧北京、天津的大气污染状况。
事实上，根据北京市环境保护局 2014 年发布的相关数据，在北京市 $PM_{2.5}$ 的
来源中，区域传输贡献率为 28%～36%，而本地企业生产和居民生活所排放
污染占比为 64%～72%。当遭遇特定重雾霾污染时，区域传输对北京雾霾污
染的贡献率可达 50% 以上。根据天津市环境保护局 2014 年发布的相关数据，
在天津市 $PM_{2.5}$ 的来源中，区域外传输贡献率为 22%～34%，而本地企业生产
和居民生活所排放污染占比为 66%～78%。当遭遇特定重雾霾污染时，区域
传输对天津雾霾污染的贡献率可达 60% 以上。

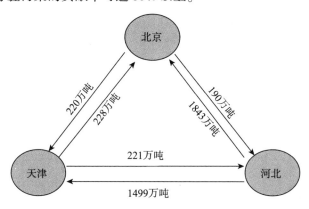

图 2-6　京津冀三地区内部隐含二氧化碳转移情况

　　河北向北京、天津调出隐含二氧化碳主要是通过几个重点产业实现的。
2010 年河北为满足北京消费、投资和出口需求向北京调出的 1843 万吨隐含二
氧化碳，主要通过 A2（煤炭开采和洗选业）、A11（石油加工、炼焦及核燃料
加工业）、A12（化学工业）、A13（非金属矿物制品业）、A14（金属冶炼及

压延加工业）、A22（电力、热力的生产和供应业）、A25（交通运输及仓储业）7 个行业调出的隐含二氧化碳实现，通过这 7 个行业河北调往北京的隐含二氧化碳占河北调往北京隐含二氧化碳的 96%。2010 年河北为满足天津消费、投资和出口需求向天津调出的 1499 万吨隐含二氧化碳，主要通过 A2（煤炭开采和洗选业）、A11（石油加工、炼焦及核燃料加工业）、A12（化学工业）、A14（金属冶炼及压延加工业）、A22（电力、热力的生产和供应业）、A25（交通运输及仓储业）6 个行业调出的隐含二氧化碳实现，通过这 6 个行业河北调往天津的隐含二氧化碳占河北调往天津隐含二氧化碳的 91%（见图 2-7）。

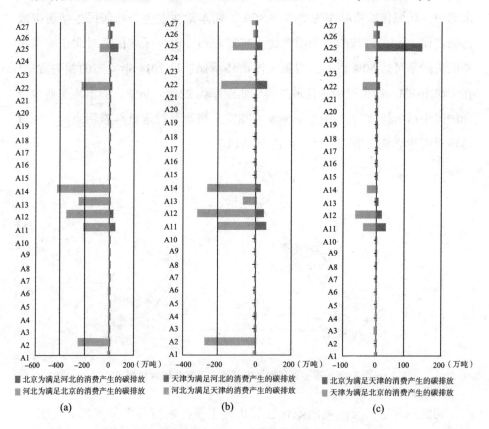

图 2-7 产业视角京津冀地区内部各省间隐含二氧化碳转移

（三）京津冀地区与其他省份间隐含二氧化碳转移

2010 年京津冀地区生产侧二氧化碳排放总量为 54645 万吨，消费侧二氧化碳排放总量为 54522 万吨，表明京津冀地区合计向其他省份净调出了 123 万吨隐含二氧化碳，京津冀地区为隐含二氧化碳净调出区域。

从京津冀地区隐含二氧化碳调出区域来看，京津冀地区为满足东南沿海省份最终需求，调出了较多的隐含二氧化碳，而为满足中西部省份最终需求调出的隐含二氧化碳相对较少，京津冀向外调出的隐含二氧化碳地区分布呈现从东向西逐渐减少的特点。2010 年京津冀地区为满足其他省份最终需求，共调出 27088 万吨隐含二氧化碳，其中，向江苏调出了 3519 万吨隐含二氧化碳，占全部调出隐含二氧化碳的 13%；此外，浙江、上海及广东也消耗了较多京津冀的产品和服务，导致京津冀地区向这几个省份分别调出了 2756 万吨、2140 万吨和 2040 万吨隐含二氧化碳，分别占京津冀地区调出隐含二氧化碳的 10.1%、8% 和 7.5%。

从京津冀地区隐含二氧化碳调入区域来看，为满足京津冀地区最终需求，京津冀地区周边省份（内蒙古、山东、山西、河南等）向京津冀地区调出了较多的隐含二氧化碳。2010 年其他省份为满足京津冀地区的最终消费共计排放了 26965 万吨二氧化碳。其中，山西为满足京津冀地区最终需求，共计向京津冀地区调出 3282 万吨隐含二氧化碳，占全国其他省向京津冀地区调出隐含二氧化碳的 12%。山西主要是通过 A2（煤炭开采和洗选业）、A11（石油加工、炼焦及核燃料加工业）、A12（化学工业）、A22（电力、热力的生产和供应业）4 个行业向京津冀地区提供商品，进而调出隐含二氧化碳，这 4 个行业向京津冀地区调出产品引致的二氧化碳排放占山西省向京津冀地区调出二氧化碳排放量的 87%。辽宁、山东、内蒙古及河南也向京津冀地区提供了较多的产品和服务，进而调出较多的隐含二氧化碳。

综合京津冀地区调出隐含二氧化碳和调入隐含二氧化碳的区域构成可见，为满足京津冀地区最终需求，京津冀周边省份排放了大量二氧化碳，这不仅加剧了京津冀周边地区的大气污染状况，同时由于大气污染物的区域传输效应，也将加剧京津冀地区的大气污染状况。同时，为满足东部沿海省份最终需求，大量二氧化碳排放在京津冀地区，这将进一步加剧京津冀地区的大气污染状况。

从京津冀地区与其他省份之间隐含二氧化碳转移的行业路径来看，其他省份主要通过 A2（煤炭开采和洗选业）、A11（石油加工、炼焦及核燃料加工业）、A12（化学工业）、A14（金属冶炼及压延加工业）、A22（电力、热力的生产和供应业）、A25（交通运输及仓储业）6 个行业向京津冀地区调出产品，进而调出隐含二氧化碳，占其他省份向京津冀地区调出隐含二氧化碳的90%。同时，京津冀地区也主要通过 A2（煤炭开采和洗选业）、A11（石油加工、炼焦及核燃料加工业）、A12（化学工业）、A14（金属冶炼及压延加工业）、A22（电力、热力的生产和供应业）、A25（交通运输及仓储业）6 个行业向其他省份调出产品和服务，进而调出隐含二氧化碳，京津冀地区向其他省份调出隐含二氧化碳的88%（见图 2 – 8）。

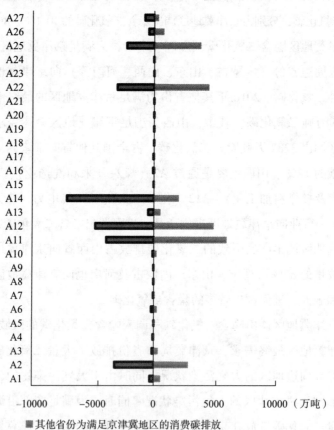

图 2 – 8　行业视角京津冀地区与其他省份间隐含二氧化碳转移情况

四、研究结论与政策建议

本节基于区域间投入产出模型，利用 2010 年中国区域间投入产出数据，定量测算了中国京津冀地区与其他省份间二氧化碳排放转移情况，研究结论如下：

第一，中国各省间生产侧二氧化碳排放量差异较大，京津冀及周边地区是生产侧二氧化碳排放的主要区域。各省经济总量差异、产业结构差异和生产技术水平差异等是导致生产侧二氧化碳排放差异较大的重要原因。而 A12（化学工业）、A22（电力、热力的生产和供应业）是中国生产侧二氧化碳排放主要产业来源。

第二，河北大气污染较为严重的重要原因是，为满足北京和天津投资、消费和出口的最终需求，河北排放了大量二氧化碳。2010 年河北向北京净调出 1653 万吨隐含二氧化碳，向天津净调出 1278 万吨隐含二氧化碳。河北主要通过 A2（煤炭开采和洗选业）、A11（石油加工、炼焦及核燃料加工业）、A12（化学工业）、A13（非金属矿物制品业）、A14（金属冶炼及压延加工业）、A22（电力、热力的生产和供应业）、A25（交通运输及仓储业）等行业向北京和天津调出产品和服务，进而调出隐含二氧化碳。

第三，京津冀总体为隐含二氧化碳净调出区域，京津冀地区大气污染较为严重的重要原因是京津冀地区向东南沿海省份调出了大量隐含二氧化碳，从周边省份调入了大量隐含二氧化碳。2010 年京津冀地区共向江苏、浙江、上海、广东等东南沿海省份调出隐含二氧化碳 10455 亿吨，占调出隐含二氧化碳的 38.6%。尽管京津冀从周边省份调入的大量隐含二氧化碳并没有直接排放在京津冀地区，但是由于大气污染物的区域传输效应，仍会加剧京津冀地区的大气污染状况。

根据以上研究结论，本节提出以下政策建议：

一是加快京津冀地区产业结构调整步伐，减少生产侧二氧化碳排放。京津冀地区通过 A2（煤炭开采和洗选业）、A11（石油加工、炼焦及核燃料加工业）、A12（化学工业）、A14（金属冶炼及压延加工业）、A22（电力、热力的生产和供应业）、A25（交通运输及仓储业）等行业向其他省份调出产品和服务，进而调出隐含二氧化碳。因此，应适当降低这些行业在京津冀地区，特别是河北省产业结构中的比重，通过优化产业结构，减少生产侧二氧化碳排放量。

二是加强京津冀地区内部大气污染协同治理。河北为满足北京、天津投资、消费和出口的最终需求而排放了大量二氧化碳，这不仅加剧了河北的大气污染，同时由于大气污染物的区域传输效应，也加剧了北京、天津的大气污染状况。因此，改善京津冀地区大气污染状况，需要京津冀地区共同努力。北京、天津作为相对发达的地区，同时又使用了河北生产的大量高碳产品，应该考虑建立补偿基金，加强对河北节能减排的资金和技术支持，促进河北节能减排。

三是加强京津冀地区与周边省份的大气污染协同治理。京津冀地区周边的山西、山东等省份为满足京津冀地区投资、消费和出口的最终需求在本地排放了大量二氧化碳，这不仅加剧了这些区域的大气污染，同时由于大气污染物的区域传输效应，也加剧了京津冀地区的大气污染状况。因此，改善京津冀地区环境状况，需要将这些区域纳入京津冀大气污染综合防治体系，通过建立利益协调机制、信息共享机制、治理目标协调机制等，进一步提高京津冀及周边地区大气污染治理整体效率。

本章参考文献

［1］Ahmad N，Wyckoff A. Carbon dioxide emissions embodied in international trade of goods［R］. Paris：Organization for Economic Co – operation and Development，2003：15.

［2］BP. BP Statistical Review of World Energy 2014［R］. London：BP，2014.

［3］BP. BP Statistical Review of World Energy 2017［R］. London：BP，2017.

［4］Chen Z M，Chen G Q. Embodied carbon dioxide emission at supra – national scale: A coalition analysis for G7, BRIC, and the rest of the world [J]. Energy Policy, 2011, 39 (5): 2899 – 2909.

[5] Chen W D, Wu F Y, Geng W X, et al. Carbon emissions in China's industrial sectors [J]. Resources Conservation and Recycling, 2017 (B): 264 – 273.

[6] Chen Z M, Chen G Q, Zhou J B, et al. Ecological input – output modeling for embodied resources and emissions in Chinese economy [J]. Communications in Nonlinear Science and Numerical Simulation, 2010, 15 (7): 1942 – 1965.

[7] Collins F. Inclusion of carbonation during the life cycle of built and recycled concrete: Influence on their carbon footprint [J]. The International Journal of Life Cycle Assessment, 2010, 15 (6): 549 – 556.

[8] Cui L B, Peng P, Zhu L. Embodied energy, export policy adjustment and China's sustainable development: A multi – regional input – output analysis [J]. Energy, 2015 (82): 457 – 467.

[9] Dietzenbacher E, Pei J, Yang C. Trade, Production Fragmentation, and China's Carbon Dioxide Emissions [J]. Journal of Environmental Economics and Management, 2012 (64): 88 – 101.

[10] Dong Y, Zhao T. Difference analysis of the relationship between household per capita income, per capita expenditure and per capita CO_2 emissions in China: 1997 – 2014 [J]. Atmospheric Pollution Research, 2017, 8 (2): 310 – 319.

[11] Druckman A, Jackson T. The carbon footprint of UK households 1990 – 2004: A socio – economically disaggregated, quasi – multi – regional input – output model [J]. Ecological Economics, 2009, 68 (7): 2066 – 2077.

[12] Feng K, Hubacek K. Carbon implications of China's urbanization [J]. Energy, Ecology and Environment, 2016 (1): 39 – 44.

[13] Feng K S, Davis S J, Sun L X, et al. Outsourcing CO_2 within China [J]. Proceedings of the National Academy of Sciences of the United States of Amer-

ica，2013，110（28）：11654 – 11659.

［14］ Golley J，Meng X. Income inequality and carbon dioxide emissions：The case of Chinese urban households ［J］. Energy Economics，2012，34（6）：1864 – 1872.

［15］ Guan D，Hubacek K，Weber C L，et al. The drivers of Chinese CO_2 emissions from 1980 to 2030 ［J］. Global Environmental Change，2008，18（4）：626 – 634.

［16］ Guo J E，Zhang Z K，Meng L. China's provincial CO_2 emissions embodied in international and interprovincial trade ［J］. Energy Policy，2012（42）：486 – 497.

［17］ Hertwich E G，Peters G P. Carbon footprint of nations：A global，trade – linked analysis ［J］. Environmental Science & Technology，2009，43（16）：6414 – 6420.

［18］ Hubacek K，Sun L. A scenario analysis of China's land use and land cover change：Incorporating biophysical information into input – output modeling ［J］. Structural Change and Economic Dynamics，2001，12（4）：367 – 397.

［19］ Stocker T F，Qin D，Plattner G – K，et al. Climate Change 2013：The Physical Science Basis. Contribution of Working Group I to the Fifth Assessment Report of the Intergovernmental Panel on Climate Change ［M］. Cambridge：Cambridge University Press，2013：1535.

［20］ Kenny T，Gray N. A preliminary survey of household and personal carbon dioxide emissions in Ireland ［J］. Environment International，2009，35（2）：259 – 272.

［21］ Kerkhof A C，Nonhebel S，Moll H C. Relating the environmental impact of consumption to household expenditures：An input – output analysis ［J］. Ecological Economics，2009（68）：1160 – 1170.

［22］ Kratena K，Meyer I. Energy consumption and CO_2 emissions in austria：The role of energy efficiency and fuel substitution ［J］. WIFO – Monatsberichte，2007，

80 （11）：893 - 907.

［23］Liu W, Fan X. The impact of foreign trade on CO_2 emissions induced by industrial activities in China ［J］. Geographical Research, 2011, 30 （4）：590 - 600.

［24］Liu Y, Chen S, Chen B, et al. Analysis of CO_2 emissions embodied in China's bilateral trade：A non - competitive import input - output approach ［J］. Journal of Cleaner Production, 2017 （163）：S410 - S419.

［25］Liu H G, Liu W D, Fan X M, et al. Carbon emissions embodied in value added chains in China ［J］. Journal of Cleaner Production, 2015 （103）：362 - 370.

［26］Liu Y H, Ge Q S, He F N. Countermeasures against international pressure of reducing CO_2 emissions and analysis on China's potential of CO_2 emission reduction ［J］. Acta Geographica Sinica, 2008, 63 （7）：675 - 682.

［27］Matthews H S, Hendrickson C T, Weber C L. The importance of carbon footprint estimation boundaries ［J］. Environmental Science & Technology, 2008, 42 （16）：5839 - 5842.

［28］Meng B, Xue J J, Feng K, et al. China's inter - regional spillover of carbon emissions and domestic supply chains［J］. Energy Policy, 2013 （61）：1305 - 1321.

［29］Meng J, Mi Z F, Guan D, et al. The rise of South - South trade and its effect on global CO_2 emissions ［J］. Nature Communications, 2018, 9 （1）：1871.

［30］Mi Z F, Meng J, Guan D, et al. Chinese CO_2 emission flows have reversed since the global financial crisis ［J］. Nature Communications, 2017 （8）：1712.

［31］Mi Z F, Meng J, Guan D, et al. Pattern changes in determinants of Chinese emissions ［J］. Environmental Research Letters, 2017, 12 （7）：74.

［32］Müller - Wenk R, Brandão M. Climatic impact of land use in LCA：

Carbon transfers between vegetation/soil and air [J] . The International Journal of Life Cycle Assessment, 2010, 15 (2): 172 – 182.

[33] Pan J, Jonathan P, Chen Y. China's balance of emissions embodied in trade: Approaches to measurement and allocating international responsibility [J] . Oxford Review of Economic Policy, 2008, 24 (2): 354 – 376.

[34] Peters G P, Hertwich E G. Pollution embodied in trade: The Norwegian case [J] . Global Environmental Change – human and Policy Dimensions, 2006, 16 (4): 379 – 387.

[35] Qi T Y, Winchester N, Karplus V J, et al. Will economic restructuring in China reduce trade – embodied CO_2 emissions? [J] . Energy Economics, 2014 (42): 204 – 212.

[36] Ren S, Yuan B, Ma X, et al. International trade, FDI (Foreign Direct Investment) and embodied CO_2 emissions: A case study of China's industrial sectors [J] . China Economic Review, 2014 (28): 123 – 134.

[37] Rocco M V, Di Lucchio A, Colombo E. Exergy Life Cycle Assessment of electricity production from Waste – to – Energy technology: A Hybrid Input – Output approach [J] . Applied Energy, 2017, 194 (5): 832 – 844.

[38] Sánchez – Chóliz J, Duarte R. CO_2 emissions embodied in international trade: Evidence for Spain [J] . Energy Policy, 2004, 32 (18): 1999 – 2005.

[39] Saynajoki A, Heinonen J, Junnila S, et al. Can life – cycle assessment produce reliable policy guidelines in the building sector? [J] . Environmental Research Letters, 2017, 12 (1): 1 – 16.

[40] Shui B, Harriss R C. The role of CO_2 embodiment in US – China trade [J]. Energy Policy, 2006 (34): 40 – 63.

[41] Skelton A, Guan D, Peters G P, et al. Mapping flows of embodied emissions in the global production system [J] . Environmental Science & Technology, 2011, 45 (24): 10516 – 10523.

[42] Solomon S, Qin D, Manning M, et al. IPCC, 2007: Climate Change

2007：The Physical Basis. Contribution of Working Group I to the Fourth Assessment Report of the Intergovernmental Panel on Climate Change ［M］. Geneva：IPCC，2007：104.

［43］Su B，Ang B W. Multiplicative structural decomposition analysis of aggregate embodied energy and emission intensities ［J］. Energy Economics，2017（65）：137 – 147.

［44］Su B，Ang B W. Input – output analysis of CO_2 emissions embodied in trade：A multi – region model for China ［J］. Applied Energy，2014，114（SI）：377 – 384.

［45］Suh S，Huppes G. Methods for life cycle inventory of a product ［J］. Journal of Cleaner Production，2005，13（7）：687 – 697.

［46］Thomas W. A review of recent multi – region input – output models used for consumption – based emission and resource accounting ［J］. Ecological Economics，2009，69（2）：211 – 222.

［47］Tukker A，Poliakov E，Heijungs，et al. Towards a global multiregional environmentally extended input – output database ［J］. Ecological Economics，2009，68（7）：1928 – 1937.

［48］Wang Q，Liang Q M，Wang B，et al. Impact of household expenditures on CO_2 emissions in China：Income – determined or lifestyle – driven? ［J］. Natural Hazards，2016，84（1）：S353 – S379.

［49］Wang Za，Liu W，Yin J. Driving forces of indirect carbon emissions from household consumption in China：An input – output decomposition analysis ［J］. Natural Hazards，2015，75（2）：S257 – S272.

［50］Weber C L，Peters G P，Guan D，et al. The contribution of Chinese exports to climate change ［J］. Energy Policy，2008，36（9）：3572 – 3577.

［51］Weber C L，Matthews H S. Quantifying the global and distributional aspects of American household carbon footprint ［J］. Ecological Economics，2008，66（2 – 3）：379 – 391.

［52］ Wei Y M, Liu L C, Fan Y, et al. The impact of lifestyle on energy use and CO_2 emission: An empirical analysis of China's residents ［J］. Energy Policy, 2007 (35): 247 –257.

［53］ Weitzel M, Ma T. Emissions embodied in Chinese exports taking into account the special export structure of China ［J］. Energy Economics, 2014 (45): 45 –52.

［54］ Wiedenhofer D, Guan D, Liu L, et al. Unequal household carbon footprints in China ［J］. Nature Climate Change, 2016 (7): 75 –80.

［55］ Wiedenhofer D, Lenzen M, Steinberger J K. Energy requirements of consumption: Urban form, climatic and socio – economic factors, rebounds and their policy implications ［J］. Energy Policy, 2013 (63): 696 –707.

［56］ Wu R, Geng Y, Dong H, et al. Changes of CO_2 emissions embodied in China – Japan trade: Drivers and implications ［J］. Journal of Cleaner Production, 2016 (112): 4151 –4158.

［57］ Wyckoff A W, Roop J M. The embodiment of carbon in imports of manufactured products: Implications for international agreements on greenhouse – gas emissions ［J］. Energy Policy, 1994, 22 (3): 187 –194.

［58］ Xu M, Li R, Crittenden J C, et al. CO_2 emissions embodied in China's exports from 2002 to 2008: A structural decomposition analysis ［J］. Energy Policy, 2011, 39 (11): 7381 –7388.

［59］ Xu X, Han L, Lv X. Household carbon inequality in urban China, its sources and determinants ［J］. Ecological Economics, 2016 (128): 77 –86.

［60］ Yan Y F, Yang L K. China's foreign trade and climate change: A case study of CO_2 emissions ［J］. Energy Policy, 2010, 38 (1): 350 –356.

［61］ Yang T, Liu W. Inequality of household carbon emissions and its influencing factors: A case study of urban China ［J］. Habitat International, 2017 (70): 61 –71.

［62］ Yao C S, Chen C Y, Li M. Analysis of rural residential energy consumption and corresponding carbon emissions in China ［J］. Energy Policy, 2012 (41): 445 –450.

［63］Yao L, Liu J, Yuan Y. Growth of carbon footprint of Chinese household consumption during the recent two decades and its future trends ［J］. Acta Scientiae Circumstantiae, 2017, 37 (6): 2403 –2408.

［64］Zhang Y J, Bian X J, Tan W, et al. The indirect energy consumption and CO_2 emission caused by household consumption in China: An analysis based on the input – output method ［J］. Journal of Cleaner Production, 2017 (163): 69 –83.

［65］Zhao X, Li N, Ma C. Residential energy consumption in urban China: A decomposition analysis ［J］. Energy Policy, 2012 (41): 644 –653.

［66］Zheng H M, Fath B D, Zhang Y. An urban metabolism and carbon footprint analysis of the Jing – Jin – Ji regional agglomeration ［J］. Journal of Industrial Ecology, 2017, 21 (1): 166 –179.

［67］刘晶茹, 王如松, 杨建新. 可持续发展研究新方向: 家庭可持续消费研究 ［J］. 中国人口·资源与环境, 2003, 13 (1): 6 –8.

［68］IPCC. 2006 年 IPCC 国家温室气体清单指南 ［M］. 东京: 日本全球环境战略研究所, 2017.

［69］邓荣荣. 南南贸易增加了中国的碳排放吗? ——基于中印贸易的实证分析 ［J］. 财经论丛, 2014, 177 (4): 3 –9.

［70］李善同. 2002 年中国地区扩展投入产出表: 编制与应用 ［M］. 北京: 经济科学出版社, 2010.

［71］李善同. 2007 年中国地区扩展投入产出表: 编制与应用 ［M］. 北京: 经济科学出版社, 2016.

［72］李善同. 2012 年中国地区扩展投入产出表: 编制与应用 ［M］. 北京: 经济科学出版社, 2018.

［73］刘卫东, 唐志鹏, 韩梦瑶. 2012 年中国 31 省区市区域间投入产出表 ［M］. 北京: 中国统计出版社, 2018.

［74］倪红福, 夏长杰. 中国区域在全球价值链中的作用及其变化 ［J］.

财贸经济，2016，78（10）：87 – 101.

　　［75］盛仲麟，何维达．中国进出口贸易中的隐含碳排放研究［J］．经济问题探索，2016（9）：110 – 116.

　　［76］石敏俊，王妍，张卓颖，等．中国各省区碳足迹与碳排放空间转移［J］．地理学报，2012，67（10）：1327 – 1338.

　　［77］肖雁飞，万子捷，刘红光．我国区域产业转移中"碳排放转移"及"碳泄漏"实证研究——基于2002年、2007年区域间投入产出模型的分析［J］．财经研究，2014，40（2）：75 – 84.

第三章 基于投入产出方法的中国生产侧与需求侧碳排放核算

中国是发展中国家，每年碳排放量巨大，作为碳减排责任的积极承担者与践行者，减排压力巨大。改革开放以来，中国经济持续高速增长，尤其是2001年加入世界贸易组织（WTO）以来，国际贸易的来往频繁加速了中国经济的进一步发展。随着贸易量的逐步加大，中国的经济体量不断扩大，在国际贸易中的进出口总量逐年攀升，且由于贸易顺差的扩大，中国生产出口产品拉动的碳排放逐年升高，这对中国的碳减排造成了巨大挑战。

现行碳排放责任划分单一，无法全面体现各国对碳排放的影响。1992年经合组织（OECD）提出"污染负担原则"（Polluter Pays Principle），2006年联合国政府间气候变化专门委员会（IPCC）也采用生产者独自承担碳排放责任的原则。中国与世界发达国家相比处于技术落后一方，在国际贸易链条中处于原材料供应、初级产品加工阶段，资源耗费巨大，且碳排放强度较高，使中国每年生产的碳排放量巨大。对于国际贸易带来的碳排放，已经证实，大部分发达国家是二氧化碳进口国，而发展中国家与一些发达国家是二氧化碳出口国，显然，产品进口国在满足自身利益时，由出口国承担了碳排放污染的责任。李艳梅（2010）对1997年和2007年中国出口贸易隐含碳进行测算，发现分别出口29061万吨和94069万吨碳排放，分别占中国生产活动碳排放总量的28.47%和45.53%。可见，中国碳排放的生产有近1/3用于满足各国的需求。这种基于生产者原则核算的一国碳排放减排责任，忽略了消费侧国家在碳减排方面的责任，不利于提高进口国碳减排的责任积极性，使进口国在碳减排方面失去了应有的责任意识。本章基于生产者责任原则与消费者责任原则分别对中国碳排放进行了测算，旨在从两方面理解不同原则下中国的碳减排责任。

第一节　文献综述

一、碳排放相关研究

（一）碳排放对环境的影响

国际贸易的存在可以使各国产品跨区域流动，各国在因贸易出口而获益的同时也因产品的生产排放了大量二氧化碳，对环境造成了难以估量的影响，其中二氧化碳以隐含碳的形式存在于商品直接与间接生产的全过程中，通过国际贸易在各国之间转移。

Yan 和 Yang（2010）指出，贸易全球化对环境产生巨大影响，因为贸易创造了一种机制使得消费国在消费的同时将环境污染转移到了其他国家，这种"碳泄漏"对国际贸易与环境产生了巨大影响。Guo 等（2012）指出，这种机制引起了总排放的扭曲，中国作为世界第二大经济体，贸易规模巨大，存在严重的隐含碳转移问题。Weber 等（2008）计算得出，2005 年中国二氧化碳排放约 1/3 是由出口产品的生产引起的，而 1987 年这一比例为 12%，2002 年为 21%，发达国家的消费推动了这一趋势，因此，发达国家理应承担这一责任并制定政策实现公平。Lin 等（2010）计算得出，中国是世界最大的二氧化碳排放国，其每年出口总量约占自身 GDP 的 1/3，二氧化碳的排放不仅用于自身消费也用于国外的需求，例如，2005 年中国出口隐含碳 335700 万吨，进口隐含碳 233300 万吨，其中电力生产约占 35%，水泥生产约占 20%。

国际贸易的存在使得全球碳排放总量增加，但也存在着积极意义，例如，Liu 等（2012）利用投入产出方法测算了中日进出口贸易隐含碳排放量，1990—1995 年中国向日本出口二氧化碳快速增长，1995—2000 年则逐渐减少了二氧化碳出口，但总体而言，1990—2000 年中国是二氧化碳净出口的一方。他们利用情景对比分析法假设双方没有贸易往来，发现双边贸易有助于减少二氧化碳排放量，因为大多数中国产业部门受益于日本的技术而降低了碳排放强度。Liu 等（2012）指出，增长的全球贸易对中国经济的发展有着积极的作用，但也过度消耗着产品生产中的隐含能源，这种能源的外流将使中国自然资源的合理利用与环境保护面临风险，所以，积极发展本身的清洁能源以及利用国外先进的生产技术显得尤为重要。

因此，国际贸易的存在一方面有利于各国经济的良好发展，提高落后国的经济技术效率，降低碳排放量；另一方面对于国际碳排放而言存在碳排放转移的现象，增加了落后国碳排放责任风险。

（二）国际贸易对中国碳排放的影响

对于国际贸易与中国碳排放的相关研究，学者们主要从国家层面与部门层面进行了分析。

例如，Guo 等（2010）对中美贸易隐含碳进行了分析，在 2005 年，美国从中国进口产品消费减少了 19013 万吨碳排放，增加了全球碳排放 51525 万吨；中国从美国进口产品消费减少了 17862 万吨碳排放，减少了全球碳排放 12993 万吨，中美国际贸易增加了全球碳排放 38532 万吨，其中化学、金属制品、非金属矿物制品、运输设备部门贡献了 86.71% 的份额。王菲、李娟（2012）应用投入产出方法研究了中国对日本出口贸易中隐含的能源与碳排放，认为中国承担的日本消费型碳排放量巨大，1997—2007 年碳排放累计增长约 1.5 倍，从部门层面分析表明，2007 年中国承担日本隐含碳排放最多的 3 个行业分别是通用及专用设备制造业、化学制造业、服装皮革羽绒及其制品业。陈红蕾、翟婷婷（2013）运用投入产出法建立了测算中澳两国进出口贸易隐含碳排放的模型，分别运用双区域和单区域投入产出表估算两国贸易商品的碳排放系数，采用两国近 10 年的进出口贸易数据，测算中澳贸易隐含碳排放量及其对中国"碳排放"的净影响。研究发现，以 2007 年为分界点，中国在中澳贸易中由隐含碳的净出口国转变为隐含碳的净进口国，这意味着中国通过中澳贸易向其转移了碳排放，即中澳双边贸易有利于中国经济"节能减排"、向低碳发展模式转型。

邓荣荣（2014）基于"消费者核算原则"对中国对外贸易隐含碳排放量进行了测算，结果表明，无论是从环境贸易条件来看还是从净贸易含碳量来看，对外贸易对中国碳排放的综合影响都是不利的，且不利影响不断扩大。胡剑波、郭风（2017）基于投入产出思想构建中国进出口贸易隐含碳排放非竞争型投入产出模型，并运用2002年、2005年、2007年、2010年及2012年投入产出数据对28个部门隐含碳排放进行测算，研究显示，从总体来看，我国出口、进口及净出口隐含碳排放呈波动式增长态势，中国出口使进口来源国减少了本土二氧化碳排放，但却增加了全球碳排放，中国进口使我国减少了二氧化碳排放，同时也减少了全球碳排放，我国进出口隐含碳排放排名前十的部门集中在制造业，其中化学工业隐含碳排放量名列前茅，中国因进出口贸易造成的全球碳排放净增加最多的部门是纺织业，净减少最多的部门是石油和天然气开采业。

从以上对外贸易来看，中国在国际贸易中既有隐含碳的净进口也有隐含碳的净出口，中国在国际贸易中与发达国家处于净进口状态有利于中国碳减排。

在国际贸易隐含碳的测算方面，刘卫东等（2016）指出国际贸易中隐含碳排放的传统估算方法之一是 EAI 假设下单区域投入产出模型，由于我国碳排放系数高于世界平均水平，EAI 假设会高估进口产品碳排放，其改进了我国国际贸易中隐含碳排放量的估算方法，结果显示，国内应承担的碳排放量为59.8亿吨，比 EAI 假设少14.4亿吨，国际贸易隐含碳排放量为28.1亿吨，并指出我国作为碳排放的净输出国不仅要呼吁建立新的全球减排责任，还要进行国内能源、经济市场改革，如实施能源价格改革、改变粗放型发展模式等。

国际贸易对碳排放的影响是双向的，一般而言，进口技术先进国家的产品对碳排放的影响是积极的，而进口技术落后国家的产品对碳排放的影响是消极的，且在国际贸易隐含碳的测算上，大多数学者使用的是本国技术系数替代法，往往会高估本国的隐含碳进口量。

（三）中国国内区际贸易碳排放

对于中国区际贸易隐含碳研究，学者们主要利用多区域与区域间投入产出模型进行研究。

如刘红光等（2010）指出，中国区域之间的产业结构、技术水平和能源利用效率存在很大的差异，并利用中国各省市自治区分行业的碳排放系数，对各区域各行业的减排效果进行了分析，认为东北地区和中部地区是减排效果最为明显的区域，而电力、热力、化工、采掘、金属冶炼以及非金属制品等重工业行业是节能减排工作的重点行业。Liu 等（2015）运用多区域投入产出模型，发现在 1997—2007 年中国区域间需求与供给链内的隐含碳转移受消费与出口驱动快速增加，净隐含碳排放也呈增长趋势，少数化石燃料富集的发达区域也倾向碳排放净流出。

肖雁飞、廖双红（2017）利用 2002—2007 年区域间非竞争投入产出方法，研究了区域贸易隐含碳排放在区域间和产业间的分布特征，认为从八大区域贸易隐含碳排放分布来看：最终使用区域贸易隐含碳排放转出区主要集中在东部沿海、中部、北部沿海等区域，而西北、东北等地区是主要的净碳转入区；出口驱动区域贸易隐含碳排放转入区主要集中在中部、西北、东北等地区，东部沿海、南部沿海、京津等是主要的转出区，其中，中部地区的贸易隐含碳排放呈现双向特征，既承接东部沿海大量的出口贸易隐含碳排放，又向西北等地区转出了大量消费型碳排放。

二、碳排放的影响因素

一般而言，碳排放的影响因素有三种：技术影响、结构影响、规模影响，基于这三种效应又可以利用多层嵌套方法引入其他影响因素，对于环境而言，这些因素或存在积极影响或存在消极影响（Anderson and Strutt，2000；Beghin et al.，2002）。

例如，张友国（2010）基于（进口）非竞争型投入产出表估算了 1987—2007 年中国的贸易含碳量及其部门分布和国别（或地区）流向，并通过结构分解分析了六大因素对其变化的影响，指出贸易含碳量的迅速增加主要是由贸易规模的增长带来的，不断降低的部门能源强度是抑制其增加的主要因素，而进出口产品结构、投入结构、能源结构及碳排放系数的变化对其影响较小。Yan 等（2010）发现规模与结构效应增加了贸易隐含碳的排放，而技术效应只抵消了其中的一小部分。Xu 等（2011）对中国 2002—2008 年出口隐含碳进行了结构分解分析，发现碳排放强度有降低隐含碳排放的作用，而产品结构、出口结构、出口总量有增加隐含碳排放的作用，其中出口部分影响最大，主要是因为总出口中金属产品比重不断增加。王菲、李娟（2012）基于 SDA 模型的隐含碳排放的结构分解证明 1997—2007 年中国能源使用效率的提高起到了碳减排的作用。

Du 等（2011）对 2002—2007 年中美贸易隐含碳进行了结构分解分析，发现中国净出口隐含碳 2002—2005 年增长快速，2005—2007 年出现下降，2002—2007 年隐含碳增长的最主要影响因素是出口总量，其次是中间投入结构，直接碳排放强度对其有削减作用，最后建议中国建立碳排放责任的分配框架，提升能源效率，并改善中间投入结构。

邓荣荣（2014）对中国对不同经济发展程度国家贸易隐含碳排放量变化的结构分解结果表明，出口总量、中间生产技术与出口结构三个因素的变动均增加了中国对发达国家的出口隐含碳排放量，仅进口总量的变动增加了中国对发达国家的进口隐含碳排放量，促进了中国碳排放的节约；而中国与发展中国家贸易隐含碳排放量变化的结构分解结果则相对乐观，主要体现在，仅出口总量、中间生产技术的变动增加了中国对发展中国家的出口隐含碳排放量，仅直接排放系数的变动降低了中国对发展中国家的进口隐含碳排放量。Xu 等（2014）指出发达国家进口隐含碳的增长要远高于出口隐含碳的增长，一个关键因素是中间产品与最终产品贸易的结构变化。Jiang 等（2015）指出，来中国投资的外国企业因出口而使母国受益要远大于中国本土企业自身的出口，因为国外企业在中国以加工贸易为主，而中国本土企业以一般贸易为主，所以中国自身企业产生的碳排放要高于国外企业在中国生产产生的碳排放，因此，有效处理国与国之间的碳排放责任应慎重考虑。

孟彦菊等（2013）运用 SDA 与 LMDI 分解方法对云南省分行业能源消费数据以及 2002 年、2005 年、2007 年、2012 年 4 个年份的投入产出表进行实证分析，SDA 计算结果表明，消费与投资扩张效应是碳排放增长的主要影响因素，碳排放强度变动效应是节能减排的原动力；LMDI 分解结果表明，人均 GDP 增长是拉动云南省二氧化碳排放增长的决定性因素，而能耗强度下降是抑制碳排放增长的主要原因。

　　Su 等（2016）将中国的出口分为一般出口与加工出口，并对 2006—2012 年中国的出口隐含碳的影响因素进行了结构分解，发现一般出口与加工出口隐含碳在 2006—2008 年是增长的，2008—2009 年因经济危机而下降，之后又增长，其中碳排放强度对隐含碳的减少起着关键作用，总出口效应则对隐含碳排放的增加发挥至关重要的作用。齐玮、侯宇硕（2017）通过构建投入产出模型，测算并分析了 1995—2014 年中国农产品贸易中隐含碳排放量，研究发现，进口农产品的隐含碳大量替代了本国生产所产生的碳排放，并用对数平均迪氏分解法（LMDI）对农产品出口贸易隐含碳排放的影响因素进行了分解，发现出口规模是导致隐含碳排放增加的主要原因，碳排放强度效应是促进隐含碳排放降低的主要原因，而出口结构正逐渐成为抑制碳排放降低的原因。

　　总体而言，影响中国进出口碳排放的因素既包含技术效应、结构效应、规模效应，又包括人口因素、经济增长、国际贸易与外商直接投资等，一般而言，规模效应消极影响最大，其他因素则表现出不同程度的积极或消极影响。

三、文献评述

　　第一，碳排放核算精确性有待提高。国内外文献对碳排放的测算多采用与本国相同的排放系数进行替代，显然在测算中国与技术效率较高的国家进口时，会高估中国进口的碳排放量，而在测算中国与技术效率较低的国家进口时，会低估中国进口的碳排放量。因此，本书在核算中国对外贸易碳排放量时使用了其他国家自身的碳排放系数，尽可能精确地计算出中国对外贸易碳排放的进出口量。

　　第二，缺少中间产品在碳排放中的影响研究。国际贸易中产品的流动除了他国最终消费外，还包括一国生产中间产品出口后经过再加工的再进口，这一部分的核算可以提高一国碳排放的核算的准确度。

第二节　碳排放的核算方法与数据来源

一、碳排放的核算方法

为测度产品或服务生产过程中排放的二氧化碳，"隐含碳"（Embodied Carbon）这一概念被提出，其是指为了获得某种产品或服务，而在生产过程中直接或间接排放的二氧化碳。隐含碳概念的提出最早可追溯至 1974 年国际高级研究机构联合会（IFIAS）能源分析工作组的会议，会上指出为测度产品或服务生产过程中直接或间接消耗某种资源的量而使用"隐含"这一概念，不仅包括碳，其测算的资源还可包括水、土地、劳动力等。

本研究为完整核算一国产品或服务生产过程中产生的碳排放，使用了隐含碳这一测算方法。隐含碳测算主要涉及三种方法：实测法、物料衡算法、碳排放系数法，其中学术领域应用最广泛的是碳排放系数法，利用碳排放系数法计算隐含碳主要采用投入产出法。

投入产出法最早由列昂惕夫（1936）提出，是以定量分析的方法研究社会经济系统各部门之间投入与产出的关系。其中，投入指社会经济系统进行某项活动过程中的消耗，包含最初投入（Primary Input）和中间投入（Intermediate Input）。产出指社会经济系统进行某项活动的结果，即生产产品的总量及使用的去向与数量，包含中间需求（Intermediate Demand）和最终需求（Final Demand）。因为投入产出技术可以利用国民经济各部门之间的直接与间接经济技术联系，以测度产品生产过程中直接与间接的消耗量，所以，目前学者主要采用投入产出法与碳排放系数法相结合的方式测度产品生产过程中直接与间接排放的二氧化碳。

利用投入产出模型，构建了如表 3 – 1 所示的国家间投入产出模型，该模型表示 m 个国家 n 个部门间的投入和产出关系，利用该模型可以核算一国在国际贸易中的总产出与总需求。

表 3 – 1　国家间投入产出模型基本结构

投入＼产出		中间需求						最终需求			总产出
		国家 1		...	国家 m			国家 1	...	国家 m	
		部门 1	... 部门 n		部门 1	...	部门 n				
中间投入	国家 1 部门 1 / ... / 部门 n	Z^{11}		...	Z^{1m}			F^{11}	...	F^{1m}	X^1
	...	...	...	...	...			...			...
	国家 m 部门 1 / ... / 部门 n	Z^{m1}		...	Z^{mm}			F^{m1}	...	F^{mm}	X^m
最初投入	附加值	...		...	...						
总投入		X^1		...	X^m						

根据表 3 – 1 可知，一国总产出 X^c 可表示为

$$X^c = Z^{c1} + Z^{c2} + \cdots + Z^{cr} + \cdots + Z^{cm} + F^{c1} + F^{c2} + \cdots + F^{cr} + \cdots + F^{cm} \quad (3-1)$$

其中，$Z^{cr} = \begin{bmatrix} z_{11}^{cr} & z_{12}^{cr} & z_{1n}^{cr} \\ z_{21}^{cr} & z_{22}^{cr} & \cdots & z_{2n}^{cr} \\ \vdots & \vdots & \ddots & \vdots \\ z_{n1}^{cr} & z_{n2}^{cr} & \cdots & z_{nn}^{cr} \end{bmatrix}$, $F^{cr} = \begin{bmatrix} f_1^{cr} \\ f_2^{cr} \\ \vdots \\ f_n^{cr} \end{bmatrix}$

令 $a_{ij}^{cr} = \dfrac{z_{ij}^{cr}}{x_j^{cr}}$，表示在 c 国对 r 国的消耗中，j 部门每生产一单位产品或服务

需要 i 部门的投入，则 $A^{cr} = \left[a_{ij}^{cr} \right]$ 为 r 国对 c 国的直接消耗系数矩阵，则 $A =$

$\begin{bmatrix} A^{11} & A^{12} & \cdots & A^{1m} \\ A^{21} & A^{22} & \cdots & A^{2m} \\ \vdots & \vdots & \ddots & \vdots \\ A^{m1} & A^{m2} & \cdots & A^{mm} \end{bmatrix}$ 为国家间的直接消耗系数矩阵，那么，该国家间投入产

出表总产出 X 可表示为

$$X = AX + F \text{ 或 } X = (I - A)^{-1} F \quad (3-2)$$

其中，$(I-A)^{-1}=H$ 表示国家间投入产出表的列昂惕夫逆矩阵，则总产出 X 又可表示为

$$X = H \times F \qquad (3-3)$$

其中，$X = \begin{bmatrix} X^{11} & X^{12} & \cdots & X^{1m} \\ X^{21} & X^{22} & \cdots & X^{2m} \\ \vdots & \vdots & \ddots & \vdots \\ X^{m1} & X^{m2} & \cdots & X^{mm} \end{bmatrix}$，$X^{cr} = \begin{bmatrix} x_1^{cr} \\ x_2^{cr} \\ \vdots \\ x_n^{cr} \end{bmatrix}$，表示 r 国拉动 c 国的总产出。

$H = \begin{bmatrix} H^{11} & H^{12} & \cdots & H^{1m} \\ H^{21} & H^{22} & \cdots & H^{2m} \\ \vdots & \vdots & \ddots & \vdots \\ H^{m1} & H^{m2} & \cdots & H^{mm} \end{bmatrix}$，$H^{cr} = \begin{bmatrix} h_{11}^{cr} & h_{12}^{cr} & \cdots & h_{1n}^{cr} \\ h_{21}^{cr} & h_{22}^{cr} & \cdots & h_{2n}^{cr} \\ \vdots & \vdots & \ddots & \vdots \\ h_{n1}^{cr} & h_{n2}^{cr} & \cdots & h_{nn}^{cr} \end{bmatrix}$，为 c 国与 r 国的完全消

耗矩阵，表示 r 国 j 部门每产出一单位产品或服务需要 c 国 i 部门的完全投入

量；$F = \begin{bmatrix} F^{11} & F^{12} & \cdots & F^{1m} \\ F^{21} & F^{22} & \cdots & F^{2m} \\ \vdots & \vdots & \ddots & \vdots \\ F^{m1} & F^{m2} & \cdots & F^{mm} \end{bmatrix}$，$F^{cr} = \begin{bmatrix} f_1^{cr} \\ f_2^{cr} \\ \vdots \\ f_n^{cr} \end{bmatrix}$，表示 r 国最终需求消耗的 c 国投入量。

因此，国家间总产出 X 表示各国最终需求拉动的各国总产出之和，既包含一国最终需求对他国的拉动，也包含一国最终需求对本国的拉动。

根据式（3-3），一国总产出包括两部分，一是自身最终需求拉动的总产出；二是他国最终需求拉动的总产出。

即当 $i \neq j$ 时：

$$X^{ij} = H^{i1} \times F^{1j} + H^{i2} \times F^{2j} + \cdots + H^{ir} \times F^{rj} + \cdots + H^{im} \times F^{mj} =$$

$$H^{ii} \times F^{ij} + \sum_{r \neq i}^{m} H^{ir} \times F^{rj} \qquad (3-4)$$

其中，$H^{ii} \times F^{ij}$ 表示 i 国直接出口最终产品满足 j 国最终需求拉动 i 国的总产出，$\sum_{r \neq i}^{m} H^{ir} \times F^{rj}$ 表示 i 国出口中间产品满足 j 国最终需求拉动 i 国的总产出。

当 $i = j$ 时：

$$X^{ii} = H^{i1} \times F^{1i} + H^{i2} \times F^{2i} + \cdots + H^{ir} \times F^{ri} + \cdots + H^{im} \times F^{mi} =$$

$$H^{ii} \times F^{ii} + \sum_{r \neq i}^{m} H^{ir} \times F^{rj} \qquad (3-5)$$

其中，$H^{ii} \times F^{ii}$ 表示 i 国生产最终产品满足 i 国最终需求拉动 i 国的总产出，$\sum_{r \neq i}^{m} H^{ir} \times F^{rj}$ 表示 i 国向其他国家出口中间产品，再进口最终产品满足 i 国最终需求拉动 i 国的总产出。

所以，i 国的总产出为所有国家最终需求拉动的 i 国的总产出，表示为

$$\sum_{r=1}^{m} X^{ir} = X^{ii} + \sum_{r \neq i}^{m} X^{ir} = X^{ii} + \sum_{j \neq i}^{m} \sum_{r \neq j}^{m} H^{ir} \times F^{rj} + \sum_{j \neq i}^{m} H^{ii} \times F^{ij} \quad (3-6)$$

其中，X^{ii} 表示 i 国最终需求拉动的自身总产出，$\sum_{r \neq i}^{m} X^{ir}$ 表示其他国家最终需求拉动的 i 国的总产出，$\sum_{j \neq i}^{m} \sum_{r \neq j}^{m} H^{ir} \times F^{rj}$ 表示向其他国家出口中间产品拉动 i 国的总产出，$\sum_{j \neq i}^{m} H^{ii} \times F^{ij}$ 表示向其他国家出口最终产品拉动 i 国的总产出。

j 国最终需求拉动的总产出包含最终需求拉动的自身总产出和最终需求拉动其他国家的总产出，表示为

$$\sum_{r=1}^{m} X^{rj} = X^{jj} + \sum_{r \neq j}^{m} X^{rj} = X^{jj} + \sum_{i \neq j}^{m} \sum_{r \neq i}^{m} H^{ir} \times F^{rj} + \sum_{i \neq j}^{m} H^{ii} \times F^{ij} \qquad (3-7)$$

其中，X^{jj} 表示 j 国最终需求拉动的自身总产出，$\sum_{i \neq j}^{m} \sum_{r \neq i}^{m} H^{ir} \times F^{rj}$ 表示 j 国间接进口拉动的总产出，$\sum_{i \neq j}^{m} H^{ii} \times F^{ij}$ 表示 j 国直接进口最终产品拉动的总产出。

为计算一国产品或服务在生产、运输、销售等全过程中产生的碳排放，将碳排放系数法与投入产出技术相结合，可以有效测度产品或服务的完全碳排放。为此，首先引入直接碳排放系数矩阵 $D = [d_j]$，D 是一个 $1 \times n$ 的矩阵，元素 d_j 表示 j 部门每产出一单位产品或服务直接排放的二氧化碳，等式为

$$d_j = \frac{e_j}{x_j} \qquad (3-8)$$

其中，e_j 表示部门 j 的碳排放总量，x_j 表示部门 j 的总产出。将 D 与 H 相乘，得到完全碳排放系数矩阵 C，即

$$C = DH = D(I - A)^{-1} \tag{3-9}$$

其中，$C = [c_j]$ 表示部门 j 每产出一单位产品或服务而产生的完全碳排放。

中国生产侧碳排放（EP）包含两大部分：第一部分是中国最终需求拉动的自身总产出碳排放，用 ES 表示；第二部分是其他国家最终需求拉动的中国总产出碳排放，用 EO 表示。其中第一部分 ES 又包含两部分：①中国生产最终产品满足中国最终需求拉动的自身总产出碳排放，用 ESF 表示；②中国向其他国家出口中间产品，再进口最终产品满足中国最终需求拉动中国的总产出碳排放，用 ESM 表示。第二部分 EO 也包含两部分：①中国向其他国家出口中间产品拉动中国的总产出碳排放，用 EOM 表示；②中国向其他国家出口最终产品拉动中国的总产出碳排放，用 EOF 表示。即中国生产侧碳排放（EP）可表示为

$$EP = ES + EO = ESF + ESM + EOM + EOF$$

$$D^i \times \sum_{r=1}^{m} X^{ir} = D^i \times \left(X^{ii} + \sum_{r \neq i}^{m} X^{ir} \right) = D^i \times \left(H^{ii} \times F^{ii} + \sum_{r \neq i}^{m} H^{ir} \times \right.$$

$$\left. F^{rj} + \sum_{j \neq i}^{m} \sum_{r \neq j}^{m} H^{ir} \times F^{rj} + \sum_{j \neq i}^{m} H^{ii} \times F^{ij} \right) \tag{3-10}$$

中国需求侧碳排放（ED）包含两大部分：第一部分为中国最终需求拉动的自身总产出碳排放，用 ES 表示；第二部分为中国最终需求拉动的其他国家的总产出碳排放，用 EI 表示。其中第二部分 EI 又包含两部分：①中国间接进口拉动的其他国家总产出碳排放，用 EIM 表示；②中国直接进口其他国家最终产品拉动的总产出碳排放，用 EIF 表示。

中国需求侧碳排放（ED）表示为

$$ED = ES + EI = ES + EIM + EIF$$

$$D^r \times \sum_{r=1}^{m} X^{rj} = D^j \times X^{jj} + D^r \times \sum_{r \neq j}^{m} X^{rj} = D^j \times X^{jj} + D^i \times$$

$$\sum_{i \neq j}^{m} \sum_{r \neq i}^{m} H^{ir} \times F^{rj} + D^i \times \sum_{i \neq j}^{m} H^{ii} \times F^{ij} \tag{3-11}$$

二、数据来源

本研究数据来自世界投入产出数据库（WIOD），具体包含：①1995—2011 年 35 个部门和 40 个国家（地区）以及一个其他国家汇总的国家间投入产出表；②2012—2014 年 56 个部门和 43 个国家（地区）以及一个其他国家汇总的国家间投入产出表；③1995—2009 年各国社会环境账户中各部门碳排放总量。由于缺少 2010—2014 年各国各部门的碳排放量，本研究采用趋势分析法，对各国各部门的直接碳排放系数进行了趋势分析，用以替代 2010—2014 年各国各部门的直接碳排放系数。

在国家分类上，本研究具体核算的国家或地区包含 27 个欧盟国家和 13 个非欧盟国家（或地区）以及一个世界其他国家（RoW）。其中 13 个具体国家（或地区）为澳大利亚（AUS）、巴西（BRA）、加拿大（CAN）、中国（CHN）、印度尼西亚（IDN）、印度（IND）、日本（JPN）、韩国（KOR）、墨西哥（MEX）、俄罗斯（RUS）、土耳其（TUR）、中国台湾（TWN）、美国（USA）。为研究方便，将 27 个欧盟国家合计为欧盟（EU），具体包括瑞典（SWE）、斯洛文尼亚（SVN）、斯洛伐克（SVK）、罗马尼亚（ROU）、葡萄牙（PRT）、波兰（POL）、荷兰（NLD）、立陶宛（LTU）、卢森堡（LUX）、拉脱维亚（LTU）、马耳他（MLT）、意大利（ITA）、爱尔兰（IRL）、匈牙利（HUN）、希腊（GRC）、芬兰（FIN）、爱沙尼亚（EST）、西班牙（ESP）、丹麦（DNK）、德国（GBR）、捷克（CZE）、塞浦路斯（CYP）、保加利亚（BGR）、比利时（BEL）、奥地利（AUT）、法国（FRA）、克罗地亚（HRV）。

在部门分类上，根据部门之间的相互关系，本研究采用郭朝先（2010）的部门分类方法，将所有部门进行分类合并，最终包含七大类 19 个部门：①农业：农林牧渔（S01）；②能源工业：采矿（S02）、化石能源（S07）、电气水供应（S16）；③轻制造业：食品（S03）、纺织皮革（S04）、木材（S05）、印刷（S06）；④重制造业：化学产品（S08）、塑料橡胶（S09）、其他非金属矿产（S10）、金属冶炼（S11）、光电设备（S12）、机械（S13）、运输设备（S14）；⑤其他工业：其他制造业（S15）；⑥建筑业：建筑（S17）；

⑦服务业：运输服务业（S18）、其他服务业（S19）。

第三节　中国生产侧与需求侧碳排放

本部分基于以上关于碳排放核算方法的介绍，运用相关方法核算了中国生产侧与需求侧的碳排放，并对计算结果进行分析与讨论，主要包括中国生产侧和需求侧的碳排放规模变化、国家分布、结构特点等。

一、中国生产侧碳排放核算与分析

国际上对碳排放责任的划定基于生产者责任原则，指从一国生产中排放的二氧化碳。本部分基于生产者责任原则核算了中国生产侧的碳排放，主要包括中国为满足自身最终需求生产的碳排放和为满足其他国家最终需求生产中间产品和最终产品排放的二氧化碳。

（一）中国各部门碳排放系数分析

为核算中国生产侧碳排放，本研究首先利用 WIOD 社会环境账户中历年来各部门二氧化碳排放量和国家间投入产出表中中国各行业历年产出量，测算了中国各部门直接碳排放系数，它反映了各部门单位产出下排放的二氧化碳，具体变化如图 3－1 所示。

通过分析图 3－1，可以看到：从整体来看，中国各部门历年直接碳排放系数呈逐年下降的趋势，且下降幅度均较大；分部门来看，电气水供应部门的直接碳排放系数较大，其次为其他非金属矿产、化学产品、金属冶炼以及化石能源、采矿、运输服务业、印刷等，主要集中在能源工业与重制造业部门，而轻制造业中的印刷与服务业中的运输服务业也有较高的直接碳排放系数。

总体而言，各部门在直接碳排放系数方面都表现出递减的趋势，且递减速度逐渐变缓。碳排放系数反映了一国各部门的经济技术效率水平，一般而言，随着各国各部门科学技术水平与效率的提高，单位产出下的碳排放逐渐下降。从图 3－1 中可以看到，中国的直接碳排放系数随经济技术效率的逐步提高总体表现出快速下降直至稳定的趋势。

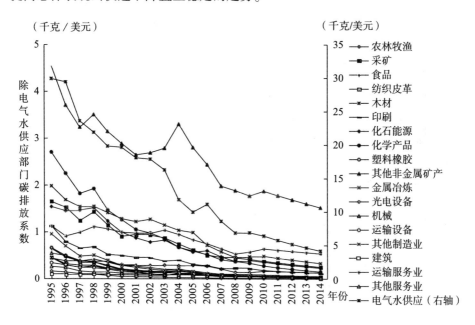

图 3－1　中国各部门直接碳排放系数变化趋势

（二）中国生产侧碳排放国家层面分析

为核算中国生产侧碳排放，本部分根据欧盟编制的国家间投入产出表及各国碳排放系数，首先构建了可测算世界各国各部门碳排放的国家间环境投入产出模型，其次测算了中国为满足自身及各国最终需求而排放的碳。在测算中国为满足自身及各国最终需求而排放的碳总量时，将区分国际贸易出口中最终产品出口和中间产品出口。相较于已有的核算方法，本部分主要区别在于试将出口区分为最终产品出口和中间产品出口，进而更准确地核算由各国最终需求拉动的中国生产碳排放情况。

根据以上分析，中国生产侧碳排放包含两部分：第一部分是满足中国最终需求拉动中国生产碳排放；第二部分是满足其他国家最终需求拉动中国生产碳排放。其中，第一部分包含中国生产最终产品满足中国最终需求拉动中国生产碳排放（*ESF*）、中国向其他国家出口中间产品再进口最终产品拉动中国生产碳排放（*ESM*）；第二部分包含中国向其他国家出口中间产品拉动中国生产碳排放（*EOM*）、中国向其他国家出口最终产品拉动中国生产碳排放（*EOF*）。表3－2为各部分历年碳排放变化及分别占中国生产侧碳排放总量的比重。

表3－2　中国生产侧碳排放各部分变化及占中国生产侧碳排放总量比重

年份	中国生产满足自身最终需求拉动的碳排放及占比（百万吨）				满足其他国家最终需求拉动中国生产的碳排放（百万吨）				总量（百万吨）
	ESF	占比（%）	*ESM*	占比（%）	*EOM*	占比（%）	*EOF*	占比（%）	
1995	2067.72	78.09	1.11	0.04	280.10	10.58	298.98	11.29	2647.91
1996	2187.14	80.34	1.08	0.04	264.48	9.72	269.55	9.90	2722.25
1997	2119.35	78.86	0.99	0.04	295.10	10.98	271.93	10.12	2687.37
1998	2271.98	79.93	1.31	0.05	294.22	10.35	274.87	9.67	2842.38
1999	2208.65	80.82	1.38	0.05	272.62	9.98	250.31	9.16	2732.96
2000	2143.22	78.75	1.98	0.07	314.63	11.56	261.82	9.62	2721.65
2001	2192.42	79.29	2.40	0.09	309.56	11.20	260.74	9.43	2765.12
2002	2308.93	77.53	3.56	0.12	364.13	12.23	301.57	10.13	2978.19
2003	2578.13	74.56	5.72	0.17	473.90	13.70	400.24	11.57	3457.99
2004	2986.07	72.29	6.96	0.17	645.58	15.63	491.86	11.91	4130.47
2005	3190.59	70.13	7.85	0.17	739.57	16.26	611.66	13.44	4549.67
2006	3395.81	68.47	9.63	0.19	862.92	17.40	691.22	13.94	4959.58
2007	3663.65	68.23	9.70	0.18	923.17	17.19	772.70	14.39	5369.22
2008	4035.87	70.12	11.37	0.20	947.87	16.47	760.40	13.21	5755.51
2009	4611.49	76.38	11.06	0.18	741.47	12.28	673.80	11.16	6037.82
2010	5199.25	75.08	15.97	0.23	934.32	13.49	775.84	11.20	6925.38
2011	5869.73	75.96	16.39	0.21	1034.59	13.39	806.82	10.44	7727.53
2012	6522.64	77.20	20.83	0.25	951.96	11.27	953.92	11.29	8449.35
2013	6914.72	78.02	20.34	0.23	987.69	11.14	939.53	10.60	8862.28
2014	6954.49	78.24	20.25	0.23	1000.45	11.26	913.71	10.28	8888.90

从表3－2中可以看到，中国生产侧拉动的碳排放70%～80%因满足自身最终需求而产生，另20%～30%为满足其他国家最终需求而产生。

从总量上看，中国生产侧碳排放从1995年至2014年增长了两倍多，从264791万吨增长到888890万吨，结合图3－2可以看到，1995—2001年中国生产侧碳排放保持平稳，自进入 2001 年以后碳排放总量增长加快，其间在 2011 年出现短暂放缓，但之后仍然保持快速增长，至 2013 年可以看到碳排放总量出现了稳定趋势，达到了峰值状态。

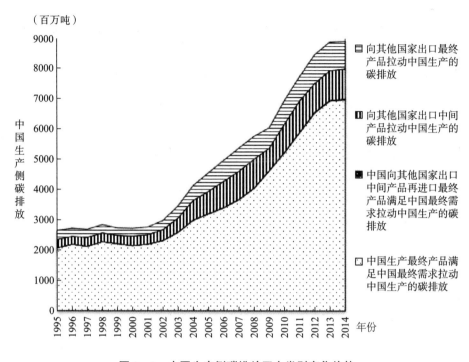

图 3 - 2　中国生产侧碳排放四大类别变化趋势

从分量上看：①其他国家对中国中间产品与最终产品拉动的碳排放均不断加大，尤以 2001 年以后增长明显，从 1995 年至 2014 年，其他国家对中国中间产品碳排放的拉动从 28000 万吨增长到 100000 万吨，对最终产品碳排放的拉动从 29900 万吨增长到 91400 万吨；②比较历年其他国家对中国中间产品与最终产品碳排放拉动的相对量，可以看到自 1997 年开始，对中间产品拉动的碳排放要高于对最终产品拉动的碳排放，一方面表明中国出口产品中中间产品拉动的碳排放较多，另一方面说明中国出口产品完成度不高，资源型初级产品占比较大；③中国最终需求对中国自身碳排放的拉动自 2001 年以后快速增加，且拉动碳排放量较大，其中绝大部分为直接拉动，而向其他国家出口中间产品再进口最终产品拉动的碳排放占比较小，拉动碳排放量也较小。

为了更清楚地看出其他国家对中国生产侧碳排放的拉动，表 3 – 3 列示了各国（地区）最终需求拉动中国生产碳排放的历年变化。

表 3 – 3　中国生产侧碳排放满足各国最终需求拉动的碳排放　单位：百万吨

年份	澳大利亚	巴西	加拿大	印度尼西亚	印度	日本	韩国	墨西哥	俄罗斯	土耳其	中国台湾	美国	世界其他国家	欧盟国家
1995	13.5	4.3	15.5	6.0	5.9	101.8	19.1	2.3	5.7	2.0	9.0	157.9	133.4	102.8
1996	12.4	4.5	14.0	6.2	5.7	92.0	21.2	2.7	4.5	2.0	9.1	146.4	119.1	94.1
1997	13.5	5.2	15.4	6.8	7.5	91.3	26.3	3.9	4.9	2.6	10.9	161.7	120.9	96.0
1998	13.3	4.9	16.3	3.1	7.9	81.2	15.4	5.3	4.8	2.7	11.0	179.1	134.7	89.3
1999	13.1	3.3	15.4	3.5	9.1	80.3	19.3	4.9	3.0	2.4	9.8	164.1	127.6	67.1
2000	12.0	4.1	15.4	4.6	8.8	83.7	22.8	6.6	3.1	3.1	10.9	180.8	127.6	92.9
2001	11.1	4.1	15.5	4.7	8.6	82.9	23.0	7.5	4.8	2.1	9.4	172.9	124.9	98.5
2002	14.1	4.3	17.5	6.7	10.3	85.9	30.4	9.8	7.3	2.8	10.7	201.3	138.2	126.5
2003	19.4	5.4	24.2	8.4	14.2	110.0	39.6	12.8	10.0	4.9	13.7	252.7	191.3	167.6
2004	28.2	8.0	32.4	10.7	20.8	134.7	48.7	18.0	12.2	8.3	19.4	329.2	248.4	218.5
2005	33.0	10.8	39.7	12.3	30.7	149.8	54.2	22.4	16.5	12.0	19.4	390.0	288.4	272.1
2006	34.3	15.2	46.8	13.7	41.5	151.2	60.1	27.3	26.1	15.6	19.6	427.9	337.9	336.9
2007	39.7	21.0	48.5	15.1	51.8	140.5	63.7	27.9	41.0	18.2	18.4	424.5	387.7	397.9
2008	39.7	27.5	51.2	22.5	50.7	133.8	59.9	28.8	45.6	23.3	18.0	392.4	388.0	426.8
2009	40.9	21.9	43.5	20.9	51.8	125.0	47.0	22.7	32.5	18.0	14.9	335.0	313.7	327.6
2010	51.0	32.2	51.7	27.5	66.4	141.8	62.3	29.4	47.9	26.3	18.5	389.6	398.9	366.7
2011	61.7	40.8	55.3	34.4	72.8	163.1	68.0	34.3	56.6	32.4	20.1	396.8	416.4	388.8
2012	48.9	38.6	49.0	33.6	46.4	147.2	64.6	26.3	54.2	18.6	20.0	339.2	723.8	295.5
2013	47.3	41.3	47.8	34.1	42.0	140.3	65.2	26.3	58.4	21.5	20.4	326.7	739.0	316.9
2014	44.6	39.6	45.1	32.3	43.1	138.1	64.4	27.2	51.1	20.6	22.5	330.6	748.8	306.1

从表 3 – 3 中可以看到，与 1995 年相比，2014 年各国（地区）最终需求对中国生产侧碳排放的拉动均有了不同程度的增长。结合图 3 – 3 的趋势变化可以看到：①2001 年之前中国出口碳排放保持稳定，年均总碳排放量保持在近 60000 万吨；②2001—2008 年中国出口碳排放出现快速增长，从 2001 年的

总量57000万吨增加至2008年的170800万吨，增长近两倍，这期间出口美国、日本、欧盟以及其他国家总量增长最大，印度、韩国、加拿大次之；③2008—2009年，其他国家对中国拉动的碳排放出现了剧烈的下降，这期间由于世界性经济危机的影响，各国的最终需求出现下降，减少了对中国碳排放的拉动；④2009年以后，各国对中国生产侧碳排放的拉动依然保持较强的增长趋势，但从总量上，2013—2014年出口拉动碳排放出现停滞现象，保持在190000万吨的稳定状态；⑤从各国拉动中国碳排放量上可以发现，美国、欧盟国家、日本等主要发达进口国对中国碳排放的拉动出现了稳步下降趋势，而其他国家对中国碳排放的拉动出现了扩大趋势。

从图3-3中可以清晰地看出其他国家对中国碳排放拉动的趋势变化，中国满足其他国家最终需求而出口拉动的碳排放主要包含两部分：一是出口中间产品拉动的碳排放；二是出口最终产品拉动的碳排放。

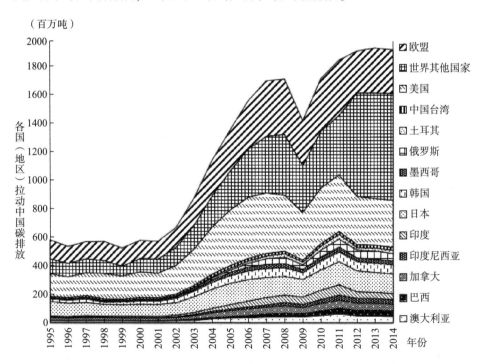

图3-3　中国生产侧碳排放满足其他国家（或地区）最终需求生产的碳排放趋势变化

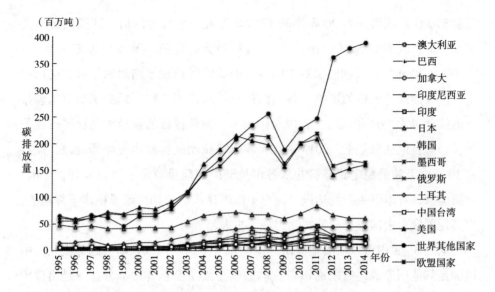

图 3 - 4 其他国家（或地区）进口中国中间产品拉动中国的碳排放变化

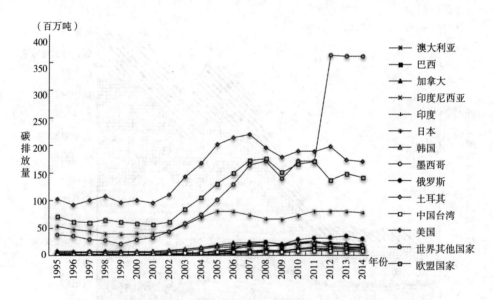

图 3 - 5 其他国家（或地区）进口中国最终产品拉动中国的碳排放变化

为了具体看出各国对中国中间产品与最终产品的拉动，图 3 - 4 和图 3 - 5 分别描绘了历年其他国家（或地区）进口中国中间产品拉动的碳排放变化与进口中国最终产品拉动的碳排放变化。

通过分析图 3 - 4 与图 3 - 5 可知：①从总体趋势来看，各国家（或地区）对中国中间产品与最终产品碳排放的拉动总体表现出大致相同的变化趋势——先快速增长、后保持稳定并开始出现下降的趋势。其他国家（或地区）则表现出快速的增长状态，在大部分国家（或地区）出现下降时依然表现出强劲的拉动趋势。②从中间产品与最终产品来看，大部分国家（或地区）对中国中间产品碳排放的拉动要高于对最终产品的拉动，其中，美国对中国最终产品碳排放的拉动要普遍高于中间产品。③从中国中间产品的出口碳排放普遍高于最终产品，且主要流向日本、韩国、美国以及欧盟国家等发达国家经济体可以看出，中国在国际贸易链条中多处于资源型初级产品的供给端，产品的附加值较低，且资源消耗巨大、污染严重，是大量碳排放产生的重要原因。④从碳排放计算原则上看，该部分碳排放属于生产国，高附加值部分则出口到了其他国家（或地区），相应地，其他国家（或地区）由于进口而排除了碳排放的计算，产生了"碳泄漏"现象。

（三）中国生产侧碳排放部门层面分析

从部门层面对中国生产侧碳排放进行分析有助于更细致地了解影响中国碳排放的不同部门作用。本部分首先从总量角度表述了各部门历年的碳排放变化，其次分别从满足自身与其他国家（或地区）最终需求角度分析了对各部门碳排放的影响。

图 3 - 6 反映了中国生产侧各部门历年碳排放趋势变化，从中可以看到：一方面，从总体上看，1995—2014 年中国各部门的碳排放均不同程度地出现了上升，2001 年以后各部门碳排放量均表现出明显的快速上升趋势。另一方面，从部门增长量来看：电气水供应部门碳排放量占比最大且增长迅速，从1995 年的101800 万吨增加至2014 年的458200 万吨，增长了356400 万吨；其次为其他非金属矿产、金属冶炼及运输服务业部门，分别从37500 万吨增长至153900 万吨（增长了116400 万吨）、从29900 万吨增长至73300 万吨（增长了43400 万吨）、从7600 万吨增长至52800 万吨（增长了45200 万吨）；其他增长较多的部门有采矿、化石能源、其他服务业以及农林牧渔；增长较少

的部门有食品、木材和建筑、运输设备；也有出现碳排放逆增长的部门，如纺织皮革、印刷、化学产品、塑料橡胶、光电设备、机械以及其他制造业部门，但减少量较小。

从以上分析中可以看到，碳排放较多的部门主要集中在能源工业、重制造业（其中的金属冶炼与其他非金属矿产部门）以及服务业中的运输服务业部门，并非单一地集中于某一主要类别中。从相应部门碳排放的减少中可以看到，通过调整相应部门产业结构比例的方法，可以在一定程度上减少二氧化碳的排放，以减轻中国目前增长的碳排放压力。

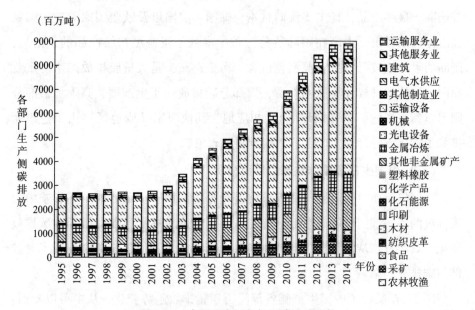

图 3-6　中国生产侧各部门碳排放趋势

为了反映出中国生产侧碳排放各部门不同的碳排放方向，表 3-4 和表 3-5 分别反映了满足中国最终需求和其他国家最终需求而拉动的中国各部门生产碳排放变化。

表 3 - 4　满足中国最终需求拉动中国生产的直接与间接碳排放

部门	中国生产最终产品拉动中国生产的碳排放（百万吨）			向其他国家出口中间产品再进口最终产品拉动中国生产的碳排放（百万吨）		
	1995 年	2014 年	变动	1995 年	2014 年	变动
农林牧渔	90.3	170.6	80.3	0.013	0.158	0.145
采矿	70.3	287.0	216.7	0.053	1.073	1.020
食品	67.0	73.9	6.9	0.006	0.063	0.057
纺织皮革	27.7	21.9	- 5.8	0.036	0.077	0.041
木材	6.2	14.7	8.5	0.003	0.039	0.036
印刷	29.7	23.8	- 5.9	0.014	0.066	0.052
化石能源	37.4	151.4	114.0	0.021	0.490	0.469
化学产品	165.2	153.3	- 11.9	0.100	0.600	0.500
塑料橡胶	17.4	8.2	- 9.2	0.019	0.046	0.027
其他非金属矿产	324.1	1300.7	976.6	0.086	2.632	2.546
金属冶炼	214.8	522.9	308.1	0.237	2.733	2.497
光电设备	8.1	5.2	- 2.9	0.020	0.063	0.043
机械	33.8	17.1	- 16.7	0.014	0.068	0.054
运输设备	14.5	20.6	6.1	0.004	0.027	0.024
其他制造业	6.4	2.3	- 4.2	0.004	0.013	0.009
电气水供应	801.7	3561.3	2759.7	0.427	10.689	10.263
建筑	16.2	29.9	13.7	0.000	0.003	0.003
其他服务业	81.8	193.2	111.5	0.020	0.273	0.253
运输服务业	55.1	396.5	341.5	0.037	1.138	1.101

表 3 - 5　中国生产中间产品与最终产品满足其他国家最终需求拉动的碳排放

部门	向其他国家出口中间产品拉动中国生产的碳排放（百万吨）			向其他国家出口最终产品拉动中国生产的碳排放（百万吨）		
	1995 年	2014 年	变动	1995 年	2014 年	变动
农林牧渔	4.89	9.84	4.95	8.18	17.21	9.03
采矿	15.19	54.03	38.84	9.21	43.69	34.48
食品	2.05	3.72	1.67	8.20	6.61	- 1.59
纺织皮革	9.79	5.05	- 4.73	23.49	16.19	- 7.30
木材	1.14	2.56	1.42	1.53	1.96	0.43

续表

部门	向其他国家出口中间产品拉动中国生产的碳排放（百万吨）			向其他国家出口最终产品拉动中国生产的碳排放（百万吨）		
	1995 年	2014 年	变动	1995 年	2014 年	变动
印刷	3.91	4.03	0.12	4.83	3.29	-1.54
化石能源	5.97	27.07	21.10	5.02	21.18	16.16
化学产品	25.80	33.95	8.15	33.09	26.49	-6.60
塑料橡胶	5.10	2.45	-2.65	5.16	2.14	-3.02
其他非金属矿产	24.70	150.88	126.18	25.96	85.12	59.15
金属冶炼	46.37	112.11	65.74	38.02	95.21	57.19
光电设备	3.16	1.97	-1.19	4.26	3.13	-1.13
机械	3.04	3.05	0.01	4.33	4.04	-0.29
运输设备	1.22	1.56	0.34	1.16	2.30	1.14
其他制造业	1.13	0.71	-0.42	4.45	2.15	-2.30
电气水供应	107.56	503.17	395.61	108.67	506.93	398.26
建筑	0.09	0.26	0.17	0.08	0.13	0.04
其他服务业	5.34	15.22	9.88	5.83	14.06	8.22
运输服务业	13.64	68.81	55.16	7.51	61.89	54.38

从两方面的分析与比较中可以看到：

一方面，从中国生产满足自身各部门来看，中国为满足自身需求而拉动自身碳排放的增长主要是由于对自身最终产品的直接消耗，出口中间产品后再进口的只占极少的部分。可以看到，中国直接与间接最终需求对自身碳排放拉动最大的均为电气水供应，其次为其他非金属矿产、金属冶炼、运输服务业等部门，主要集中在能源与重制造业方面；而直接拉动自身碳排放的部门出现了部分下降的趋势，间接拉动下降趋势不明显。

另一方面，从中国生产满足其他国家各部门来看，中国各部门在出口中间产品与最终产品拉动碳排放方面表现出大致相同的一致性，具体到各部门则有些差异。从出口中间产品拉动碳排放方面来看，出口中间产品对中国各部门的碳排放拉动除少数部门外均呈增长趋势，增长量较大的有电气水供应、其他非金属矿产、金属冶炼、运输服务业等部门，分别增长了39600万吨、

12600 万吨、6600 万吨、5500 万吨。从出口最终产品拉动碳排放方面来看，出口最终产品对中国碳排放的拉动与出口中间产品表现出大致相同的一致性，即除少数部门出现下降外均表现出了增长的趋势，但与出口中间产品相比，出口最终产品拉动的碳排放增长量大部分要低于中间产品的拉动，且碳排放减少的部门要更多。从两方面相比较来看，出口中间产品碳排放相对较多的部门有采矿、化石能源、化学产品、塑料橡胶、其他非金属矿产、金属冶炼、运输设备、电气水供应、建筑与服务业；出口最终产品碳排放相对较多的部门有农林牧渔、食品、纺织皮革、木材、印刷、光电设备、机械、其他制造业。可以看到，出口中间产品碳排放较多的部门主要集中在能源工业、重制造业等资源消耗较多的部门，而出口最终产品碳排放较多的部门主要集中在农业、轻制造业等成品及其组装成品部门。

二、中国需求侧碳排放核算与分析

相较生产者角度，从消费者角度核算一国碳排放有助于厘清一国消费对全球碳排放产生的影响，这一核算角度与碳排放承担原则对限制消费国的碳排放会起到积极作用，但同时会对出口国生产碳排放起到促进作用，而无法有效抑制生产国的碳排放生产。本部分基于消费者责任原则核算了中国需求侧的碳排放，主要包括为满足中国的最终需求而拉动中国自身及其他国家碳排放的规模、地理分布、产业结构及其演变情况。由于中国自身最终需求拉动自身生产碳排放在生产侧部分已有核算，本部分重点核算了中国进口其他国家（或地区）最终产品拉动的其他国家（或地区）碳排放，主要包括中国对其他国家（或地区）间接进口最终产品拉动的碳排放和直接进口最终产品拉动的碳排放。

（一）主要国家碳排放系数分析

本研究共核算了 40 个国家（或地区）和一个其他国家的碳排放系数，为了与中国的碳排放系数进行比较，本部分列举了与中国贸易紧密的主要国家碳排放系数变动情况，如表 3 - 6 所示，包含美国、日本、印度与俄罗斯，其中美国与日本属于技术效率较高的发达国家，印度与俄罗斯属于相对技术水平较低的欠发达国家。

表3-6　与中国贸易紧密的主要国家直接碳排放系数及变动

部门	美国（千克/美元）			日本（千克/美元）			印度（千克/美元）			俄罗斯（千克/美元）		
	1995年	2014年	变动	1995年	2014年	变动	1995年	2014年	变动	1995年	2014年	变动
S01	0.263	0.143	-0.120	0.155	0.080	-0.075	0.287	0.160	-0.127	0.907	0.232	-0.675
S02	0.895	0.123	-0.772	0.436	0.800	0.364	2.978	1.650	-1.328	2.369	0.563	-1.806
S03	0.108	0.060	-0.048	0.041	0.032	-0.009	0.337	0.439	0.102	0.268	0.032	-0.236
S04	0.143	0.092	-0.051	0.045	0.050	0.005	0.260	0.087	-0.173	0.243	0.042	-0.201
S05	0.197	0.120	-0.077	0.042	0.016	-0.025	0.119	0.699	0.580	0.348	0.071	-0.277
S06	0.187	0.160	-0.027	0.106	0.060	-0.046	0.655	0.318	-0.337	0.185	0.051	-0.134
S07	1.422	0.164	-1.258	0.335	0.109	-0.225	0.896	0.308	-0.588	1.561	0.393	-1.168
S08	0.426	0.212	-0.214	0.208	0.200	-0.008	1.487	0.308	-1.179	1.804	0.834	-0.970
S09	0.046	0.030	-0.016	0.031	0.010	-0.021	0.174	0.071	-0.103	0.088	0.045	-0.043
S10	1.608	1.073	-0.535	0.874	1.098	0.224	4.553	2.164	-2.389	4.114	1.837	-2.277
S11	0.510	0.157	-0.353	0.238	0.280	0.042	1.142	0.695	-0.446	5.185	1.207	-3.978
S12	0.042	0.018	-0.024	0.023	0.014	-0.009	0.070	0.043	-0.027	0.253	0.027	-0.226
S13	0.072	0.060	-0.012	0.025	0.010	-0.016	0.119	0.045	-0.074	0.484	0.034	-0.450
S14	0.051	0.025	-0.025	0.014	0.014	0.000	0.081	0.120	0.039	0.074	0.030	-0.044
S15	0.071	0.019	-0.052	0.063	0.019	-0.044	0.069	0.007	-0.062	0.115	0.041	-0.074
S16	7.694	4.479	-3.214	0.960	1.599	0.640	14.257	12.200	-2.057	24.615	6.450	-18.165
S17	0.080	0.028	-0.053	0.041	0.046	0.005	0.124	0.022	-0.101	0.394	0.039	-0.355
S18	0.893	0.524	-0.368	0.332	0.340	0.008	0.831	0.100	-0.732	1.557	0.708	-0.849
S19	0.115	0.020	-0.095	0.034	0.024	-0.010	0.080	0.014	-0.066	0.223	0.047	-0.176

　　从表3-6中可以看出：①从整体层面来看，除个别部门外，整体表现出美国、日本的直接碳排放系数要低于印度、俄罗斯，这也反映了美国、日本的经济技术效率要优于同期的印度、俄罗斯；②从各部门间的比较来看，各国较高的碳排放系数主要集中在电气水供应（S16）、其他非金属矿产（S10）、化石能源（S07）、化学产品（S08）、采矿（S02）、金属冶炼（S11）、运输服务业（S19）等部门，主要为能源工业、重制造业以及服务业中的运输服务业；③从相同部门不同国家内比较看，某些部门间的直接碳排

放系数差异较大，如采矿部门，1995 年美国、日本采矿部门的直接碳排放系数分别为 0.895 千克/美元、0.436 千克/美元，而印度、俄罗斯采矿部门的直接碳排放系数分别达到 2.978 千克/美元和 2.369 千克/美元，要远高于同期的美国和日本；再如电气水供应部门，1995 年美国、日本分别为 7.694 千克/美元、0.960 千克/美元，同期的印度、俄罗斯则为 14.257 千克/美元和 24.615 千克/美元，差距较大；④比较各国各部门不同年份的直接碳排放系数变化，可以看到：除少数部门外，各国各部门的直接碳排放系数均出现了下降，且碳排放系数较高的部门也是减少量较高的部门，表明这期间各国均提高了自身经济系统的技术与效率，降低了单位投入能源消耗。

（二）中国需求侧碳排放国家层面分析

中国需求侧碳排放是指为满足中国的最终需求而拉动中国及其他国家商品或服务的生产所产生的碳排放。本部分从国家层面反映了为满足中国的最终需求而拉动中国自身及其他国家碳排放的规模变化、地理分布等。其中，中国需求侧拉动的碳排放包含三部分：①中国最终需求拉动的自身碳排放；②中国直接进口最终产品拉动的碳排放；③中国间接进口最终产品拉动的碳排放。

表 3-7 反映了 1995—2014 年中国需求侧三大部分拉动碳排放的变化情况。

表 3-7　中国需求侧拉动的各部分碳排放

年份	拉动的自身碳排放（百万吨）	直接进口拉动的碳排放（百万吨）	间接进口拉动的碳排放（百万吨）	需求侧总碳排放（百万吨）
1995	2068.84	18.22	74.69	2161.75
1996	2188.22	17.86	83.78	2289.86
1997	2120.35	16.24	90.65	2227.24
1998	2273.29	21.68	98.71	2393.68
1999	2210.03	24.05	118.65	2352.73
2000	2145.20	27.53	151.88	2324.61
2001	2194.83	34.60	167.92	2397.35
2002	2312.49	41.44	194.84	2548.77

年份	拉动的自身碳排放 （百万吨）	直接进口拉动的碳排放 （百万吨）	间接进口拉动的碳排放 （百万吨）	需求侧总碳排放 （百万吨）
2003	2583.86	46.42	230.37	2860.65
2004	2993.03	41.40	266.38	3300.81
2005	3198.44	40.57	273.10	3512.11
2006	3405.44	42.17	282.97	3730.58
2007	3673.35	43.72	310.73	4027.80
2008	4047.24	48.15	339.34	4434.73
2009	4622.54	56.11	360.25	5038.90
2010	5215.21	72.50	467.38	5755.09
2011	5886.13	80.80	583.00	6549.93
2012	6543.47	182.62	960.34	7686.43
2013	6935.06	175.33	1042.61	8153.00
2014	6974.74	185.77	995.25	8155.76

从表 3 – 7 中可以看出：①中国最终需求拉动的自身碳排放由 1995 年的 206884 万吨增加为 2014 年的 697474 万吨，增长了两倍多；②中国直接进口最终产品拉动的碳排放由 1995 年的 1822 万吨增加至 2014 年的 18577 万吨，增长了 9 倍多；③中国间接进口拉动的碳排放由 1995 年的 7469 万吨增加至 2014 年的 99525 万吨，增长了 12 倍多。

从表 3 – 7 中还可以看出，中国最终需求拉动的自身碳排放占总量的比重较大且增长也较为迅速，中国直接进口与间接进口拉动的碳排放占比较小，但增长迅速。其中，间接进口最终产品拉动的碳排放比直接进口拉动的碳排放增长率要高，表明中国因对产品的间接拉动产生了较多的碳排放，一方面说明中国对间接产品的需求相比直接产品要更大；另一方面反映了中国参与国际贸易越来越深入，对碳排放的拉动具有越来越多的国家参与特征。

图 3 – 7 反映了 1995—2014 年中国需求侧三大部分拉动碳排放的占比情况，可以看到：①中国最终需求拉动的自身碳排放占比最大，其中 1995—2009 年维持在 90% 以上，这期间的占比表现为先减少、后稳定的趋势；②2009 年以后中国最终需求拉动自身碳排放出现快速下降，降至 85% 左右并保

持稳定；③1995—2014 年中国间接进口拉动的碳排放占比总体呈先增长、后稳定的趋势，整体由 1995 年的 3.5% 增长为 2014 年的 12.2%；④中国直接进口拉动的碳排放占比在三大部分中始终较小，维持在 1%～2%，1997 年占比最小，为 0.7%；2012 年占比最大，为 2.4%。由以上分析可知，中国自身最终需求拉动的碳排放占比略有下降，中国间接进口拉动的碳排放占比增加较快，直接进口拉动的碳排放占比增加较小。

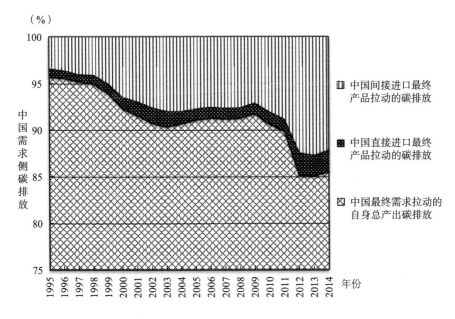

图 3 – 7　中国需求侧三大部分拉动碳排放历年占比趋势变化

图 3 – 8 和图 3 – 9 反映了 1995—2014 年中国最终需求拉动其他各国（或地区）碳排放的变化及占比情况。从整体来看，1995 年至 2009 年中国最终需求拉动的各国碳排放总和呈线性增长趋势，2009 年以后中国拉动各国碳排放量呈快速增长趋势，且增速较快。从各国比较来看，拉动碳排放较大的国家（或地区）有俄罗斯、美国、日本、韩国、欧盟和中国台湾地区，各国（或地区）占拉动碳排放总量的比重均在 10% 左右，其他国家占比在 40% 左右，其中非测算国家碳排放在 2011 年以前保持 30% 左右的稳定增长，在 2011 年以后出现了快速增长。

　　总体而言，中国最终需求拉动各国（或地区）碳排放总量呈增长趋势，增长比率在2009年以后出现较大的上浮，对各国（或地区）的碳排放需求也由保持稳定占比转向拉动非发达国家较多。这一方面说明中国对世界其他国家（或地区）的贸易需求由相对稳定转向更具规模化，另一方面说明在碳排放拉动上，由2011年之前的以发达国家（或地区）为主转向以发展中国家为主。

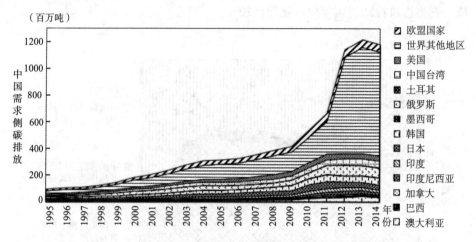

图3-8　中国最终需求拉动其他各国（或地区）碳排放堆积

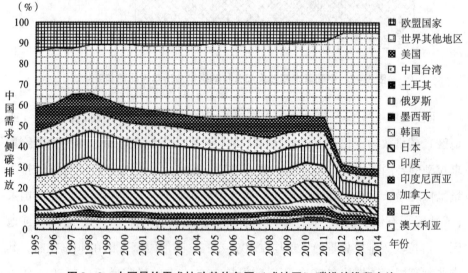

图3-9　中国最终需求拉动其他各国（或地区）碳排放堆积占比

110

（三）中国需求侧碳排放部门层面分析

从部门层面来看，图3-10和图3-11反映了中国需求侧拉动各部门碳排放量的变化与占比情况。各部门碳排放既包含拉动本国生产的碳排放，又包含拉动他国（或地区）生产的碳排放。

如图3-10所示，从拉动各部门碳排放量变化来看：①中国对电气水供应部门的需求拉动的碳排放最大，从1995年的82800万吨增加至2014年的411400万吨，增长了近4倍；②碳排放量变化较大的部门有其他非金属矿产、金属冶炼、运输服务业，分别从32700万吨增长到136900万吨（增长了3倍多）、从23400万吨增长到63500万吨（增长了1.7倍）、从6300万吨增长到50000万吨（增长了近7倍）；③拉动碳排放增长量较小的部门有其他服务业和化石能源，分别增长了13600万吨和14600万吨；④拉动碳排放量增长最小的部门有农林牧渔、其他制造业、化学产品、光电设备、塑料橡胶、建筑、食品、木材、运输设备，分别增长了9500万吨、4900万吨、4400万吨、2200万吨、1600万吨、1500万吨、1000万吨、960万吨、810万吨；⑤碳排放量出现负增长的部门，如纺织皮革、印刷、机械，分别减少了420万吨、440万吨、1340万吨。

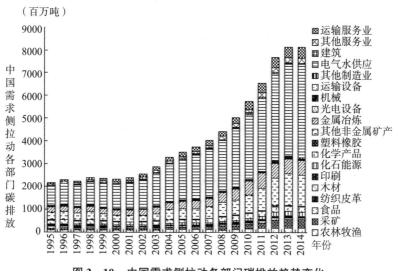

图3-10　中国需求侧拉动各部门碳排放趋势变化

如图 3 - 11 所示，从拉动各部门碳排放量相对占比来看：①历年占比最大的部门为电气水供应部门，从 1995 年的约 38% 增长至 2014 年的 50%，占比最大且逐年增长；②其他非金属矿产与金属冶炼，前者从 1995 年的 15% 降至 2002年的 10% 后上升并趋于稳定至 17% 左右，后者整体保持稳定，维持在 10% 左右，2013—2014 年稍有下降，降至 8% 左右；③化学产品部门与运输服务业部门表现出相反的变化，前者逐年下降，从 8% 降至 3% 左右；后者逐年上升，从3% 上升至 6% 左右；④其他部门占比均在 4.5% 以下，其中农林牧渔、其他服务业、食品、机械、印刷、纺织皮革、塑料橡胶、运输设备、木材以及其他制造业均在碳排放占比中出现了逐年不同程度下降的趋势，采矿与建筑部门波动较大，采矿部门整体表现出先下降、后上升的趋势，其中最低点出现在 2002年，最低占比为 3%，建筑部门整体呈先上升、后下降的趋势，从 1995 年的0.76% 上升至 2007 年的 1.67%，后降至 2014 年的 0.38%。

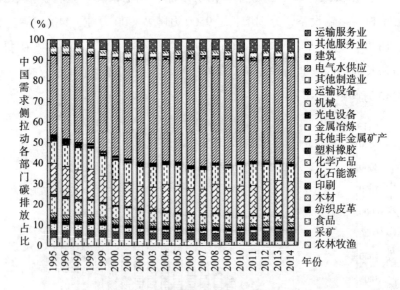

图 3 - 11　中国需求侧拉动各部门碳排放占比变化

为了更清楚地了解中国最终需求拉动其他国家各部门碳排放情况，表 3 - 8 反映了中国在直接进口与间接进口两个方面对其他国家各部门主要年份的拉动变化情况。中国因满足自身需求而拉动其他国家各部门的碳排放，主要包含两方面：一方面是中国直接进口最终产品拉动的各部门碳排放变化；另一方面是中国间接进口最终产品拉动的各部门碳排放变化。

表 3-8　中国最终需求拉动其他国家各部门碳排放

部门	中国直接进口最终产品拉动的各部门碳排放（百万吨）				中国间接进口最终产品拉动的各部门碳排放（百万吨）			
	1995 年	2005 年	2014 年	变化	1995 年	2005 年	2014 年	变化
农林牧渔	0.51	1.01	3.80	3.29	1.80	4.54	13.26	11.46
采矿	0.36	1.02	4.00	3.64	5.13	28.63	84.14	79.01
食品	0.26	0.60	1.89	1.63	0.24	0.72	1.74	1.50
纺织皮革	0.41	0.35	1.20	0.79	1.20	1.48	1.93	0.73
木材	0.02	0.06	0.16	0.14	0.21	0.40	1.20	0.99
印刷	0.17	0.30	0.48	0.31	1.13	2.23	2.28	1.15
化石能源	0.48	0.97	4.95	4.47	4.27	14.65	30.91	26.64
化学产品	1.28	3.50	9.68	8.40	10.15	31.42	57.63	47.48
塑料橡胶	0.70	2.11	5.33	4.63	1.90	7.41	22.22	20.32
其他非金属矿产	0.84	2.04	8.49	7.65	1.89	13.63	56.97	55.08
金属冶炼	3.39	5.24	15.82	12.43	15.17	45.32	93.50	78.33
光电设备	0.89	3.31	7.80	6.91	1.31	7.12	18.79	17.48
机械	0.71	0.85	1.68	0.97	0.28	1.10	2.50	2.22
运输设备	0.16	0.37	1.35	1.19	0.17	0.57	0.96	0.79
其他制造业	0.18	0.88	12.04	11.86	0.42	2.35	41.70	41.28
电气水供应	5.48	12.39	81.92	76.44	20.63	79.47	460.55	439.92
建筑	0.09	0.09	0.23	0.14	0.08	0.29	1.00	0.92
其他服务业	0.88	1.79	7.57	6.69	2.40	7.79	19.52	17.12
运输服务业	1.43	3.71	17.39	15.96	6.30	23.99	84.46	78.16

从两部分整体比较来看：一方面，相同年份下中国间接进口拉动的碳排放除少数部门外均要大于直接进口拉动的碳排放；另一方面，相同年份下间接进口拉动的碳排放与直接进口拉动的碳排放的差额除少数部门外也呈扩大的趋势。

从各部门比较来看：一方面，中国直接进口与间接进口拉动他国碳排放最大的部门均是电气水供应部门，1995—2014 年分别从 548 万吨拉动到 8192 万吨、从 2063 万吨拉动到 46055 万吨，间接进口拉动碳排放量明显较大；另一方面，直接进口拉动碳排放较大的部门为金属冶炼、运输服务业、化学产品、光电设备，间接进口拉动碳排放较大的部门为金属冶炼、化学产品、采矿、运输服务业，两者主要集中在重制造业、轻制造业中的采矿与服务业中的运输部门。由此可见，中国间接进口拉动碳排放较多且主要集中在能源与制造业领域。

三、中国生产侧与需求侧碳排放对比分析

根据以上两部分对中国生产侧与需求侧碳排放的分析可知，一方面，中国生产侧碳排放（EP）包含两大部分：中国最终需求拉动的自身总产出碳排放（ES）、其他国家最终需求拉动的中国总产出碳排放（EO）；另一方面，中国需求侧碳排放（ED）包含两大部分：中国最终需求拉动的自身总产出碳排放（ES）、中国最终需求拉动的其他国家总产出碳排放（EI）。中国生产侧与需求侧之间的差额用公式表示为

$$EP - ED = （ES + EO） - （ES + EI） = EO - EI \qquad (3-12)$$

即表示中国出口碳排放与进口碳排放的差额。本部分主要从二者的差额角度，即从进出口碳排放差额方面比较并分析中国生产侧与需求侧的出口碳排放与进口碳排放的规模变化、国家分布、部门结构等。

（一）中国进出口碳排放总体分析

图 3-12 反映了 1995—2014 年中国净出口各国碳排放累积变化趋势。

从图 3-12 中可以发现：①从净出口总量上看，中国进出口碳排放为正值且数量庞大，表明中国在世界贸易碳排放中属于净出口一方，每年为满足他国的最终需求拉动了自身大量碳排放生产，进入 2001 年后中国净出口拉动的碳排放迅速增加，至 2007 年达到本研究范围的最高点，即从 1995 年的48600 万吨增加至 2007 年最高点的 134100 万吨，增长了近两倍。2008 年以后，虽然受世界经济危机的影响，贸易额下降，出口拉动的自身碳排放也出现了下降，但依然可以看到出口对拉动中国碳排放起到了重要作用。②从净出口国家上看，中国历年净出口碳排放最多的国家为美国、欧盟、日本，且占比较大。③相较于其他国家，中国处于净出口位置，而相较于俄罗斯、中

国台湾地区,中国则处于净进口的位置,进入 2012 年以后中国相较于非测算
其他国家处于碳排放净进口一方。

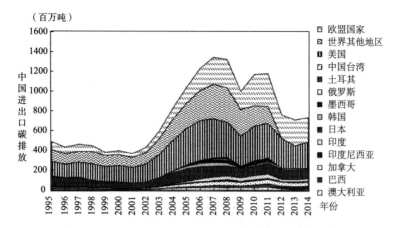

图 3 - 12 1995—2014 年中国净出口碳排放主要国家(或地区)累积变化趋势

(二)中国进出口碳排放部门分析

图 3 - 13 反映了 1995—2014 年中国净出口拉动中国各部门的碳排放累积
变化情况。

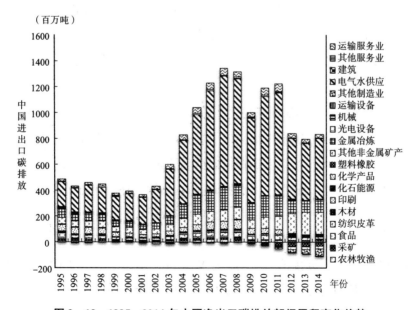

图 3 - 13 1995—2014 年中国净出口碳排放部门累积变化趋势

通过图 3 – 13 可以看到：一方面，中国净出口碳排放最多的部门为电气水供应部门，从 1995 年的 19000 万吨增加至 2007 年的最高点 84900 万吨，增长了近 4 倍，之后开始下降，至 2014 年下降为 46800 万吨；另一方面，拉动中国净出口碳排放较多的部门为金属冶炼、化学产品、运输服务业、其他非金属矿产，其中前三个部门在 1995—2014 年整体呈现先增加后减少的趋势，其他非金属矿产则呈现较大的增幅，从 4790 万吨增加至 17050 万吨。

第四节　研究结论

一、中国生产侧碳排放研究

对中国生产侧碳排放的研究，主要有以下三个方面。

（一）中国自身各部门碳排放系数方面

从中国自身各部门碳排放系数方面来看，中国各部门的直接碳排放系数表现出递减的趋势，且递减速率逐渐放缓，反映了中国的经济技术水平逐年提高并达到了逐渐稳定的阶段，其中碳排放系数较大的部门为电气水供应、其他非金属矿产、金属冶炼、采矿、化石能源、化学产品等，主要集中在能源工业与重制造业部门。

（二）满足自身及其他国家方面

从满足自身及其他国家方面来看，中国自身需求拉动的碳排放占70% ~ 80%，另20% ~30%为满足其他国家最终需求而拉动，可见中国生产侧碳排放被其他国家拉动占比较大，其中拉动占比较高的国家为美国、日本、欧盟国家，其次为印度、韩国、加拿大，除印度外均为发达国家。从碳排放流出方面来看，可以看到中国主要流出方已由发达国家转向其他发展中国家。从自身拉动方面来看，直接消费拉动的碳排放占绝大部分，间接消费虽然较少但也呈逐年增长的趋势。从其他国家拉动方面来看，出口中间产品与最终产品拉动的碳排放均呈逐年增长的趋势，其中，中间产品出口拉动的碳排放量要高于最终产品，表明中国初级产品出口较多，资源性产品消耗较大，不利于中国碳减排的实施。

（三）各部门层面

从各部门层面来看，中国各部门碳排放均有不同程度增长，其中占比最大、增长量最多的为电气水供应部门，其次为其他非金属矿产、金属冶炼及运输服务业部门，此外，也有出现碳排放逆增长的部门，如纺织皮革、印刷、化学产品、塑料橡胶、光电设备、机械以及其他制造业部门。

二、中国需求侧碳排放研究

对中国需求侧碳排放的研究，主要有以下三个方面。

（一）主要国家碳排放系数方面

美国、日本等发达国家与印度、俄罗斯相比，经济技术效率较高，碳排放系数普遍较低。

（二）国家层面

1995—2014 年中国间接进口拉动的碳排放呈增长趋势，直接进口拉动的碳排放在三大部分中占比最小，呈增长趋势。从拉动各国碳排放来看，碳排放总量呈增长趋势且速度较快，2012 年以后趋于稳定，其中拉动量较大的国家（或地区）为美国、日本、韩国、俄罗斯、欧盟国家以及中国台湾地区，占比均在 10% 左右。

（三）部门层面

中国对电气水供应部门拉动的碳排放最大，其次为其他非金属矿产、金属冶炼、运输服务业、采矿部门。

三、中国生产侧与需求侧碳排放对比

对中国生产侧与需求侧碳排放的对比，主要从两者之间的差额做了分析。通过对中国碳排放的净出口的分析可得出以下几点结论：第一，自 2001 年起出现了快速增长，至 2007 年达到本研究范围的最高点，之后出现了下降。第二，主要碳排放净出口国家为美国、欧盟国家、日本，对俄罗斯、中国台湾地区则处于净进口的位置。第三，碳排放净出口最多的部门为电气水供应，占比从40%增长到65%，其次为金属冶炼、化学产品、运输服务业、其他非金属矿产。

本章参考文献

［1］ Du H, Guo J, Mao G, et al. CO_2 emissions embodied in China – US trade：Input – output analysis based on the emergy/dollar ratio ［J］. Energy Policy, 2011, 39 (10)：5980 – 5987.

［2］ Guo J, Zou L – L, Wei Y – M. Impact of inter – sectoral trade on national and global CO_2 emissions：An empirical analysis of China and US ［J］. Energy Policy, 2010, 38 (3)：1389 – 1397.

［3］ Guo J, Zhang Z, Meng L. China's provincial CO_2 emissions embodied in international and interprovincial trade ［J］. Energy Policy, 2012 (42)：486 – 497.

［4］ Jiang X, Guan D, Zhang J, et al. Firm ownership, China's export related emissions, and the responsibility issue ［J］. Energy Economics, 2015 (51)：466 – 474.

［5］ Lin B, Sun C. Evaluating carbon dioxide emissions in international trade of China ［J］. Energy Policy, 2010, 38 (1)：613 – 621.

［6］ Liu Ho, Xi Y, Guo J, et al. Energy embodied in the international trade of China：An energy input – output analysis ［J］. Energy Policy, 2010, 38 (8)：3957 – 3964.

［7］ Liu H, Liu W, Fan X, et al. Carbon emissions embodied in demand – supply chains in China ［J］. Energy Economics, 2015 (50)：294 – 305.

［8］ Liu X, Ishikawa M, Wang C, et al. Analyses of CO_2 emissions embodied in Japan – China trade ［J］. Energy Policy, 2010, 38 (3)：1510 – 1518.

［9］ Liu Z Y, Mao X Q, Tang W, et al. An assessment of China – Japan – Korea Free Trade Agreement's economic and environmental impacts on China ［J］.

Frontiers of Environmental Science & Engineering, 2012 (6): 849 – 859.

[10] Su B, Ang B W. Multi – region comparisons of emission performance: The structural decomposition analysis approach [J]. Ecological Indicators, 2016 (67): 78 – 87.

[11] Weber C L, Peters G P, Guan D, et al. The contribution of Chinese exports to climate change [J]. Energy Policy, 2008, 36 (9): 3572 – 3577.

[12] Xu M, Li R, Crittenden J C, et al. CO_2 emissions embodied in China's exports from 2002 to 2008: A structural decomposition analysis [J]. Energy Policy, 2011, 39 (11): 7381 – 7388.

[13] Xu Y, Dietzenbacher E. A structural decomposition analysis of the emissions embodied in trade [J]. Ecological Economics, 2014 (101): 10 – 20.

[14] Yan Y, Yang L. China's foreign trade and climate change: A case study of CO_2 emissions [J]. Energy Policy, 2010, 38 (1): 350 – 356.

[15] 陈红蕾, 翟婷婷. 中澳贸易隐含碳排放的测算及失衡度分析 [J]. 国际经贸探索, 2013 (7): 2.

[16] 邓荣荣. 中国对外贸易的隐含碳排放: 南北贸易与南南贸易的对比研究 [D]. 武汉: 华中科技大学, 2014.

[17] 郭朝先. 中国二氧化碳排放增长因素分析——基于 SDA 分解技术 [J]. 中国工业经济, 2010 (12): 47 – 56.

[18] 胡剑波, 郭风. 中国进出口产品部门隐含碳排放测算——基于 2002—2012 年非竞争型投入产出数据的分析 [J]. 商业研究, 2017 (5): 49 – 57.

[19] 李艳梅, 付加锋. 中国出口贸易中隐含碳排放增长的结构分解分析 [J]. 中国人口·资源与环境, 2010 (8): 53 – 57.

[20] 刘卫东, 吴臻, 黄锦华, 等. 我国隐含碳排放量再核算 [J]. 中国地质大学学报 (社会科学版), 2016 (2): 5.

[21] 刘红光, 刘卫东, 唐志鹏, 等. 中国区域产业结构调整的 CO_2 减排效果分析——基于区域间投入产出表的分析 [J]. 地域研究与开发, 2010

（3）：129－135.

[22] 孟彦菊，成蓉华，黑韶敏. 碳排放的结构影响与效应分解 [J]. 统计研究，2013（4）：76－83.

[23] 齐玮，侯宇硕. 中国农产品进出口贸易隐含碳排放的测算与分解 [J]. 经济经纬，2017（2）：74－79.

[24] 王菲，李娟. 中国对日本出口贸易中的隐含碳排放及结构分解分析 [J]. 经济经纬，2012（4）：61－65.

[25] 肖雁飞，廖双红. 中国区域间贸易隐含碳排放转移空间特征研究 [J]. 湖南科技大学学报（自然科学版），2017（1）：120－126.

[26] 张友国. 中国贸易含碳量及其影响因素——基于（进口）非竞争型投入产出表的分析 [J]. 经济学（季刊），2010（4）：1287－1310.

第四章　基于投入产出方法的
国际碳排放转移研究

　　投入产出方法已被广泛运用于国际贸易导致的碳转移。本章在分析我国生产侧和消费侧碳排放的基础上，分析影响生产侧和消费侧碳排放变化的因素，再从省级层面分析出口导致的碳排放转移，最后分析我国融入全球价值链分工的碳排放和增加值收益的趋势与特征。

第一节　中国生产侧与消费侧碳排放变化及影响因素

一、研究背景

　　近几十年来，排放到大气中的大量温室气体，如二氧化碳，被认为是全球气候变化的主要原因。改革开放以来，中国经济发展取得了巨大成就。1978—2007 年，中国的年均经济增长率约为 10%（国家统计局，2018）。与此同时，中国的二氧化碳排放量在同一时期也迅速增加（Minx et al.，2011；Davis et al.，2013；Davis and Socolow，2014；Wei et al.，2015；Zhang et al.，2017；Wu et al.，2018）。

　　然而，中国经济受到了 2008 年全球金融危机的深刻影响。例如，2008 年国际金融危机后，中国进出口增长率大幅下降（Davis and Diffenbaugh，2016）。为了应对全球金融危机的影响，确保经济稳定发展，中国政府启动了刺激经济的"四万亿"计划。该计划的重点是建筑和固定资产，如高铁、公路和机场等基础设施建设。"四万亿"计划削弱了全球金融危机的影响，推动了中国经济复苏。然而，它无法恢复到危机前的快速增长，同时，刺激计划还带来了产能过剩等困难。2012 年以来，中国经济发展进入了一个新阶段，发展模式发生了重大变化。也就是说，经济扩张已经从高速转变为中速。

为此，中国积极推进供给侧结构性改革，旨在化解钢铁、煤炭和水泥行业的过剩产能。同时，积极推进经济结构优化升级，推动经济增长由投资驱动向创新驱动转变。更重要的是，中国高度重视低碳和可持续经济发展。习近平总书记多次强调，"绿水青山就是金山银山"，在 2015 年《联合国气候变化框架公约》（UNFCCC）巴黎气候变化大会上，中国提出单位 GDP 排放量将比 2005 年减少60% ~65%，中国的排放量将在 2030 年达到峰值（Li and Ma，2018）。

总之，中国正在努力通过提高效率水平、改变经济结构和清理能源结构来稳定经济增长，同时减少排放（Green and Stern，2015），中国生产和消费结构也随之发生变化（Lemoine and Unal，2017）。这就引发了一系列问题：中国生产侧和消费侧碳排放有没有新的变化？哪些因素会影响中国排放量的变化？

在本研究中，我们通过使用 2000—2014 年世界投入产出数据，对中国生产侧和消费侧碳排放进行分析，并利用结构分解方法（SDA）对中国生产侧和消费侧碳排放变化影响因素进行分解分析。

二、研究方法与数据来源

（一）研究方法

由 G 个国家（每个国家有 N 个部门）组成的 MRIO 模型可以表示为

$$
\begin{bmatrix} x^1 \\ x^2 \\ \vdots \\ x^G \end{bmatrix} = \begin{bmatrix} A^{11} & A^{12} & \cdots & A^{1G} \\ A^{21} & A^{22} & \cdots & A^{2G} \\ \vdots & \vdots & \ddots & \vdots \\ A^{G1} & A^{G2} & \cdots & A^{GG} \end{bmatrix} \begin{bmatrix} x^1 \\ x^2 \\ \vdots \\ x^G \end{bmatrix} + \begin{bmatrix} y^{11} + \sum_{i \neq 1} y^{1i} \\ y^{22} + \sum_{i \neq 2} y^{2i} \\ \vdots \\ y^{GG} + \sum_{i \neq G} y^{Gi} \end{bmatrix} \qquad (4-1)
$$

式（4-1）可以简写成

$$
X^w = A^w X^w + Y^w \qquad (4-2)
$$

式（4 - 2）可以进一步写成

$$X^w = (I - A^w)^w Y^w \qquad (4 - 3)$$

其中，$X^w = [x_1, x_2, \cdots, x_G]'$，$x_i$ 是国家 i 的产出向量（$1 \times N$）。A^w 是世界直接消耗系数矩阵（$GN \times GN$）。A^w 对角线上的矩阵 A^{ii}（$N \times N$）为国家 i 内部各部门间的相互直接消耗系数，A^w 非对角线上的矩阵为不同国家之间的相互直接消耗系数。Y^w 为世界最终需求矩阵（$GN \times 1$），最终需求报告居民消费、政府消费、非政府组织消费、固定资本形成和存货变动。Y^{ij}（$N \times 1$）表示国家 i 向国家 j 提供的最终产品。

f^s 表示国家 s 的碳排放强度的行向量（$1 \times N$），向量各元素表示国家 s 的各部门单位产出碳排放量。F^w 为世界碳排放强度行向量（$1 \times GN$），$F^w = [f^1, f^2, \cdots, f^G]$。则，根据生产碳排放的定义，国家 s 的生产侧碳排放核算公式为

$$PBE^s = F^s X^s = F^{*s} B^w Y^w \qquad (4 - 4)$$

其中，F^{*s} 表示只包含国家 s 的碳排放量，其他元素为 0，即 $F^{*s} = [0, f^s, \cdots, 0]$。$B^w$ 为世界列昂惕夫逆矩阵，$B^w = (I - A^w)^{-1}$。

根据式（4 - 1），可得

$$X^s = A^{ss} X^s + \sum_{s \neq r}^{G} A^{sr} X^r + Y^{ss} + \sum_{s \neq r}^{G} Y^{sr} = A^{ss} X^s + Y^{ss} + \sum_{s \neq r}^{G} E^{sr} =$$
$$A^{ss} X^s + Y^{ss} + E^{s*} \qquad (4 - 5)$$

其中，E^{s*} 表示国家 s 的出口总额。由式（4 - 5）可以得到：

$$X^s = (I - A^{ss})^{-1} Y^{ss} + (I - A^{ss})^{-1} E^{s*} \qquad (4 - 6)$$

进一步将出口总额分解为最终产品出口和中间产品出口，则：

$$(I - A^{ss})^{-1} E^{s*} = (I - A^{ss})^{-1} \left(\sum_{r \neq s}^{G} Y^{sr} + \sum_{r \neq s}^{G} A^{sr} X^r \right) =$$

$$\sum_{r \neq s}^{G} B^{sr} Y^{rs} + \sum_{r \neq s}^{G} B^{sr} A^{rs} (I - A^{ss})^{-1} Y^{sr} + \sum_{r \neq s}^{G} B^{ss} Y^{sr} + \sum_{r \neq s}^{G} B^{sr} Y^{rr} + \sum_{r \neq s}^{G} B^{sr} \sum_{t \neq s,r}^{G} Y^{rt}$$
$$(4 - 7)$$

将式（4 - 7）代入式（4 - 6）中，同时两边乘以直接碳排放系数矩阵，可得到：

$$PBE^s = F^{*s} B^w Y^w = F^s L^{ss} Y^{ss} + F^s L^{ss} \sum_{r \neq s}^{G} A^{sr} \sum_{t}^{G} B^{rt} Y^{ts} +$$

$$F^s \sum_{r \neq s}^{G} B^{ss} Y^{sr} + F^s \sum_{r \neq s}^{G} B^{sr} Y^{rr} + F^s \sum_{r \neq s}^{G} B^{sr} \sum_{t \neq s,r}^{G} Y^{rt} \tag{4-8}$$

这里，$L^{ss} = (I - A^{ss})^{-1}$ 表示本地列昂惕夫逆矩阵。

根据式（4-8），s 国基于生产侧二氧化碳排放量可分解为 5 项。式（4-8）右边的第 1 项表示 s 国国内生产和消费的最终产品导致二氧化碳排放量。第 2 项表示 s 国最终产品和中间产品进口中隐含的二氧化碳排放量。第 1 项和第 2 项的总和是 s 国为满足国内最终需求而导致的二氧化碳排放量。第 3 项表示 s 国最终产品出口中隐含的二氧化碳排放量。第 4 项表示该国向进口国出口中间产品，并生产最终产品且进口消费隐含的二氧化碳排放量。第 5 项表示 s 国向进口国出口中间产品、在进口国加工并向第三国出口最终产品，第三国最终消费隐含的二氧化碳排放量。第 3 项、第 4 项和第 5 项之和是 s 国为满足国外最终需求而导致的二氧化碳排放量，其中，第 4 项和第 5 项是通过中间产品出口隐含的二氧化碳排放量。

根据生产侧碳排放分解公式，可以得到核算国家 r 为满足其最终需求而出口的碳排放公式：

$$E^{sr} = F^s B^{ss} Y^{sr} + F^s \sum_{t \neq s}^{G} B^{st} Y^{tr} \tag{4-9}$$

与生产碳排放不同，国家 s 的消费碳排放为满足其最终需求在全球造成的碳排放，用公式表示为

$$CBE^s = F^w B^w Y^s \tag{4-10}$$

消费侧碳排放可以根据其来源分为由本国提供的碳排放和由国外提供的碳排放。分解公式可以表示为

$$CBE^s = F^s L^{ss} Y^{ss} + F^s L^{ss} \sum_{r \neq s}^{G} A^{sr} \sum_{t}^{G} B^{rt} Y^{ts} + \sum_{r \neq s}^{G} F^r B^{rr} Y^{rs} + \sum_{r \neq s}^{G} \sum_{t \neq r}^{G} (F^r B^{rt} Y^{ts}) \tag{4-11}$$

式（4-11）右边第 1 项和第 2 项为最终需求导致的国内排放，第 3 项和第 4 项为国家 s 的最终需求导致的国外排放。其中，第 3 项为 s 国直接进口导

致的国外碳排放，第 4 项为间接进口导致的国外碳排放。

在核算基于生产侧和消费侧的二氧化碳排放量的基础上，可以核算出 s 国净出口排放量，即

$$T^s = PBE^s - CBE^s$$

为进行结构分解，将世界最终需求向量写成 $Y^w = Y^h + Y^l + Y^s$，其中，Y^h 表示世界发达国家最终需求向量，Y^l 表示世界发展中国家最终需求向量，Y^s 是国家 s 的最终需求向量。把国家 s 的最终需求向量 Y^s 进一步表示为 $Y^s = (P^s \# S^s)$ V^s。其中，符号#表示两矩阵对应元素相乘。列向量 P^s （$GN \times 1$） 由 G 个相同的列向量 θ （$N \times 1$） 堆叠而成，θ 的元素是各部门提供的最终产品的份额。因此，P^s 表示国家 s 的最终需求的产品结构。列向量 S^s （$GN \times 1$） 则由 G 个不同的向量 φ^r （$N \times 1$） 堆叠而成，φ^r 的元素 δ^{ri} 表示国家 r 向 s 国提供的最终产品 i 占 s 国对该种产品最终需求量的比重。因此，S^s 反映 s 国消耗的各类最终产品的国家来源情况，标量 V^s 表示 s 国最终需求总量。对 Y^h 和 Y^l 可以进行类似的分解，$Y^w = (P^h \# S^h)$ $V^h + (P^l \# S^l)$ $V^l + (P^s \# S^s)$ V^s。

则，国家 s 的消费碳排放可以表示为

$$CBE^s = F^w B^w (P^s \# S^s) V^s \qquad (4-12)$$

根据式 （4-12），从 $t-1$ 期到 t 期，国家 s 的消费碳排放变化可以表示为

$$\Delta CBE^s = F_t^w B_t^w (P_t^s \# S_t^s) V_t^s - F_{t-1}^w B_{t-1}^w (P_{t-1}^s \# S_{t-1}^s) V_{t-1}^s =$$

$$\Delta F^w L_t^w (P_t^s \# S_t^s) V_t^s + F_{t-1}^w \Delta L^w (P_t^s \# S_t^s) V_t^s + F_{t-1}^w L_{t-1}^w (\Delta P^s \# S_t^s) V_t^s +$$

$$F_{t-1}^w L_{t-1}^w (P_{t-1}^s \# \Delta S^s) V_t^s + F_{t-1}^w L_{t-1}^w (P_{t-1}^s \# S_{t-1}^s) \Delta V^s =$$

$$C (\Delta F^w) + C (\Delta L^w) + C (\Delta P^s) + C (\Delta S^s) + C (\Delta V^s)$$

$$(4-13)$$

根据式 （4-13），国家 s 的消费碳排放变化可以分解为 5 个部分：各国生产碳排放强度变化效应 $C (\Delta F^w)$、世界中间投入结构效应 $C (\Delta L^w)$、国家 s 最终需求的产品结构效应 $C (\Delta P^s)$、国家 s 最终需求产品来源地的变化效应 $C (\Delta S^s)$、国家 s 最终需求的规模效应 $C (\Delta V^s)$。

式 （4-13） 并不是唯一的分解方式，另一种对应的分解方式是

$$\Delta CBE^s = \Delta\ F^w L^w_{t-1}\ \left(P^s_{t-1}\#S^s_{t-1}\right)\ V^s_{t-1} + F^w_t \Delta\ L^w\ \left(P^s_{t-1}\#S^s_{t-1}\right)\ V^s_{t-1} + F^w_t L^w_t$$

$$\left(\Delta\ P^s\#S^s_{t-1}\right)\ V^s_{t-1} + F^w_t L^w_t\ \left(P^s_t\#\Delta\ S^s\right)\ V^s_{t-1} + F^w_t L^w_t\ \left(P^s_t\#S^s_t\right)\ \Delta\ V^s$$

$$(4-14)$$

已有文献主要采用两种对称分解形式的算术平均值来反映各因素的贡献（Munksgaard et al.，2000；Jacobsen，2000）。本部分也采用这样的方法，因此，消费侧碳排放变化可以分解为

$$\Delta CBE^s = \left\{ \underbrace{\left(\frac{1}{2}\right)\ \left[\Delta\ F^w L^w_t\ \left(P^s_t\#S^s_t\right)\ V^s_t + \Delta\ F^w L^w_{t-1}\ \left(P^s_{t-1}\#S^s_{t-1}\right)\ V^s_{t-1}\right]}_{C(\Delta F^w)} \right\} +$$

$$\left\{ \underbrace{\left(\frac{1}{2}\right)\ \left[F^w_{t-1}\Delta\ L^w\ \left(P^s_t\#S^s_t\right)\ V^s_t + F^w_t \Delta\ L^w\ \left(P^s_{t-1}\#S^s_{t-1}\right)\ V^s_{t-1}\right]}_{C(\Delta L^w)} \right\} +$$

$$\left\{ \underbrace{\left(\frac{1}{2}\right)\ \left[F^w_{t-1}L^w_{t-1}\ \left(\Delta\ P^s\#S^s_t\right)\ V^s_t + F^w_t L^w_t\left(\Delta\ P^s\#S^s_{t-1}\right)V^s_{t-1}\right]}_{C(\Delta P^s)} \right\} +$$

$$\left\{ \underbrace{\left(\frac{1}{2}\right)\ \left[F^w_{t-1}L^w_{t-1}\ \left(P^s_{t-1}\#\Delta\ S^s\right)\ V^s_t + F^w_t L^w_t\left(P^s_t\#\Delta\ S^s\right)V^s_{t-1}\right]}_{C(\Delta S^s)} \right\} +$$

$$\left\{ \underbrace{\left(\frac{1}{2}\right)\ \left[F^w_{t-1}L^w_{t-1}\ \left(P^s_{t-1}\#S^s_{t-1}\right)\ \Delta\ V^s + F^w_t L^w_t\ \left(P^s_t\#S^s_t\right)\ \Delta\ V^s\right]}_{C(\Delta V^s)} \right\}$$

$$(4-15)$$

根据 Lin 和 Polenske（1995），可得

$$\Delta\ L^w = L^w_t - L^w_{t-1} = L^w_t \Delta A^w L^w_{t-1} \qquad (4-16)$$

而A^w又可以表达为

$$A^w = A^{ss} + A^{si} + A^w + A^{-ss} + A^{ij} \qquad (4-17)$$

其中，A^{ss}为国家 s 对本国生产部门本国中间投入，为 $GN \times GN$ 矩阵，即在 A^w 中仅保留国家 s 对本国生产部门的中间投入系数，其他中间投入系数为 0。A^{si} 为国家 s 对其他国家 i 的中间投入，即在 A^w 中仅保留国家 s 对其他国家 i 的中间投入系数，其他中间投入系数为 0。A^{-ss} 表示除国家 s 外世界其他国家对本国的中间投入。A^{ij} 反映除国家 s 外世界其他国家生产部门之间的产业关联。

根据式（4-17），可以得到：

$$\Delta A^w = \Delta A^{ss} + \Delta A^{si} + \Delta A^{is} + \Delta A^{-ss} + \Delta A^{ij} \qquad (4-18)$$

此外，$F^w = F^h + F^l + F^s$，其中，F^h 表示各发达国家部门碳排放强度，F^l 表示各发展中国家部门碳排放强度。

$$\Delta F^w = \Delta F^h + \Delta F^l + \Delta F^s \qquad (4-19)$$

将式（4-16）、式（4-18）和式（4-19）代入式（4-15），则可以得到国家 s 的消费侧碳排放分解 11 项（见表 4-1）的表达式：

$$
\begin{aligned}
\Delta Z_s^{CBE} = & \left\{ \left(\frac{1}{2}\right) \left[\Delta f^s L_t^w \ (P_t^s \# S_t^s) \ V_t^s + \Delta f^s L_{t-1}^w \ (P_{t-1}^s \# S_{t-1}^s) \ V_{t-1}^s \right] \right\} + \\
& \left\{ \left(\frac{1}{2}\right) \left[\Delta f^h L_t^w \ (P_t^s \# S_t^s) \ V_t^s + \Delta f^h L_{t-1}^w \ (P_{t-1}^s \# S_{t-1}^s) \ V_{t-1}^s \right] \right\} + \\
& \left\{ \left(\frac{1}{2}\right) \left[\Delta f^l L_t^w \ (P_t^s \# S_t^s) \ V_t^s + \Delta f^l L_{t-1}^w \ (P_{t-1}^s \# S_{t-1}^s) \ V_{t-1}^s \right] \right\} + \\
& \left\{ \left(\frac{1}{2}\right) \left[f_{t-1}^s L_t^w \Delta A_{sd} L_{t-1}^w \ (P_t^s \# S_t^s) \ V_t^s + f_t^s L_t^w \Delta A_{sd} L_{t-1}^w \ (P_{t-1}^s \# S_{t-1}^s) \ V_{t-1}^s \right] \right\} + \\
& \left\{ \left(\frac{1}{2}\right) \left[f_{t-1}^s L_t^w \Delta A_{si} L_{t-1}^w \ (P_t^s \# S_t^s) \ V_t^s + f_t^s L_t^w \Delta A_{si} L_{t-1}^w \ (P_{t-1}^s \# S_{t-1}^s) \ V_{t-1}^s \right] \right\} + \\
& \left\{ \left(\frac{1}{2}\right) \left[f_{t-1}^s L_t^w \Delta A_{is} L_{t-1}^w \ (P_t^s \# S_t^s) \ V_t^s + f_t^s L_t^w \Delta A_{is} L_{t-1}^w \ (P_{t-1}^s \# S_{t-1}^s) \ V_{t-1}^s \right] \right\} + \\
& \left\{ \left(\frac{1}{2}\right) \left[f_{t-1}^s L_t^w \Delta A_{-sd} L_{t-1}^w \ (P_t^s \# S_t^s) \ V_t^s + f_t^s L_t^w \Delta A_{-sd} L_{t-1}^w \ (P_{t-1}^s \# S_{t-1}^s) \ V_{t-1}^s \right] \right\} + \\
& \left\{ \left(\frac{1}{2}\right) \left[L_t^w \Delta A_{ij} L_{t-1}^w \ (P_t^s \# S_t^s) \ V_t^s + f_t^s L_t^w \Delta A_{ij} L_{t-1}^w \ (P_{t-1}^s \# S_{t-1}^s) \ V_{t-1}^s \right] \right\} + \\
& \left\{ \left(\frac{1}{2}\right) \left[f_{t-1}^s L_{t-1}^w \ (\Delta P^s \# S_t^s) \ V_t^s + f_t^s L_t^w \ (\Delta P^s \# S_{t-1}^s) \ V_{t-1}^s \right] \right\} + \\
& \left\{ \left(\frac{1}{2}\right) \left[f_{t-1}^s L_{t-1}^w \ (P_{t-1}^s \# \Delta S^s) \ V_t^s + f_t^s L_t^w \ (P_t^s \# \Delta S^s) \ V_{t-1}^s \right] \right\} + \\
& \left\{ \left(\frac{1}{2}\right) \left[f_{t-1}^s L_{t-1}^w \ (P_{t-1}^s \# S_{t-1}^s) \ \Delta V^s + f_t^s L_t^w \ (P_t^s \# S_t^s) \ \Delta V^s \right] \right\} \\
= & \Delta f^s + \Delta f^h + \Delta f^l + \Delta A^{ss} + \Delta A^{si} + \Delta A^{is} + \Delta A^{-ss} + \Delta A^{ij} + \Delta P^s + \Delta S^s + \Delta V^s
\end{aligned}
$$

$$(4-20)$$

表 4 − 1　国家 s 的消费侧碳排放变化结构分解

分解项	含义
$C\left(\Delta f^{s}\right)$	国家 s 碳排放强度变化效应
$C\left(\Delta f^{h}\right)$	发达国家碳排放强度变化效应
$C\left(\Delta f^{l}\right)$	发展中国家碳排放强度变化效应
$C\left(\Delta A^{ss}\right)$	国家 s 国内中间投入变化效应
$C\left(\Delta A^{si}\right)$	国家 s 对其他国家的中间投入变化效应
$C\left(\Delta A^{is}\right)$	其他国家对国家 s 的中间投入变化效应
$C\left(\Delta A^{-ss}\right)$	除国家 s 外其他国家国内中间投入变化效应
$C\left(\Delta A^{ij}\right)$	除国家 s 外其他国家间中间投入变化效应
$C\left(\Delta P^{s}\right)$	国家 s 的最终需求产品结构变化效应
$C\left(\Delta S^{s}\right)$	国家 s 的最终需求产品来源地结构变化效应
$C\left(\Delta V^{s}\right)$	国家 s 的最终需求产品规模变化效应

和对消费侧碳排放变化结构分解相类似，生产侧碳排放变化可以分解为 15 项（见表 4 − 2）。

$$\Delta Z_{s}^{PBE} = \left\{ \begin{array}{l} \left(\dfrac{1}{2}\right)\left[\Delta f^{s}L_{t}^{w}\left(P_{t}^{s}\#S_{t}^{s}\right)\ V_{t}^{s} + \Delta f^{s}L_{t-1}^{w}\left(P_{t-1}^{s}\#S_{t-1}^{s}\right)\ V_{t-1}^{s}\right] \\[2mm] + \left(\dfrac{1}{2}\right)\left[\Delta f^{s}L_{t}^{w}\left(P_{t}^{h}\#S_{t}^{h}\right)\ V_{t}^{h} + \Delta f^{s}L_{t-1}^{w}\left(P_{t-1}^{h}\#S_{t-1}^{h}\right)\ V_{t-1}^{h}\right] \\[2mm] + \left(\dfrac{1}{2}\right)\left[\Delta f^{s}L_{t}^{w}\left(P_{t}^{l}\#S_{t}^{l}\right)\ V_{t}^{l} + \Delta f^{s}L_{t-1}^{w}\left(P_{t-1}^{l}\#S_{t-1}^{l}\right)\ V_{t-1}^{l}\right] \end{array} \right\} +$$

$$\left\{ \begin{array}{l} \left(\dfrac{1}{2}\right)\left[f_{t-1}^{s}L_{t}^{w}\Delta A_{sd}L_{t-1}^{w}\left(P_{t}^{s}\#S_{t}^{s}\right)\ V_{t}^{s} + f_{t}^{s}L_{t}^{w}\Delta A_{sd}L_{t-1}^{w}\left(P_{t-1}^{s}\#S_{t-1}^{s}\right)\ V_{t-1}^{s}\right] \\[2mm] + \left(\dfrac{1}{2}\right)\left[f_{t-1}^{s}L_{t}^{w}\Delta A_{sd}L_{t-1}^{w}\left(P_{t}^{h}\#S_{t}^{h}\right)\ V_{t}^{h} + f_{t}^{s}L_{t}^{w}\Delta A_{sd}L_{t-1}^{w}\left(P_{t-1}^{h}\#S_{t-1}^{h}\right)\ V_{t-1}^{h}\right] \\[2mm] + \left(\dfrac{1}{2}\right)\left[f_{t-1}^{s}L_{t}^{w}\Delta A_{sd}L_{t-1}^{w}\left(P_{t}^{l}\#S_{t}^{l}\right)\ V_{t}^{l} + f_{t}^{s}L_{t}^{w}\Delta A_{Cd}L_{t-1}^{w}\left(P_{t-1}^{l}\#S_{t-1}^{l}\right)\ V_{t-1}^{l}\right] \end{array} \right\} +$$

$$\begin{cases} \left(\dfrac{1}{2}\right) \, [f^s_{t-1} L^w_t \Delta A_{si} L^w_{t-1} \ (P^s_t \# S^s_t) \ V^s_t + f^s_t L^w_t \Delta A_{si} L^w_{t-1} \ (P^s_{t-1} \# S^s_{t-1}) \ V^s_{t-1}] \\[2mm] + \left(\dfrac{1}{2}\right) \, [f^s_{t-1} L^w_t \Delta A_{si} L^w_{t-1} \ (P^s_t \# S^s_t) \ V^s_t + f^s_t L^w_t \Delta A_{si} L^w_{t-1} \ (P^s_{t-1} \# S^s_{t-1}) \ V^s_{t-1}] \\[2mm] + \left(\dfrac{1}{2}\right) \, [f^s_{t-1} L^w_t \Delta A_{si} L^w_{t-1} \ (P^s_t \# S^s_t) \ V^s_t + f^s_t L^w_t \Delta A_{si} L^w_{t-1} \ (P^s_{t-1} \# S^s_{t-1}) \ V^s_{t-1}] \end{cases} +$$

$$\begin{cases} \left(\dfrac{1}{2}\right) \, [f^s_{t-1} L^w_t \Delta A_{is} L^w_{t-1} \ (P^s_t \# S^s_t) \ V^s_t + f^s_t L^w_t \Delta A_{is} L^w_{t-1} \ (P^s_{t-1} \# S^s_{t-1}) \ V^s_{t-1}] \\[2mm] \left(\dfrac{1}{2}\right) \, [f^s_{t-1} L^w_t \Delta A_{is} L^w_{t-1} \ (P^h_t \# S^h_t) \ V^h_t + f^s_t L^w_t \Delta A_{is} L^w_{t-1} \ (P^h_{t-1} \# S^h_{t-1}) \ V^h_{t-1}] \\[2mm] + \left(\dfrac{1}{2}\right) \, [f^s_{t-1} L^w_t \Delta A_{is} L^w_{t-1} \ (P^l_t \# S^l_t) \ V^l_t + f^s_t L^w_t \Delta A_{is} L^w_{t-1} \ (P^l_{t-1} \# S^l_{t-1}) \ V^l_{t-1}] \end{cases} +$$

$$\begin{cases} \left(\dfrac{1}{2}\right) \, [f^s_{t-1} L^w_t \Delta A_{-sd} L^w_{t-1} \ (P^s_t \# S^s_t) \ V^s_t + f^s_t L^w_t \Delta A_{-sd} L^w_{t-1} \ (P^s_{t-1} \# S^s_{t-1}) \ V^s_{t-1}] \\[2mm] + \left(\dfrac{1}{2}\right) \, [f^s_{t-1} L^w_t \Delta A_{-sd} L^w_{t-1} \ (P^h_t \# S^h_t) \ V^h_t + f^s_t L^w_t \Delta A_{-sd} L^w_{t-1} \ (P^h_{t-1} \# S^h_{t-1}) \ V^h_{t-1}] \\[2mm] + \left(\dfrac{1}{2}\right) \, [f^s_{t-1} L^w_t \Delta A_{-sd} L^w_{t-1} \ (P^l_t \# S^l_t) \ V^l_t + f^s_t L^w_t \Delta A_{-sd} L^w_{t-1} \ (P^l_{t-1} \# S^l_{t-1}) \ V^l_{t-1}] \end{cases} +$$

$$\begin{cases} \left(\dfrac{1}{2}\right) \, [f^s_{t-1} L^w_t \Delta A_{ij} L^w_{t-1} \ (P^s_t \# S^s_t) \ V^s_t + f^s_t L^w_t \Delta A_{ij} L^w_{t-1} \ (P^s_{t-1} \# S^s_{t-1}) \ V^s_{t-1}] \\[2mm] \left(\dfrac{1}{2}\right) \, [f^s_{t-1} L^w_t \Delta A_{ij} L^w_{t-1} \ (P^h_t \# S^h_t) \ V^h_t + f^s_t L^w_t \Delta A_{ij} L^w_{t-1} \ (P^h_{t-1} \# S^h_{t-1}) \ V^h_{t-1}] \\[2mm] \left(\dfrac{1}{2}\right) \, [f^s_{t-1} L^w_t \Delta A_{ij} L^w_{t-1} \ (P^l_t \# s^l_t) \ V^l_t + f^s_t L^w_t \Delta A_{ij} L^w_{t-1} \ (P^l_{t-1} \# S^l_{t-1}) \ V^l_{t-1}] \end{cases} +$$

$$\left\{ \left(\dfrac{1}{2}\right) \, [f^s_{t-1} L^w_{t-1} \ (\Delta P^s \# S^s_t) \ V^s_t + f^s_t L^w_t \ (\Delta P^s \# S^s_{t-1}) \ V^s_{t-1}] \right\} +$$

$$\left\{ \left(\dfrac{1}{2}\right) \, [f^s_{t-1} L^w_{t-1} \ (P^s_{t-1} \# \Delta S^s) \ V^s_t + f^s_t L^w_t \ (P^s_t \# \Delta S^s) \ V^s_{t-1}] \right\} +$$

$$\left\{ \left(\dfrac{1}{2}\right) \, [f^s_{t-1} L^w_{t-1} \ (P^s_{t-1} \# S^s_{t-1}) \ \Delta V^s + f^s_t L^w_t \ (P^s_t \# S^s_t) \ \Delta V^s] \right\} +$$

$$\left\{ \left(\dfrac{1}{2}\right) \, [f^s_{t-1} L^w_{t-1} \ (\Delta P^h \# S^h_t) \ V^h_t + f^c_t L^w_t \ (\Delta P^h \# S^h_{t-1}) \ V^h_{t-1}] \right\} +$$

$$\left\{ \left(\dfrac{1}{2}\right) \, [f^s_{t-1} L^w_{t-1} \ (P^h_{t-1} \# \Delta S^h) \ V^h_t + f^s_t L^w_t \ (P^h_t \# \Delta S^h) \ V^h_{t-1}] \right\} +$$

$$\left\{\left(\frac{1}{2}\right)\left[f^s_{t-1}L^w_{t-1}\ (P^h_{t-1}\#S^h_{t-1})\ \Delta V^h + f^s_t L^w_t\ (P^h_t \# S^h_t)\ \Delta V^h\right]\right\}+$$

$$\left\{\left(\frac{1}{2}\right)\left[f^s_{t-1}L^w_{t-1}\ (\Delta P^h \# S^l_t)\ V^l_t + f^s_t L^w_t\ (\Delta P^l \# S^l_{t-1})\ V^l_{t-1}\right]\right\}+$$

$$\left\{\left(\frac{1}{2}\right)\left[f^s_{t-1}L^w_{t-1}\ (P^l_{t-1}\#\Delta S^l)\ V^l_t + f^s_t L^w_t\ (P^l_t\#\Delta S^l)\ V^l_{t-1}\right]\right\}+$$

$$\left\{\left(\frac{1}{2}\right)\left[f^s_{t-1}L^w_{t-1}\ (P^l_{t-1}\#S^l_{t-1})\ \Delta V^l + f^s_t L^w_t\ (P^l_t\#S^l_t)\ \Delta V^l\right]\right\}$$

$$= \Delta f^s + \Delta A^{ss} + \Delta A^{si} + \Delta A^{is} + \Delta A^{-ss} + \Delta A^{ij} + \Delta P^s + \Delta S^s + \Delta V^s + \Delta P^h + \Delta S^h +$$

$$\Delta V^h + \Delta P^l + \Delta S^l + \Delta V^l \tag{4-21}$$

表4-2 国家 s 的生产侧碳排放变化结构分解

分解项	含义
$C(\Delta f^s)$	国家 s 的碳排放强度变化效应
$C(\Delta A^{ss})$	国家 s 国内中间投入变化效应
$C(\Delta A^{si})$	国家 s 对其他国家的中间投入变化效应
$C(\Delta A^{is})$	其他国家对国家 s 的中间投入变化效应
$C(\Delta A^{-ss})$	除国家 s 外其他国家国内中间投入变化效应
$C(\Delta A^{ij})$	除国家 s 外其他国家间中间投入变化效应
$C(\Delta P^s)$	国家 s 的最终需求产品结构变化效应
$C(\Delta S^s)$	国家 s 的最终需求产品来源地结构变化效应
$C(\Delta V^s)$	国家 s 的最终需求产品规模变化效应
$C(\Delta P^h)$	发达国家最终需求产品结构变化效应
$C(\Delta S^h)$	发达国家最终需求产品来源地结构变化效应
$C(\Delta V^h)$	发达国家最终需求产品规模变化效应
$C(\Delta P^l)$	发展中国家最终需求产品结构变化效应
$C(\Delta S^l)$	发展中国家最终需求产品来源地结构变化效应
$C(\Delta V^l)$	发展中国家最终需求产品规模变化效应

(二) 数据来源

本研究所需的数据包括国家部门层面的 MRIO 表和碳排放清单。目前，可用的主要全球 MRIO 数据库包括 EXIOBASE、EORA、世界投入产出 (WIOD) 和全球贸易分析项目 (GTAP) 数据库。在本研究中，MRIO 数据来源于世界投入产出数据库（WIOD，2016），该数据库包括 43 个地区、世界其他地区（RoW）以及 2000 年至 2014 年每个地区的 56 个部门。我们选择使用WIOD 数据库的主要原因如下：第一，WIOD 数据库是基于可用的官方统计数据建立的，这确保了数据的高质量（Dietzenbacher et al.，2013）。第二，尽管WIOD 数据库只包括 43 个地区，但它包括主要的全球经济体，尤其是中国的主要贸易伙伴。第三，WIOD 数据库提供了一个长时间序列的输入输出表，这有助于结构分解分析。在不受价格变化影响的情况下，对一段时间内的环境和经济数据进行比较是有意义的（Haan，2001；Minx et al.，2011；Su and Ang，2012；Lan et al.，2016）。

在我们开展这项研究时，WIOD 数据库（2016 版本）没有提供二氧化碳排放数据。我们从国际能源署（IEA）获得了 2000 年至 2014 年（IEA，2017）化石燃料（如煤炭、石油和天然气）燃烧产生的二氧化碳排放数据。IEA 数据库提供了碳排放清单，包括 143 个地区和每个地区的 32 个部门。由于 WIOD 和 IEA 的部门之间并不总是存在一对一的匹配，因此需要汇总这两个数据库的部门分类。然而，行业聚合可能不足以产生准确的研究结果。一方面，投入产出表的部门聚集导致投入产出系数矩阵的变化；另一方面，行业聚集也会影响二氧化碳排放强度（Steen‑Olsen et al.，2014）。这意味着，对于几个环境重要的部门，使用汇总表会导致大量信息损失。投入产出表中的聚合问题已被广泛讨论（Lenzen et al.，2004；Weber，2008；Wiedmann et al.，2007；Su et al.，2010；Steen‑Olsen et al.，2014）。例如，Su 等（2010）使用投入产出法，对行业聚集对国际贸易中包含的排放量估计的潜在结构和影响进行了正式研究。Steen‑Olsen 等（2014）将 WIOD、EORA、GTAP 8 和EXIOBASE 数据库中的部门分别汇总为 17 个部门，并分析了部门汇总对二氧化碳乘数的影响。

然而，由于二氧化碳排放数据比投入产出表中的数据更具聚合性，研究者在使用投入产出法进行环境评估时，往往需要聚合部门（Wang et al.，2018；Chen et al.，2019）。在本研究中，已采取以下步骤来完成行业汇总。首先，根据最小化行业分类汇总的原则，我们找到了 WIOD 和 IEA 中的常见行业，如建筑业、采矿和采石业，但没有汇总这些行业。其次，我们根据国际标准行业分类第四次修订版，对 IEA 和 WIOD 中的行业进行匹配。最后，参考 Machado（2000）和 Wang 等（2018），IEA 和 WIOD 的行业分类被合并，以便两个数据库的行业分类保持一致。例如，WIOD 数据库中的作物和动物生产、狩猎和相关服务活动、林业和伐木、渔业和水产养殖被汇总为农业、林业和渔业。IEA 数据库中的农业/林业和渔业部门分类也汇总为农业、林业和渔业。在对区域和部门进行汇总后，每个数据库包括 43 个区域和每个区域的16 个部门（见表 4 - 3 和表 4 - 4）。

表 4 - 3　世界投入产出表中国家/地区

国家/地区代码	国家/地区名称	发达国家	发展中国家
AUS	澳大利亚	√	
AUT	奥地利	√	
BEL	比利时	√	
BGR	保加利亚		√
BRA	巴西		√
CAN	加拿大	√	
CHE	瑞士	√	
CHN	中国		√
CYP	塞浦路斯	√	
CZE	捷克	√	
DEU	德国	√	
DNK	丹麦	√	
ESP	西班牙	√	
EST	爱沙尼亚	√	
FIN	芬兰	√	
FRA	法国	√	
GBR	英国	√	
GRC	希腊	√	
HRV	克罗地亚		√
HUN	匈牙利		√

续表

国家/地区代码	国家/地区名称	发达国家	发展中国家
IDN	印度尼西亚		√
IND	印度		√
IRL	冰岛	√	
ITA	意大利	√	
JPN	日本	√	
KOR	韩国	√	
LTU	立陶宛	√	
LUX	卢森堡	√	
LVA	拉脱维亚	√	
MEX	墨西哥		√
MLT	马耳他	√	
NLD	荷兰	√	
NOR	挪威	√	
POL	波兰		√
PRT	葡萄牙	√	
ROU	罗马尼亚	√	
RUS	俄罗斯	√	
SVK	斯洛伐克	√	
SVN	斯洛文尼亚	√	
SWE	瑞典	√	
TUR	土耳其		√
TWN	中国台湾	√	
USA	美国	√	
ROW	世界其他地区		√

表 4 – 4 IEA 数据库和 WIOD 数据库部门匹配

部门代码	匹配后的部门分类	IEA 数据库中部门分类	WIOD 数据库中部门分类
S01	农林渔业	Agriculture and forestry Fishing	Crop and animal production, hunting and related service activities (A01) Forestry and logging (A02) Fishing and aquaculture (A03)

部门代码	匹配后的部门分类	IEA 数据库中部门分类	WIOD 数据库中部门分类
S02	采掘业	Mining and quarrying	Mining and quarrying（B）
S03	食品和烟草业	Food and tobacco	Manufacture of food products, beverages and tobacco products（C10 – C12）
S04	纺织与皮革业	Textile and leather	Manufacture of textiles, wearing apparel and leather products（C14 – C15）
S05	木材和木制品业	Wood and wood products	Manufacture of wood and of products of wood and cork, except furniture; manufacture of articles of straw and plaiting materials（C16）
S06	化工和石化业	Chemical and petrochemical	Manufacture of coke and refined petroleum products（C19） Manufacture of basic pharmaceutical products and pharmaceutical preparations（C20） Manufacture of chemicals and chemical products（C21）
S07	非金属矿物业	Non – metallic minerals	Manufacture of other non – metallic mineral products（C23）
S08	基本金属制造业	Non – ferrous metals Iron and steel	Manufacture of basic metals（C24）
S09	机械制造业	Machinery	Manufacture of fabricated metal products, except machinery and equipment（C25） Manufacture of computer, electronic and optical products（C26） Manufacture of electrical equipment（C27） Manufacture of machinery and equipment n. e. c.（C28）
S10	交通设备制造业	Transport equipment	Manufacture of motor vehicles, trailers and semi – trailers（C29） Manufacture of other transport equipment（C30）

部门代码	匹配后的部门分类	IEA 数据库中部门分类	WIOD 数据库中部门分类
S11	其他制造业	Non – specified industry Paper, pulp, printing	Manufacture of rubber and plastic products（C22） Manufacture of furniture; other manufacturing（C31 – C32） Printing and reproduction of recorded media（C18） Manufacture of paper and paper products（C17）
S12	电力、蒸汽和热水的生产和供应业	Main activity electricity plants Main activity CHP plants Main activity heat plants Own use in electricity, CHP and heat plants Autoproducer electricity plants Autoproducer CHP plants Autoproducer heat plants Other energy industry own use	Electricity, gas, steam and air conditioning supply（D35）
S13	建筑业	Construction	Construction（F）
S14	运输业	Domestic aviation Road Rail Pipeline transport Domestic navigation	Air transport（H51） Land transport and transport via pipelines（H49） Water transport（H50）
S15	居住活动	Residential	Activities of households as employers; undifferentiated goods and services producing activities of households for own use（T）
S16	商业和公共服务业	Commercial and public services Non – specified transport Non – specified other	Repair and installation of machinery and equipment（C33） Water collection, treatment and supply（E36） Sewerage; waste collection, treatment and disposal activities materials recovery; remediation activities and other waste management services（E37 – E39） Wholesale and retail trade and repair of motor vehicles and motorcycles（G45）

部门代码	匹配后的部门分类	IEA 数据库中部门分类	WIOD 数据库中部门分类
S16	商业和公共服务业	Commercial and public services Non – specified transport Non – specified other	Wholesale trade, except of motor vehicles and motorcycles (G46) Retail trade, except of motor vehicles and motorcycles (G47) Warehousing and support activities for transportation (H52) Postal and courier activities (H53) Publishing activities (J58) Motion picture, video and television programmer production, sound recording and music publishing activities; programming and broadcasting activities (J59 – J60) Telecommunications (J61) Computer programming, consultancy and related activities; information service activities (J62 – J63) Financial service activities, except insurance and pension funding (K64) Insurance, reinsurance and pension funding, except compulsory social security (K65) Activities auxiliary to financial services and insurance activities (K66) Real estate activities (L68) Legal and accounting activities; activities of head offices; management consultancy activities (M69 – M70) Architectural and engineering activities; technical testing and analysis (M71) Scientific research and development (M72) Advertising and market research (M73) Other professional, scientific and technical activities; veterinary activities (M74 – M75) Administrative and support service activities (N) Public administration and defense; compulsory social security (O84) Education (P85)

部门代码	匹配后的部门分类	IEA 数据库中部门分类	WIOD 数据库中部门分类
S16	商业和公共服务业	Commercial and public services Non – specified transport Non – specified other	Human health and social work activities (Q) Accommodation and food service activities (I) Activities of extraterritorial organizations and bodies (U) Other service activities (R – S)

三、研究结果分析

（一）中国生产与消费碳排放总量及变化趋势

2008 年国际金融危机后中国生产碳排放增速放缓。中国生产碳排放由 2000 年的 325150 万吨增加至 2014 年的 903720 万吨，年均增长率为 7.05%。中国生产碳排放占世界生产碳排放的比重由 2000 年的 13.12% 上升到 2014 年的 27.05%。2007 年中国超过美国成为世界第一生产碳排放国。分阶段来看，中国生产碳排放在 2000—2007 年增长最为迅速，年均增长率为 10.43%。而 2007 年后，特别是 2012 年后中国生产碳排放增速放缓。2007—2014 年生产碳排放年均增长率为 4.18%，特别是 2012—2014 年，年均增长率仅为 2.45%。中国生产碳排放以满足国内最终需求为主。但是，服务国外最终需求出口碳排放迅速增长也是中国生产碳排放增长的重要原因。尤其是 2001 年至 2007 年，出口碳排放占中国生产碳排放的比重由 20.53% 提高到 31.82%。中国出口碳排放在 2007 年达到顶峰，为 220000 万吨。2008 年国际金融危机爆发后，中国出口放缓，经济增长更加依赖内需，由此中国出口碳排放减少（特别是 2008 年至 2009 年，中国出口碳排放减少了 15%）。但是，中国出口碳排放总量仍然巨大，2014 年为 214500 万吨，占中国生产碳排放的 23.74%，是中国减排压力巨大的重要原因。

中国消费碳排放迅速增长，由 2000 年的 276685 万吨增加至 2014 年的 766586 万吨，年均增长率为 7.03%。2011 年中国超过美国成为世界第一消费碳排放国。中国消费碳排放占世界消费碳排放的比重由 2000 年的 11. 16% 上升至 2014 年的 22. 95%。中国消费碳排放主要来自国内，国内碳排放占中国消费碳排放的比重为 90% 左右。但是，中国最终需求导致的国外碳排放规模迅速提高，由 2000 年的 20400 万吨增加至 2014 年的 76500 万吨，增长了 278. 57%。

　　基于式（4 - 8）和式（4 - 11），可以将中国出口碳排放和进口碳排放进一步分解。从分解结果来看，中间产品贸易导致的碳排放是中国出口碳排放和进口碳排放的主要来源。2014 年，中间产品出口引致的碳排放占中国出口碳排放的比重为 57. 38%，而 2000 年为 54. 91%。中国最终需求导致的进口碳排放主要由直接进口（包括中间产品和最终产品）导致的碳排放构成，而间接贸易导致的碳排放（中国进口需求引起的其他经济体之间的中间产品贸易造成的碳排放）占比较低。2014 年，二者分别占中国进口碳排放的 78. 20% 和 21. 80%。此外，中国直接进口的碳排放主要由中间产品贸易所致，并且比重不断上升。事实上，随着基础设施和信息通信技术的发展以及国际分工的不断深化，由生产和消费的分离逐渐发展到产业间、产业内分工，再发展到目前全球价值链分工成为国际分工的新常态（Baldwin and Lopez - Gonzalez，2013；Mattoo et al. ，2013）。在全球价值链分工背景下，中间产品贸易规模迅速扩大，使得中间产品贸易对各国碳排放的影响也日趋重要。

　　对比中国生产碳与消费碳排放（或者对比中国进出口碳排放）可以发现，中国长期生产碳排放高于消费碳排放。中国是碳排放净出口国（见图 4 - 1）。尤其是 2001 年至 2007 年，中国净出口碳排放增长 288. 06%。中国净出口碳排放在 2007 年达到顶峰，为 178600 万吨，占当年中国生产碳排放的 27. 43%。2008 年国际金融危机爆发后，中国净出口碳排放回落。尽管 2010 年和 2011 年中国出口碳排放又开始增长，但是 2012 年后呈现负增长。2014 年中国净出口碳排放为 137100 万吨，相较 2007 年下降 23. 25%，净出口碳排放的减少有利于减轻中国的减排压力。将中国与主要发达经济体和发展中经济体进行对比可以发现，美国、日本、德国等发达经济体长期消费碳排放大于生产碳排放，是碳排放净进口国。而印度、俄罗斯等发展中国家则与中国类似，均是碳排放净出口国。但是，这些发展中国家净出口的碳排放远低于中国。

从全球来看，发展中国家为发达国家消费承担了碳排放，如果按照最终消费分配减排责任，中国等发展中国家的责任要小很多，而发达国家的责任则会相应大幅提高。但是，也需要看到中国消费碳排放在迅速增长。未来，随着中国人均收入的提高，中国消费碳排放仍会保持较快的增长。因此，即使国际社会使用消费者责任原则确定减排责任，中国仍面临着巨大的减排压力和责任。

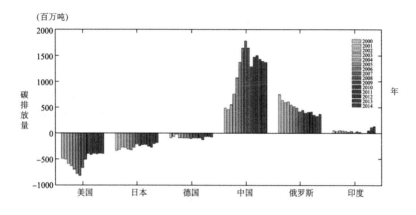

图 4 – 1　主要经济体净出口碳排放变化

（二）中国出口与进口碳排放的地区来源

中国碳排放出口由发达国家向发展中国家转变。从中国出口碳排放的流向来看，美国、日本、德国等发达经济体是中国生产碳排放主要流向目的地（见图 4 – 2）。以 2014 年为例，中国向这三个经济体出口碳排放分别占中国出口碳排放的 17.22%、7.18% 和 3.60%，这表明中国为发达国家消费承担了大量碳排放。但是，从变化趋势来看，2007 年后中国生产碳排放服务发展中国家最终需求的比例迅速上升。2012 年，中国向发展中国家出口的碳排放量超过向发达国家出口的碳排放量。导致这种变化的重要原因是，中国产品出口市场发生了显著变化，向发展中国家出口的比重显著提高。2000 年中国向发展中国家出口占出口总额的比重为 40.59%，2014 年提高到 53.89%。分行业来看，电力行业（S12）、交通部门（S14）、非金属矿产业（S08）等是中国为满足国外最终需求生产碳排放的主要部门。

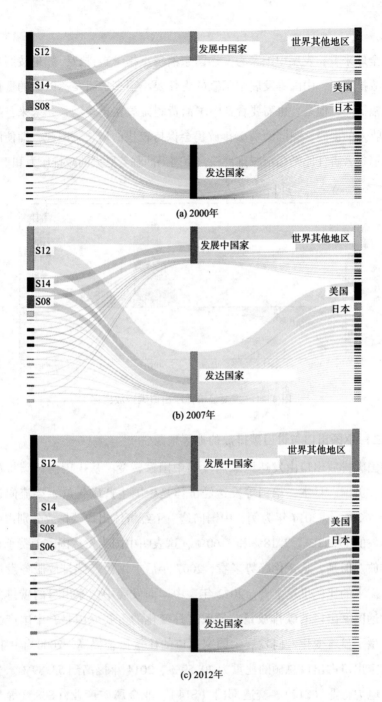

(a) 2000年

(b) 2007年

(c) 2012年

图 4 - 2　中国碳排放出口流向

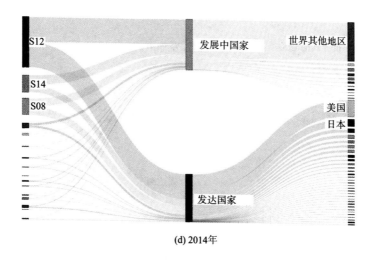

(d) 2014年

图 4 - 2　中国碳排放出口流向（续）

服务中国最终需求的进口碳排放主要来源于发展中国家（见图 4 - 3）。以 2014 年为例，中国进口碳排放来自发展中国家的比重为 61.97%，来自发达国家的比重为 38.03%。可以预见，未来随着中国经济的发展和居民收入水平的提高，中国最终需求不仅将导致国内碳排放增长，也将导致世界其他国家，特别是发展中国家的碳排放增长。中国碳排放进口主要由对机械制造业（S09）、商业和公共服务业（S10）、建筑业（S13）等行业的最终产品需求所

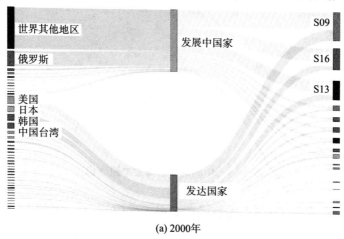

(a) 2000年

图 4 - 3　中国进口碳排放来源

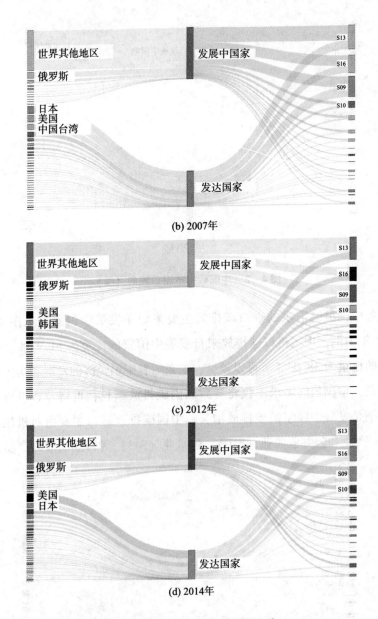

(b) 2007年

(c) 2012年

(d) 2014年

图 4-3 中国进口碳排放来源（续）

致，特别是建筑业（S13）的最终产品需求导致的进口碳排放迅速上升，由 2000 年的 4000 万吨上升到 2014 年的 23100 万吨，占中国进口碳排放的比重从 19.57% 增加到 29.80%。这与下文从部门视角分析中国消费碳排放的来源结论是一致的。

（三）部门视角的中国生产和消费碳排放

S12（电力、燃气、蒸汽和空调供应业）是中国最主要的碳排放生产部门（见图 4-4）。2000 年，S12 生产的碳排放为 160700 万吨，占中国生产碳排放的 49.44%，2014 年提高到 484800 万吨，占比为 53.65%。S12 部门生产大量碳排放的主要原因是：一方面，S12 主要提供电力等产品，是其他部门进行生产的重要二次能源来源；另一方面，中国电力部门主要使用煤炭生产电力产品，而煤炭是碳排放因子较高的化石能源，由此碳排放强度较高。与中国其他部门相比，S12 部门的单位产出碳排放强度明显更高。例如 2014 年，S12 部门的生产碳排放强度为 6010 吨/百万美元，是 S13、S10、S19 等部门生产碳排放强度的 350 倍。此外，与瑞士、法国、卢森堡等国家相比，中国 S12 部门的生产碳排放强度也相对较高。S12 部门的生产碳排放强度为 6.01 千吨/百万美元，而瑞士、法国、卢森堡分别为 100 吨/百万美元、350 吨/百万美元、520 吨/百万美元。除 S12 部门外，S14、S08、S06 和 S15 也是中国生产碳排放的主要部门，2014 年这些部门的生产碳排放分别占中国生产碳排放的 16.12%、13.74%、4.30% 和 3.80%。

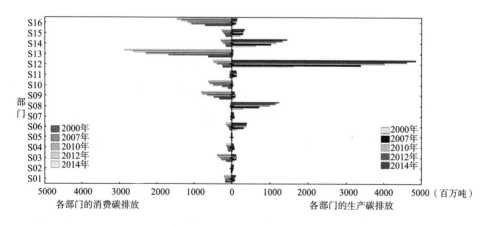

图 4-4　中国各部门的生产碳排放与消费碳排放

消费排放是从最终需求的角度进行核算的，因此，可以分析消费排放主要是由对哪些最终产品的需求引起的。中国消费碳排放主要是由对 S13（建筑业）和 S16（商业和公共服务业）两个部门最终产品需求所引起的。2000 年，中国对 S13（建筑业）和 S16（商业和公共服务业）两个部门的最终产品需求所引起的碳排放分别为 61100 万吨和 69900 万吨，分别占中国消费碳排放的 22.08% 和 25.25%。2014 年，对这两个部门的最终产品需求所引起的碳排放分别为 284500 万吨和 145600 万吨，分别占中国消费碳排放的 37.12% 和 19.00%。

对比生产碳排放和消费碳排放的部门来源，可以发现存在显著的差别。S12 生产了大量碳排放，但是对 S12 部门最终需求导致的碳排放却相对较少。S13（建筑业）和 S16（商业和公共服务业）两个部门生产的碳排放相对较少，然而对这两个部门的最终产品需求导致的碳排放较多。导致这种差异的主要原因是：S12 部门位于产业链上游，主要为其他部门提供中间产品投入，而对 S12 部门的最终需求相对较少。2014 年，对 S12 部门的最终产品需求为 4958400 万美元，占中国最终产品需求比例为 0.63%。因此，对 S12 部门的最终需求导致的碳排放较少。对 S13（建筑业）和 S16（商业和公共服务业）两个部门的最终产品需求导致碳排放较多的主要原因是：一方面，对 S13（建筑业）和 S16（商业和公共服务业）两个部门的最终产品需求规模较大，2014 年分别为 219296800 万美元和 272716700 万美元，分别占中国最终产品需求的 28.00% 和 34.82%。另一方面，尽管 S13（建筑业）和 S16（商业和公共服务业）两个部门生产碳排放强度较低，但是这两个部门位于产业链下游，为生产这两个部门的最终产品需要投入大量上游高碳密集型中间产品（包括电力），从而导致上游部门生产大量的碳排放。例如，2014 年对建筑业最终产品的需求导致国内电力部门产生的碳排放为 146700 万吨，占 S12 部门生产碳排放的 30.26%。由此，对 S13（建筑业）和 S16（商业和公共服务业）两个部门的最终产品需求导致国内外碳排放较高（消费碳排放）。根据生产碳排放和消费碳排放的部门来源特点，促进碳减排应充分考虑"上游治理"和"下游治理"。一方面，对生产碳排放较大的 S12（电力、燃气、蒸汽和空调供应业）等上游部门，应优化能源结构（包括使用清洁能源替代煤炭等传统能源）和促进清洁生产技术使用，降低生产碳排放强度。另一方面，应优化 S13（建筑业）和 S16（商业和公共服务业）等下游部门中间产品投入结构，提高中间投入使用率，降低这些部门对上游碳排放部门的拉动效应。

四、中国生产侧与消费侧碳排放变化结构分解

（一）中国生产碳排放变化结构分解

对中国生产碳排放变化进行结构分解结果表明，2000—2014 年中国生产碳排放增长主要是由国内最终需求规模增长驱动的（见图 4－5）。2000—2014 年国内最终需求规模增长驱动中国生产碳排放增长了 182.16%。这与前文分析表明的中国生产碳排放主要服务国内最终需求的结论相一致。对中国生产碳排放增长具有较强驱动的影响因素，还有中国对其他国家的中间投入变化效应。2000—2014 年，中国对其他国家的中间投入变化导致中国生产碳排放增长了 20.67%。前文分析表明，由中间产品贸易导致的中国出口碳排放显著增长，结构分解的结果进一步印证了这一结论。

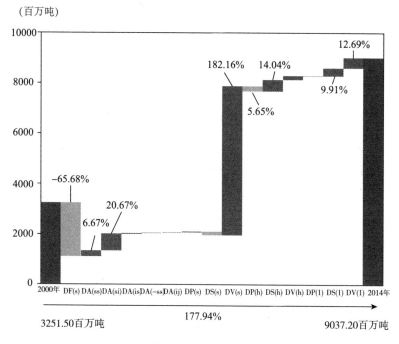

图 4－5 中国生产碳排放增长结构分解

（二）中国消费碳排放变化结构分解

分阶段来看，中国消费碳排放在 2008 年至 2009 年迅速增长，增长率达 15.40%。2008 年国际金融危机爆发后，中国政府为了应对金融危机，推出了 "四万亿" 计划，加大基础设施建设投资。由于基础设施建设需要消耗大量钢铁、电力等高碳产品，导致消费侧碳排放迅速增长。中国消费碳排放变化结构分解见图 4-6。

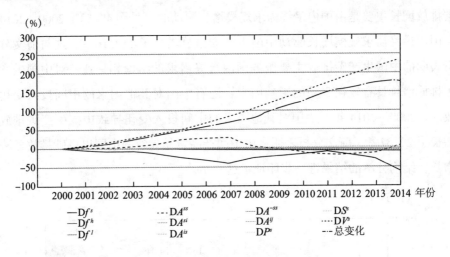

图 4-6 中国消费侧碳排放变化结构分解

特别是 2001 年至 2007 年中国生产碳排放增长最为快速，年均增长率达 11.51%。2001 年中国加入 WTO 后，中国对外贸易快速增长是这一时间中国生产碳排放快速增长的重要原因。2008 年国际金融危机爆发后，中国出口增长放缓。2012 年后中国经济进入 "新常态"，经济增速放缓，同时中国政府推进供给侧结构性改革，对煤炭、钢铁等高碳行业压缩产能。由此，中国生产碳排放增长放缓。

五、研究结论与政策建议

基于 MRIO 模型，本研究使用世界投入产出表数据和 IEA 获得的碳排放数据，分析了中国生产侧和消费侧碳排放的时间变化以及影响变化的因素，主要结论如下：

第一，中国生产侧和消费侧碳排放增长迅速，且该国生产侧碳排放持续大于消费侧碳排放。然而，在 2012 年中国经济进入"新常态"后，中国生产侧和消费侧碳排放的增长速度明显放缓。中国的生产侧碳排放的分解结果表明，中国的生产侧碳排放主要服务于国内最终需求，但在 2001 年中国加入 WTO 后，服务于国外最终需求的碳排放量迅速增加。2007 年，中国的出口碳排放量和净出口碳排放量达峰值，分别占中国 GDP 的 34% 和 27%。2008 年国际金融危机后，中国的出口排放量和净出口排放量呈下降趋势。由于出口的多元化发展，中国排放出口的目的地正在发生重大变化，向发展中国家出口的排放比例正在逐步增加。消费侧碳排放的分解结果表明，中国消费侧碳排放主要排放在国内。然而，随着进口的增加，中国最终需求造成的国外排放正在增加。发展中经济体是满足中国最终需求的"排放服务"的主要提供者。

上述结论表明，中国经历了大量的"碳泄漏"，国际贸易不利于中国的减排。特别是当前国际碳排放核算以生产者责任原则为基础，国际贸易增加了中国的减排责任，削弱了减排政策的效果。因此，中国政府应积极推进国际碳核算体系的改革。碳排放核算应充分考虑国际贸易中排放的转移和消费者的责任。然而，还应注意的是，中国的出口碳排放量和净出口碳排放量均呈下降趋势，而中国的消费侧碳排放则在快速增长。实施消费者责任或共同责任的原则可以减轻中国减少碳排放的压力。然而，这也意味着中国在未来将无法通过国际贸易将大量碳排放转移到其他国家，因此应更多关注中国消费侧碳排放的增长，尤其是中国最终需求导致的国外碳排放的增长。

第二，从行业角度来看，电力、蒸汽和热水的生产和供应业是中国生产侧碳排放的主要贡献行业，中国的许多消费侧碳排放主要贡献行业是建筑业以及商业和公共服务业。这表明，促进减排不仅应该关注产业链上游的能源密集型行业，还应该关注下游行业的减排潜力，如建筑业和服务业。能源密集型行业对排放的影响是"生产驱动的"，而建筑业和服务业对排放的影响是"需求驱动的"这项研究表明，建筑业和服务业对最终产品的需求推动了大量排放。为了促进减排，我们应该采用一体化供应链治理的理念，将上游治理与下游治理、基于生产者的治理和基于消费者的治理相结合。对于上游能源密集型行业，要重点优化能源投入结构，提高能源利用效率，发展低碳生产技术，降低排放强度。对于下游行业，要重点推进低碳中间投入（如在建设中采用可回收、清洁的材料），提高中间投入的利用效率。引导最终产品用户（包括消费者和投资者）采用低碳消费和投资模式，促进低碳消费结构和投资结构的优化。推进一体化供应链管理不仅可以减少中国生产侧碳排放，还可以减少消费侧碳排放，因为中国的国内最终需求仍主要由国内产品满足。

第三，自2012年中国经济进入"新常态"以来，中国经济增长率有所下降，导致影响中国生产侧碳排放和消费侧碳排放增长的因素发生重大变化。其中，国内最终需求规模变化的拉动作用减弱。但是，随着中国最终需求规模的不断扩大，我们应该进一步优化中国最终需求的产品结构，以促进减排。结构分解分析的结果还表明，中国最终需求产品结构的变化导致生产侧碳排放和消费侧碳排放的增加。最终需求包括家庭消费、政府消费和投资。为优化居民消费结构，政府应通过适当的财税政策、宣传教育，不断引导低碳消费模式和低碳生活方式。优化投资需求结构，要促进资源从低效地区流向高效地区；促进人力资本投资、技术能力投资等长期低碳投资；减少物质投资，减少刺激短期经济。

中国与其他经济体之间的前向产业联系的变化、发展中经济体最终需求量的变化以及发达经济体和发展中经济体最终需求来源的变化也是导致中国碳排放增长的主要因素。这表明，参与全球分工对中国的排放有重要影响。因此，有必要提升中国企业在全球价值链中的地位，缓解中国参与全球分工对国内低碳发展的负面影响（Meng et al.，2016）。

第四，制约中国生产侧碳排放和消费侧碳排放增长的主要因素是中国国内生产行业排放强度的降低。2012年中国经济进入"新常态"后，中国政府推动供给侧结构性改革和绿色低碳发展，有效降低了生产行业的碳排放强度，减缓了中国碳排放的增长。

然而，也应该注意到，中国生产行业的排放强度仍然很高。电力、蒸汽和热水的生产和供应业的排放强度尤其如此，高于日本、美国、韩国、瑞士和法国等国。因此，进一步降低我国生产行业的排放强度仍然是实现减排目标的可行方案。与许多国家相比，中国电力工业排放强度高的重要原因之一是煤炭仍然是主要的发电能源。因此，要进一步优化能源结构，降低煤炭使用比例，提高石油、天然气和可再生能源（包括生物质能、水电、太阳能、风能和地热）使用比例。同时，中国应加快发展先进的煤炭技术（如促进煤炭气化和液化）与碳捕获和储存技术，以减少煤炭和其他化石能源燃烧的排放。

第二节　中国各省进出口隐含碳排放测算

一、研究背景

改革开放 40 多年来，中国经济实现了快速增长。按可比价格计算，1978年至 2016 年中国经济规模翻了五番。中国在经济发展上所取得的成绩，固然得益于经济体制改革、制度创新，但是也与积极地参与全球分工密不可分。中国充分利用成本优势和政策优惠，通过积极融入全球分工体系，形成巨大的生产和出口能力，是中国经济快速发展的重要经验（徐康宁、王剑，2006；黎峰，2016）。

尽管通过积极参与全球分工、促进国际贸易发展，中国经济发展取得巨大成就，但是面临的环境压力增大。据 BP（2014）统计，2008 年中国成为世界最大的二氧化碳排放国，2010 年中国成为世界最大的能源消费国。2015 年中国能源消费量和二氧化碳排放已分别占世界的 22.58% 和 27.51%（BP，2017）。可以说，随着中国积极参与全球分工，经济实现了快速发展，已经发展成为全球经济增长的重要引擎，但也是一个高碳、高污染的排放源。这种高碳式的经济增长使中国面临着来自国内外的双重压力。从国内来看，环境问题的区域性影响严峻。中国民众的关注对象也越来越转向健康安全、污染防治等许多与环境直接相关的问题。从国际来看，随着中国碳排放的快速增长，国际社会要求中国加大减排力度的呼声越来越高（Meng et al.，2016）。

由此，有关中国能源消耗与二氧化碳排放问题成为学术研究的热点。

随着国际分工深化，生产与消费活动普遍存在跨国界的地理分隔。一国可以通过进口商品和服务来满足国内消费和投资需求，同时把能源消耗和二氧化碳排放留在出口生产国（彭水军、张文城、孙传旺，2015）。国际贸易对能耗与二氧化碳排放的这种国际转移效应显著影响着进出口国的生态环境及其相应的排放责任（Ghertner and Fripp，2007；Wang et al.，2007；Pan et al.，2008；Peters et al.，2011；Tukker and Dietzenbacher，2013；Kanemoto et al.，2014）。中国是一个贸易大国，对于中国能源消耗和二氧化碳排放问题，许多学者从对外贸易影响的角度进行了研究。已有研究揭示的一个"典型事实"是，中国出口商品隐含的能源和二氧化碳排放高于进口商品隐含的能源和二氧化碳排放，即中国存在大规模的对外贸易隐含能源和二氧化碳排放"顺差"（Weber et al.，2008；Pan et al.，2008；Guan et al.，2009；Lin and Sun，2010；张友国，2010；李小平，2010；张为付、杜运苏，2011；彭水军等，2015；Liu et al.，2015）。例如，陈迎等（2008）测算，2002 年中国对外贸易隐含能源"顺差"达 214 亿吨标准煤，约占当年中国一次能源消费总量的16%。张友国（2010）的研究显示，2007 年中国对外贸易隐含二氧化碳排放"顺差"为 19.95 亿吨，占当年生产部门二氧化碳排放的 13.98%。Chen 和Zhang（2010）、Davis 和 Caldeira（2010）的研究表明，21 世纪第一个十年中期，中国二氧化碳排放快速增长的主要原因是出口隐含碳排放快速增长，中国超过 1/5 的二氧化碳排放是由于出口所致（Chen and Zhang，2010；Davis and Caldeira，2010）。彭水军等（2015）研究测算中国生产侧二氧化碳排放和消费侧二氧化碳排放，结果显示两者均出现大幅增长，但是生产侧二氧化碳排放明显高于消费侧二氧化碳排放，特别是"入世"后两者差距呈现迅速扩大趋势。对外贸易隐含能源和二氧化碳排放"顺差"意味着中国为国外消耗了大量的能源和二氧化碳排放，这增加了中国节能减排的压力。因此，部分学者提出应改革当前以生产侧排放（Production – based Emissions）为原则的碳排放核算体系，转向更加有效的基于消费侧排放（Consumption – based Emissions）的核算体系（Munksagaard and Pedersen，2001；樊纲等，2010），或者是同时考虑生产者和消费者责任的综合方案（Ferng，2003；Peters，2008；彭水军等，2015）。

此外，一些研究者利用结构分解分析（Structural Decomposition Analysis，SDA）方法对中国对外贸易隐含二氧化碳排放（张友国，2010；Xu and Dietzenbacher，2014）、贸易转移二氧化碳排放（彭水军等，2015）的驱动因素进行了研究。比如，张友国（2010）基于 SDA 方法，将 1987—2007 年中国对外贸易隐含二氧化碳排放的影响因素分解为贸易规模、能源强度、贸易结构、投入结构、能源结构以及碳排放系数。彭水军等（2015）采用 SDA 方法，将 1995—2009 年中国生产侧和消费侧排放的影响因素分解为本国与外国的部门排放强度、中间品使用结构、前后向产业关联、最终需求结构和规模等。Pan 等（2017）利用 SDA 方法对 2007—2012 年中国出口隐含二氧化碳排放变动因素进行了分解，研究发现出口规模下降、二氧化碳排放强度的改善以及生产结构的变化等均有利于中国出口隐含二氧化碳排放的减少。

综合已有文献，学者更多将中国作为一个整体进行研究，而较少关注区域层面。本部分以省（包括自治区、直辖市，以下简称省）为单元，重点从出口导致省际二氧化碳排放溢出视角分析中国进出口隐含二氧化碳排放，研究时间段是 1997—2012 年，主要考虑如下：第一，中国各省地理位置、产业结构、资源禀赋以及参与全球分工的水平等均存在显著的差异，由此进出口对各省二氧化碳排放影响可能存在显著差异。同时，省是中国的重要经济单元，省级政府是中央减排政策的重要执行者，以省为单元进行研究有利于为省级政府提供重要信息和参考政策建议。第二，由于地区间贸易和国内供应链的存在，某省出口可能会产生对其他省的中间产品需求，由此间接带动其他省出口。因此，每个省出口不仅会导致本地产生二氧化碳排放，也会导致为其提供中间产品的省份产生二氧化碳排放。例如，广东出口汽车不仅会导致广东产生二氧化碳排放，也会导致为广东汽车生产提供中间产品（如电力、钢材等）的省份（如河北、山西等）产生二氧化碳排放。因此，存在出口导致的省际二氧化碳排放溢出。以省为单元进行研究，并对出口导致的省际二氧化碳排放溢出效应进行分析，有助于把握不同省份出口隐含二氧化碳排放产生的原因，为促进中国二氧化碳减排政策制定提供科学依据。第三，尽管已有大量文献研究中国进出口隐含二氧化碳排放，但是 2007 年后中国进出口隐含二氧化碳排放变化没有得到足够关注。而 2008 年 9 月爆发了国际金融危机，此后中国进出口规模发生了显著变化，中国进出口隐含二氧化碳排放如何变化值得关注。

二、研究方法与数据来源

已有对贸易隐含二氧化碳排放的测算大多采用投入产出方法（Peters，2008；Peters and Hertwich，2008；Hertwich and Peters，2009；Kanemoto et al.，2012；Meng et al.，2013）。本章将使用中国环境拓展型区域间投入产出模型（Multiregional Input - Output，MRIO）核算中国各省进出口隐含二氧化碳排放，分析省际通过供应链导致的二氧化碳排放溢出效应。对于各省进口隐含二氧化碳排放，本书将采用单区域投入产出模型，利用地区技术假定进行核算。

（一）研究方法

根据 Miller 和 Blair（1985），可以得到以下投入产出方程：

$$X_e = (I - A)^{-1} E \qquad (4-22)$$

其中，$A = \begin{pmatrix} A^{11} & \cdots & A^{1m} \\ \vdots & \ddots & \vdots \\ A^{m1} & \cdots & A^{mm} \end{pmatrix}$，其子矩阵 $A^{rs} = \begin{pmatrix} a_{11}^{rs} & \cdots & a_{1n}^{rs} \\ \vdots & \ddots & \vdots \\ a_{n1}^{rs} & \cdots & a_{nn}^{rs} \end{pmatrix}$ 表示省份 r 对

省份 s 的直接消耗系数矩阵。$E = [E^1, E^2, \cdots, E^m]'$ 和 $X = [X^1, X^2, \cdots, X^m]'$（其中，$X^r = [X^{r1}, X^{r2}, \cdots, X^{rm}]$）分别为各省出口矩阵及总产出矩阵。$X^{rs}$ 代表省份 r 为满足省份 s 的出口所带动的总产出。

令

$$H = (I - A)^{-1} = \left[I - \begin{pmatrix} A^{1,1} & \cdots & A^{1,m} \\ \vdots & \ddots & \vdots \\ A^{m,1} & \cdots & A^{m,m} \end{pmatrix} \right]^{-1} = \begin{pmatrix} H^{1,1} & \cdots & H^{1,m} \\ \vdots & \ddots & \vdots \\ H^{m,1} & \cdots & H^{m,m} \end{pmatrix} \qquad (4-23)$$

将式（4-23）代入式（4-22）中可得

$$X = \begin{pmatrix} H^{11} & \cdots & H^{1m} \\ \vdots & \ddots & \vdots \\ H^{m1} & \cdots & H^{mm} \end{pmatrix} \times \begin{pmatrix} E^1 \\ \vdots \\ E^m \end{pmatrix} = \begin{pmatrix} X^{11} & \cdots & X^{1m} \\ \vdots & \ddots & \vdots \\ X^{m1} & \cdots & X^{mm} \end{pmatrix} \quad (4-24)$$

接下来，将二氧化碳的排放量引入投入产出模型中，最重要的就是引入直接二氧化碳消耗系数。直接二氧化碳消耗系数就是指单位产出的直接二氧化碳排放量。

$$G^r = [e^r_j], \ e^r_j = \frac{w^r_j}{x^r_j} \quad (4-25)$$

其中，G^r 为 r 省直接二氧化碳消耗系数矩阵（吨/万元），e^r_j 为 r 省 j 部门的直接二氧化碳消耗系数，w^r_j 为 r 省 j 部门的直接二氧化碳排放量，x^r_j 为 r 省 j 部门的总产出。

令

$$\widetilde{G} = \begin{pmatrix} G^1 & \cdots & 0 \\ \vdots & \ddots & \vdots \\ 0 & \cdots & G^m \end{pmatrix} \quad (4-26)$$

因此，所有省份之间的隐含二氧化碳转移可以通过以下二氧化碳消耗系数矩阵和总产出矩阵得出

$$\begin{pmatrix} G^1 & \cdots & 0 \\ \vdots & \ddots & \vdots \\ 0 & \cdots & G^m \end{pmatrix} \begin{pmatrix} X^1_e \\ \vdots \\ X^m_e \end{pmatrix} = \begin{pmatrix} G^1 & \cdots & 0 \\ \vdots & \ddots & \vdots \\ 0 & \cdots & G^m \end{pmatrix} \times \begin{pmatrix} H^{1,1} & \cdots & H^{1,m} \\ \vdots & \ddots & \vdots \\ H^{m,1} & \cdots & H^{m,m} \end{pmatrix} \times \begin{pmatrix} E^1 \\ \vdots \\ E^m \end{pmatrix} \quad (4-27)$$

令

$$Q = \begin{pmatrix} Q^1 \\ \vdots \\ Q^m \end{pmatrix} = \begin{pmatrix} G^1 & \cdots & 0 \\ \vdots & \ddots & \vdots \\ 0 & \cdots & G^m \end{pmatrix} \begin{pmatrix} X^1_e \\ \vdots \\ X^m_e \end{pmatrix} \quad (4-28)$$

Q 表示出口隐含二氧化碳排放，Q^r 表示省份 r 出口隐含二氧化碳排放。

$$Q^r = G^r \times H^{r,1} \times E^1 + G^r \times H^{r,2} \times E^2 + \cdots + G^r \times H^{r,m} \times E^m \quad (4-29)$$

令

$$SP^{r,s} = G^r \times H^{r,s} \times E^s \qquad (4-30)$$

$SP^{r,s}$ 表示省份 r 由于省份 s 出口导致的碳排放，即为出口导致的省际二氧化碳溢出。

$SP^{r,r}$ 为省份 r 由自身出口导致的二氧化碳排放，也可称为省份 r 直接出口导致的隐含二氧化碳排放，$\sum_{s \neq r}^{m} SP^{r,s}$ 为省份 r 由其他省份出口导致的二氧化碳排放，也可称为省份 r 间接出口导致的隐含二氧化碳排放。

受数据的限制，对于某一国家（地区）进口隐含二氧化碳排放的测算大部分研究都基于单区域投入—产出模型展开（Single – Regional Input – Output model，SRIO）（Weber et al.，2008；Zhu and Gao，2009；张友国，2010；Chen et al.，2017）。单区域投入—产出模型一般假定进口产品按本地区的技术生产，这种模型更适合测算进口地通过进口所节约的本地区的二氧化碳排放量（进口节约二氧化碳量）。而采用多区域的投入—产出模型时，进口产品的二氧化碳排放影响根据原产地的技术估算，此时估算的二氧化碳排放是进口原产地为生产这些产品所产生的二氧化碳排放。因此，采用这两类模型所计算的进口二氧化碳排放影响具有不同的含义。多区域投入—产出模型能更准确地估算贸易对全球或多个地区的二氧化碳排放所产生的影响，而单区域投入—产出模型则适合评估贸易对单个地区的碳排放所产生的影响（张友国，2010）。与大多数同类研究类似，本部分对各省进口隐含二氧化碳排放采用单区域投入—产出模型。具体来说，省份 r 进口隐含二氧化碳排放通过下列公式计算而得：

$$Z^r = G^r A^{rr} I^r \qquad (4-31)$$

其中，I^r 表示省份 r 进口量。

根据式（4-29）和式（4-31），省份 r 净进口隐含二氧化碳排放量为

$$N^r = Q^r - Z^r \qquad (4-32)$$

为反映进口隐含二氧化碳排放和出口隐含二氧化碳排放对各省的影响，本部分还将测算各省进口隐含二氧化碳排放占消费侧二氧化碳排放的比例和各省出口隐含二氧化碳排放占各省生产侧二氧化碳排放的比例。根据消费侧

二氧化碳排放的定义（Peters，2008；Andrew et al.，2009；Muñoz and Stein-inger，2010；Wiebe et al.，2012），某省消费侧二氧化碳排放指该省最终需求造成的所有二氧化碳排放，不管二氧化碳排放发生在本省、其他省还是国外。

根据 Miller 和 Blair（1985）中的投入产出方法可以得到：

$$X_F = (I - A)^{-1} \tag{4-33}$$

F 表示最终需求，包括消费需求和投资需求；$F = \begin{pmatrix} F^{1,1} & \cdots & F^{1,m} \\ \vdots & \ddots & \vdots \\ F^{m,1} & \cdots & F^{m,m} \end{pmatrix}$，$F^{r,s}$

包括 $n \times 1$ 个元素，表示省份 r 提供给省份 s 的最终产品。$X_F = \begin{pmatrix} X_F^{1,1} & \cdots & X_F^{1,m} \\ \vdots & \ddots & \vdots \\ X_F^{m,1} & \cdots & X_F^{m,m} \end{pmatrix}$，其中，$X_F^{r,s}$ 表示省份 r 由省份 s 最终需求拉动的总产出。

两边同乘以二氧化碳排放系数，可得到：

$$\widetilde{G} X_F = \widetilde{G} H F \tag{4-34}$$

根据式（4-33）和式（4-34）得到省份 r 消费侧二氧化碳排放。

$$Z_{CB}^r = \sum_{s=1}^m G^s X_F^{s,r} + G^r A^{rr} I^r \tag{4-35}$$

Z_{CB}^r 代表省份 r 消费侧二氧化碳排放。

根据生产侧二氧化碳排放的定义（Munksgaard and Pedersen，2001；Pan et al.，2008），某省生产侧二氧化碳排放指该省生产活动（不管为谁而生产）在该省内造成的二氧化碳排放。根据生产侧二氧化碳排放定义，可以得到以下生产侧二氧化碳排放计算公式：

$$Z_{PB}^r = G^r X^r \tag{4-36}$$

Z_{PB}^r 代表省份 r 生产侧二氧化碳排放。

（二）数据来源

本部分数据来源于国务院发展研究中心编制的 1997 年、2002 年、2007 年、2012 年中国区域间投入产出表（李善同，2010，2016，2018，2022）。该投入产出表共包括 30 个省,① 经合并整理每个省包括 28 个部门。1997 年、2002 年、2007 年和 2012 年各省各行业二氧化碳数据来源于《中国二氧化碳排放账户 1997—2015》(Shan et al.,2017,2018)。

三、结果与讨论

(一) 中国进出口隐含二氧化碳排放分析

在测算各省进出口隐含二氧化碳排放的基础上,分析得出中国进出口隐含二氧化碳排放呈现以下特点:

第一,中国进出口隐含二氧化碳排放迅速增长,中国是隐含二氧化碳净输出国。如图 4-7 所示,1997 年中国进口隐含二氧化碳排放为 34104 万吨,2012 年已增长至 116099 万吨,增长了 240%,年均增长率为 8.51%;1997 年中国出口隐含二氧化碳排放为 49045 万吨,2012 年已增长至 165055 万吨,增长了 236%,年均增长率为 8.43%。中国存在大规模的二氧化碳排放贸易 "顺差",是隐含二氧化碳排放净输出国,这与已有研究结论相同(Weber et al.,2008;Pan et al.,2008;Lin and Sun,2010;彭水军,2015)。1997 年中国净

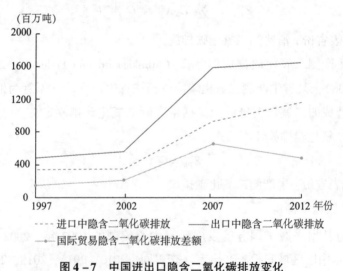

图 4-7 中国进出口隐含二氧化碳排放变化

---

① 出于投入产出数据原因,没有包括西藏、台湾、香港和澳门。

出口隐含二氧化碳排放 14941 万吨，2012 年增长至 48956 万吨，增长了 227%，年均增长率为 8.23%。这表明中国为满足其他国家最终需求，在境内生产了大量二氧化碳排放，存在突出的"其他国家消费与中国污染"问题，对外贸易增加了中国二氧化碳减排压力。这也表明改革开放以来中国充分利用成本优势和政策优惠，通过积极融入全球分工体系，形成了巨大的生产和出口能力，但是中国在全球分工体系中主要从事的是低端环节，由此导致资源能源消耗不断加大，环境问题突出（Wang et al.，2013；Meng et al.，2015；黎峰，2016）。

第二，"入世"极大地促进了中国进出口隐含二氧化碳排放增长，国际金融危机后中国净出口隐含二氧化碳排放出现负增长。分阶段来看，2002—2007 年中国进口隐含二氧化碳排放、出口隐含二氧化碳排放和净出口隐含二氧化碳排放增长最快（见图 4-8），年均分别增长了 21.76%、23.30% 和 25.72%。2001 年中国"入世"极大地促进了中国对外贸易的发展，中国对外贸易规模特别是出口规模迅速扩大，是这一时期中国进出口隐含二氧化碳排放特别是出口隐含二氧化碳排放快速增长的主要原因（Guan et al.，2009；Minx et al.，2011；Liu et al.，2015a；Xu et al.，2011）。根据中国国家统计局的数据，2002 年至 2007 年中国进出口额年均增长率分别为 24.58% 和 28.28%（国家统计局，2008）。这也意味着，"入世"后中国凭借低廉的资源、要素价格，对外贸易迅猛发展。然而，外需在拉动中国出口快速增长的同时，也使中国成为国际转移能耗和二氧化碳排放的"重灾区"。中国为满足其他国家最终需求净出口了大量二氧化碳排放，净出口隐含二氧化碳排放由 2002 年的 20800 万吨增长到 2007 年的 65507 万吨，年均增长 25.72%。2007 年后，受 2008 年国际金融危机影响，中国进出口增速放缓，2007—2012 年中国进出口年均增长率分别为 9.39% 和 6.68%（国家统计局，2013），远低于 2007—2012 年中国进出口年均增速。同时，中国二氧化碳排放强度有所改善，生产结构也发生了改变（Pan et al.，2017）。在这些因素的综合影响下，中国进出口隐含二氧化碳排放增速放缓，特别是出口隐含二氧化碳排放增速更是明显放缓，净出口隐含二氧化碳排放出现负增长。2007—2012 年中国进口隐含二氧化碳排放、出口隐含二氧化碳排放和净出口隐含二氧化碳排放年均增长率分别为 4.43%、0.75% 和 −5.66%。出口隐含二氧化碳排放增速放缓，特别是净出口隐含二氧化碳排放出现负增长，对缓解中国二氧化碳减排压力具有重要意义。

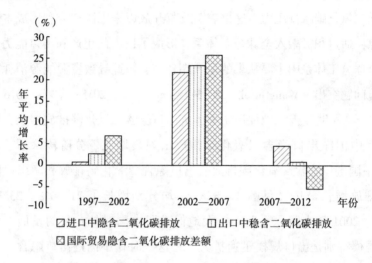

图 4 − 8　中国进出口隐含二氧化碳排放增速变化

　　第三，满足中国最终需求的二氧化碳排放更多是在中国国内产生的，中国生产大量二氧化碳排放服务于境外最终需求。1997 年至 2012 年，中国生产侧和消费侧二氧化碳排放均快速增长，生产侧二氧化碳排放由 1997 年的 271241 万吨增长至 2012 年的 907005 万吨，年均增长率为 8.38%，消费侧二氧化碳排放由 1997 年的 256300 万吨增长至 2012 年的 858132 万吨，年均增长率为 8.39%，两者增速基本相同。但是，中国生产侧二氧化碳排放一直高于消费侧二氧化碳排放，即中国生产的二氧化碳排放大于为满足中国最终需求而排放的二氧化碳，这与前面得到的中国是隐含二氧化碳净输出国结论一致。同时，中国进口隐含二氧化碳排放占中国消费侧二氧化碳排放比重明显低于中国出口隐含二氧化碳排放占中国生产侧二氧化碳排放比重（见表 4 − 5）。中国出口隐含二氧化碳排放占中国生产侧二氧化碳排放的比重在 2007 年达到最高，接近 25%，即中国生产的二氧化碳排放接近 1/4 服务国外最终需求，2012 年有所回落，降到 18.19%。而 2012 年进口隐含二氧化碳排放占中国消费侧二氧化碳排放的比重为13.53%。这也进一步表明满足中国最终需求的二氧化碳排放更多是在中国国内产生的，同时，在中国产生大量二氧化碳排放服务于境外的最终需求。

表 4-5　中国生产侧与消费侧二氧化碳排放情况

类别		1997 年	2002 年	2007 年	2012 年
生产侧	二氧化碳排放（百万吨）	2712.41	3310.33	6548.46	9070.05
	出口隐含二氧化碳排放所占比重（%）	18.08	16.85	24.28	18.19
消费侧	二氧化碳排放（百万吨）	2563.00	3101.76	5893.39	8581.32
	进口隐含二氧化碳排放所占比重（%）	13.31	11.26	15.86	13.53

（二）各省进出口隐含二氧化碳排放分析

从省级层面分析中国进出口隐含二氧化碳排放情况，呈现以下特点：

第一，中国出口隐含二氧化碳排放地和进口隐含二氧化碳排放需求地集中度较高。为反映中国产生出口隐含二氧化碳排放地以及需求进口隐含二氧化碳排放需求地的空间分布状况，本部分以省为单元，分别测算了中国出口隐含二氧化碳排放地和进口隐含二氧化碳排放需求地的基尼系数，计算结果如图4-9所示。

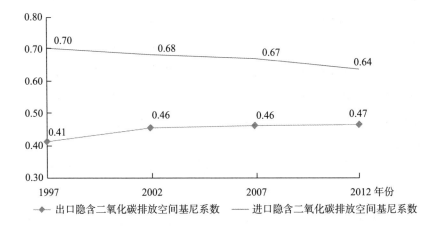

图 4-9　中国进出口隐含二氧化碳排放空间基尼系数

2012 年中国出口隐含二氧化碳排放地和二氧化碳排放需求地的基尼系数分别为 0.47 和 0.64，反映出两者集中度较高。从变化趋势来看，生产出口隐含二氧化碳排放的区域逐步集中，基尼系数由 1997 年的 0.41 上升到 2012 年的 0.47；而需求进口隐含二氧化碳排放的区域逐步分散，基尼系数由 1997 年的 0.70 下降到 2012 年的 0.64。

第二，东部省份是中国出口隐含二氧化碳排放的主要产生地和进口隐含二氧化碳排放的主要需求地。为分析中国进出口隐含二氧化碳排放空间分布情况，按照通常区域分类方法，将中国分为东部、中部、西部和东北四个区域。① 中国出口隐含二氧化碳排放主要产生于东部省份。2012 年，中国出口隐含二氧化碳排放最大的五个省份全部位于东部，分别是广东、江苏、山东、河北和浙江，出口隐含二氧化碳排放分别为 20228 万吨、19356 万吨、14775 万吨、12059 万吨和 11366 万吨，五省的出口隐含二氧化碳排放之和占全国的比重高达 47.15%。从趋势上看，东部省份出口隐含二氧化碳排放之和占全国的比重呈现上升趋势，1997 年为 50.15%，2012 年上升到 57.10%。东部省份也是中国进口隐含二氧化碳排放的主要需求地。2012 年，中国进口隐含二氧化碳排放最大的五个省份也全部位于东部，分别是山东、江苏、广东、上海和福建，进口隐含二氧化碳排放分别为 19855 万吨、17226 万吨、16284 万吨、11697 万吨和 9293 万吨，五省份的进口隐含二氧化碳排放之和占全国的比重高达 64.05%。从趋势上看，东部省份进口隐含二氧化碳排放之和占全国的比重基本稳定，保持在 80% 左右。改革开放后中国实施东部沿海优先开放战略，如四个经济特区均设在东部省份，加之东部省份具有相对优越临海地理位置，由此东部省份更早直接融入世界分工体系，成为中国进口和出口的主要来源地，也成为中国出口隐含二氧化碳的主要产地和进口隐含二氧化碳排放的主要需求地。

东部省份不仅进出口隐含二氧化碳排放规模较大，同时，东部省份出口

---

① 东部省份包括北京、天津、河北、山东、江苏、上海、浙江、福建、广东、海南；中部省份包括山西、河南、安徽、湖北、江西、湖南；西部省份包括四川、云南、贵州、西藏、重庆、陕西、甘肃、青海、新疆、宁夏、内蒙古、广西；东北省份包括辽宁、吉林、黑龙江。

隐含二氧化碳排放占其生产侧二氧化碳排放和进口隐含二氧化碳排放占其需求侧二氧化碳排放的比重也较高。2012 年，东部省份出口隐含二氧化碳排放之和占东部地区生产侧二氧化碳排放的比重为 25.76%，显著高于中部的 13.48%、西部的 3.02% 和东北的 11.05%；东部省份进口隐含二氧化碳排放之和占东部地区消费侧二氧化碳排放的比重为 24.22%，也显著高于中部的 3.36%、西部的 4.80% 和东北的 7.06%。具体到省份，东部的广东、浙江、江苏等省份的出口隐含二氧化碳排放占生产侧二氧化碳排放的比重均超过 30%（见图 4-10），即这些省份产生的二氧化碳排放高于 1/3 的部分是服务境外最终需求的；同时，东部的上海、福建、江苏进口隐含二氧化碳排放占需求侧二氧化碳排放的比重超过 30%，上海更是高达 45.72%，表明满足这些省份最终需求的二氧化碳排放主要在境外产生。这进一步印证了东部省份生产、需求与世界其他经济体更加紧密联系在一起，产品的生产与产品需求更依赖世界分工体系。

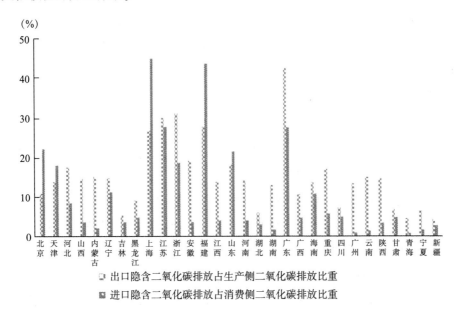

图 4-10　进出口隐含二氧化碳排放占各省消费侧和
生产侧二氧化碳排放比重（2012 年）

第三，中部省份和西部省份是中国净出口隐含二氧化碳排放的主要来源区域。尽管东部省份是中国进口隐含二氧化碳排放的主要需求地和出口隐含二氧化碳排放的主要产生地。但是，中部和西部省份是中国净出口隐含二氧化碳排放的主要来源区域。2012 年中部省份和西部省份分别合计净出口隐含二氧化碳排放 21537 万吨和 23794 万吨，分别占全国净出口隐含二氧化碳排放的 44.07% 和 48.68%；东部省份合计净出口隐含二氧化碳排放相对较小，仅为 500 万吨，进口隐含二氧化碳排放和出口隐含二氧化碳排放基本持平。具体到省份，内蒙古、河北和山西等是中国净出口隐含二氧化碳排放较大的省份，2012 年这三个省份净出口隐含二氧化碳排放分别为 8505 万吨、8293 万吨和 5655 万吨。尽管东部省份总体进出口隐含二氧化碳排放相当，但是其内部不同省份之间存在差异。广东、浙江、江苏是中国主要制造业中心，二氧化碳排放贸易为"顺差"；而上海、北京由于产业结构服务化，二氧化碳排放贸易为"逆差"。

前文分析表明，中国在全球分工格局中处于不利的地位，为满足其他国家最终需求，承担了大量的二氧化碳排放生产，生产侧二氧化碳排放显著大于消费侧二氧化碳排放，中国是二氧化碳排放净出口国。但是，这种不利状况对中国不同区域而言意义不同，中西部省份是中国这种不利状况的主要承担者，是中国净出口隐含二氧化碳排放的主要来源区域，而东部省份总体处于进出口隐含二氧化碳排放持平地位，承担的净出口隐含二氧化碳排放较少。

（三）出口导致二氧化碳排放溢出效应

正如前文所述，由于省际贸易联系和供应链的存在，各省出口不仅会拉动本省生产活动，还将产生对其他省份的中间产品需求，间接带动其他省份出口，带来出口导致的二氧化碳排放省际溢出效应。中国出口导致二氧化碳排放省际溢出效应呈现以下特点：

第一，东部省份出口隐含二氧化碳排放主要由本省出口拉动所致，中部、西部和东北地区省份出口隐含二氧化碳排放主要由其他省份出口间接拉动所致。各省份出口不仅导致本省产生二氧化碳排放，也导致为其提供中间产品的省份产生二氧化碳排放。每个省份的出口隐含二氧化碳排放包括直接出口隐含二氧化碳排放和间接出口隐含二氧化碳排放，前者指由本省出口导致在本地产生的二氧化碳排放，后者指由其他省份出口导致本省产生的二氧化碳排放。从各省间接出口隐含二氧化碳排放占出口隐含二氧化碳排放的比重来看，东部省份总体相对较低，而中部、西部和东北地区省份相对较高。如2012年，间接出口隐含二氧化碳排放占出口隐含二氧化碳排放比重最低的五个省份均位于东部，分别为广东、福建、山东、北京和江苏，占比均低于30%，其中广东只有6%，表明这些省份出口二氧化碳排放主要由本省出口所致；间接出口隐含二氧化碳排放占出口隐含二氧化碳排放比重最高的五个省区均位于中部和西部，分别为贵州、甘肃、内蒙古、云南和安徽，占比均高于90%，表明这些省份出口隐含二氧化碳排放主要由其他省份出口所致。分区域来看，2012年，东部省份合计间接出口隐含二氧化碳排放占出口隐含二氧化碳排放的比重为5.42%，而中部、西部和东北地区分别为76.74%、79.58%和53.76%，表明东部地区出口隐含二氧化碳排放主要由其自身出口所致；而中部、西部和东北地区出口隐含二氧化碳排放主要由其他地区出口所致。

第二，中部、西部和东北地区省份出口隐含二氧化碳排放主要由东部省份出口所致，受东部省份出口的溢出效应影响较大。2012年，中部省份由东部省份出口导致的二氧化碳排放合计为19171万吨，占中部省份出口隐含二氧化碳排放的70.21%，西部省份由东部省份出口导致的二氧化碳排放合计为23281万吨，占西部省份出口隐含二氧化碳排放的69.65%，东北省份由东部省份出口导致的二氧化碳排放合计为4455万吨，占东北省份出口隐含二氧化碳排放的44.40%。东部省份受中部、西部和东北省份出口溢出导致的二氧化碳排放量较小，占比也较低。2012年东部省份由中部、西部和东北省份出口导致的二氧化碳排放分别为2269万吨、1692万吨和1143万吨，仅分别占东部省份出口隐含二氧化碳排放的2.41%、1.80%和1.21%。从趋势上看，中部和西部省份受东部省份出口溢出导致的二氧化碳排放逐步增加，1997年分别为4751万吨和4445万吨，2012年分别增长至19171万吨和23281万吨，中部省份由东部省份出口导致的二氧化碳排放占中部省份出口隐含二氧化碳排放的比重由1997年的52.14%上升至2012年的70.21%，西部由1997年的

56.02%上升至 2012 年的 69.65%，均上升了近 20 个百分点。

第三，中部、西部省份是东部省份生产出口产品的高能耗中间产品提供者，由此导致东部省份出口对中部、西部和东北省份的二氧化碳溢出效应较大。通过对东部省份出口对中部、西部和东北二氧化碳排放溢出形成的产业构成进行分析可以发现，东部省份出口通过省际供应链导致中部省份的电力、热力的生产和供应及金属冶炼和压延加工品，西部省份的电力、热力的生产和供应及金属冶炼和压延加工品等产业产生大量二氧化碳排放，从而导致东部省份出口对中部和西部省份产生较大的二氧化碳溢出效应。例如，2012 年东部省份出口导致西部省份的电力、热力的生产和供应，金属冶炼和压延加工品分别产生 12309 万吨、4939 万吨、1398 万吨二氧化碳排放，合计占东部省份出口导致西部二氧化碳排放的 85.62%；东部省份出口导致中部省份的电力、热力的生产和供应，金属冶炼和压延加工品分别产生 8707 万吨、4379 万吨、1759 万吨二氧化碳排放，合计占东部省份出口导致中部省份二氧化碳排放的 85.78%。

分析中部和西部省份受东部省份出口溢出影响较大的产业特点，均属于高能耗型，电力、热力的生产和供应更是典型的高能耗型行业。这也解释了为什么中部和西部省份成了中国净出口隐含二氧化碳排放主要来源地。改革开放以来，东部省份受益于东部沿海优先开放战略及优越的地理区位条件，率先融入全球分工体系，成为中国进口和出口主要区域，也成为中国出口隐含二氧化碳排放的主要产生地和进口隐含二氧化碳排放的需求地。在东部省份日益融入全球分工体系、对外贸易快速发展的同时，中部和西部省份被卷入国内供应链，并利用它们的能源优势为东部省份出口提供高能耗的中间产品（倪红福、夏长杰，2016；苏庆义，2016），导致中西部省份出口隐含二氧化碳排放迅速增长，并成为中国净出口隐含二氧化碳排放的主要区域。

四、研究结论与政策建议

第一，中国存在大规模的二氧化碳排放贸易"顺差"，是隐含二氧化碳排放净输出国。中国净出口隐含二氧化碳排放由 1997 年的 14941 万吨增长至

2012 年的 48956 万吨，年均增长 8.43%。中国出口隐含二氧化碳排放占中国生产侧二氧化碳排放的比重最高时接近 25%。这表明中国存在突出的"其他国家消费与中国污染"问题。2008 年国际金融危机后中国对外贸易规模增速放缓，同时中国二氧化碳排放强度有所改善，生产结构也发生了改变，由此 2007—2012 年中国进出口隐含二氧化碳排放增速放缓，中国净出口隐含二氧化碳排放出现负增长，对缓解中国二氧化碳减排压力具有重要意义。

第二，中国出口隐含二氧化碳排放的产生地和进口隐含二氧化碳排放的需求地空间分布呈现高度集中特点。改革开放后，中国东部省份利用政策和区位优势积极融入世界分工体系，成了中国进出口主要区域，由此也成了中国出口隐含二氧化碳排放主要生产地和进口隐含二氧化碳排放主要需求地。东部省份合计出口隐含二氧化碳排放占全国出口隐含二氧化碳排放的比重接近 60%，东部省份合计进口隐含二氧化碳排放占全国进口隐含二氧化碳排放的 80% 以上。东部省份出口隐含二氧化碳排放占生产侧二氧化碳排放的比重和进口隐含二氧化碳排放占需求侧二氧化碳排放的比重也较高。这表明东部省份的生产侧与需求侧跟世界其他经济体的联系更紧密。

第三，中西部省份是中国净出口隐含二氧化碳排放的主要区域，中西部省份出口隐含二氧化碳排放受东部省份出口的溢出效应影响较大。2012 年，中部和西部省份净出口隐含二氧化碳排放占中国净出口隐含二氧化碳排放的比重超过 90%，东部省份出口导致中西部省份产生的二氧化碳排放占中西部省份出口隐含二氧化碳排放的 70% 左右。东部省份对外贸易快速发展的同时，更多中部和西部省份被卷入国内供应链，并利用它们的能源优势为东部省份出口提供高能耗的中间产品，由此导致中西部省份出口隐含二氧化碳排放迅速增长，并成为中国净出口隐含二氧化碳排放的主要区域。

上述实证研究结论可以提供以下政策参考：一是长期以来中国是隐含二氧化碳排放净输出国，为减少中国隐含二氧化碳排放输出，缓解中国二氧化碳减排压力，中国应该进一步推动国内生产技术的低碳化，包括提高低碳能源的使用比重，通过产业结构调整减轻生产过程对能源密集型产品的依赖性。同时，中国应加快实现在全球价值链分工中的攀升。尽管中国参与全球价值链分工取得了巨大成功，但是在全球价值链分工中主要从事生产、制造和组装环节，处于"微笑曲线"的低端，这增加了中国二氧化碳减排压力。未来中国应通过培育壮大龙头跨国公司、促进创新发展、大力发展生产性服务业等措施，实现向全球价值链分工的研发、设计、销售等环节的攀升，缓解"中国制造"带来的排放压力。二是推动国际碳排放核算体系由以生产侧排放为原则转向以消费侧排放为原则，有助于缓解中国二氧化碳减排压力。但是需要注意的是，2008 年国际金融危机后，中国对外贸易发生了显著变化，中国净出口隐含二氧化碳排放出现了负增长，同时，中国经济更强调依靠国内消费和投资，未来中国消费侧二氧化碳排放增长也需要引起关注。三是中西部省份是中国净出口大量隐含二氧化碳排放的主要区域，这主要是因为中西部省份为东部省份出口提供了大量高能耗中间产品，中西部省份成了东部省份出口的原材料和中间产品供应地，中国形成了 Krugman 和 Venables（1995）指出的"制造业中心—农业外围"格局。为此，中国应致力于延长国内价值链，促进东部省份由制造向研发、设计延伸，由制造业基地向生产性服务基地转变。同时，降低各区域之间交通运输和信息传输成本，减少地方保护主义，促进国内区域一体化发展，引导东部省份制造业向中西部省份转移，实现中西部省份由高能耗产品提供基地向制造基地转变。

本部分研究也存在不足，需要在未来研究中进一步完善：一是本部分对各省进口隐含二氧化碳排放的测算采用了单区域投入—产出模型，假定进口产品生产地的生产技术与进口地的生产技术相同，这可能会造成对各省进口隐含二氧化碳排放的高估或低估（Lenzen et al.，2004；Pan et al.，2008；Andrew et al.，2009）。二是本部分未能深入分析各省进口产品再出口和出口产品再进口等对各省进出口隐含二氧化碳排放的影响。实际上，随着全球价值链分工的深化，跨国（地区）的中间产品贸易迅速增长（Koopman et al.，2014），这种情况可能是普遍存在的。例如，山西电力行业的二氧化碳排放可能先隐含在广东出口的金属部件里出口给了日本用于加工数码相机，该数码相机又被日本出口给山西等省的消费者。这导致核算"谁生产、为谁生产"的二氧化碳排放更加困难。未来，我们将把中国区域间投入产出表嵌入世界投入产出表，内生化处理各省的进口和出口，进一步弥补以上研究的不足。

本章参考文献

［1］Andrew R，Peters G P，Lennox J. Approximation and regional aggregation in multi – regional input – output analysis for national carbon footprint accounting ［J］. Economic Systems Research，2009，21（3）：311 – 335.

［2］Baldwin R，Lopez – Gonzalez J. Supply – chain trade：A portrait of global patterns and several testable hypotheses ［J］. The World Economy，2015，38（11）：1682 – 1721.

［3］BP. BP Statistical Review of World Energy 2013 ［R］. London：BP，2014.

［4］BP. BP Statistical Review of World Energy 2016 ［R］. London：BP，2017.

［5］Chen G Q，Zhang B. Greenhouse gas emissions in China 2007：Inventory and input – output analysis ［J］. Energy Policy，2010，38（10）：58 – 67.

［6］Chen W M，Lei Y L，Feng K S，et al. Provincial emission accounting for CO_2 mitigation in China：Insights from production，consumption and income perspectives ［J］. Applied Energy，2019（255）：113754.

［7］Chen W M，Wu S M，Lei，et al. Virtual water export and import in China's foreign trade：A quantification using input – output tables of China from 2000 to 2012. Resources ［J］. Conservation and Recycling，2017（132）：278 – 290.

［8］Davis K，Feng K，Hubacek S，et al. Targeted opportunities to address the climate – trade dilemma in China ［J］. Nature Climate Change，2015（6）：201 – 206.

［9］Davis S J，Socolow R H. Commitment accounting of CO_2 emissions ［J］. Environmental Research Lettters，2014（9）：084018.

［10］Davis S J，Cao L，Caldeira K，et al. Rethinking wedges ［J］. Environmental Research Letters，2013（8）：011001.

［11］Davis S J，Caldeira K. Consumption – based accounting of CO_2 emissions

[J]. Proceedings of National Academy of Sciences, 2010 (107): 5687 – 5692.

[12] Davis S J, Diffenbaugh N. Dislocated interests and climate change [J]. Environmental Research Letters, 2016 (11): 061001.

[13] Dietzenbacher E B, Los R, Stehrer M P, et al. The construction of world Input – Output tables in the WIOD project [J]. Economic Systems Research, 2013 (25): 71 – 98.

[14] Ferng J J. Allocating the responsibility of CO_2 over – Emissions from the perspectives of benefit principle and econogical deficit [J]. Ecological Economics, 2003 (46): 121 – 141.

[15] Ghertner D A, Fripp M. Trading away damage: Quantifying environmental leakage through consumption – based life – cycle analysis [J]. Ecological Economics, 2007 (63): 563 – 577.

[16] Green F, Stern N. China's "new normal": Structural change, better growth, and peak emissions [R]. London: London School of Economics and Political Science, 2015.

[17] Guan D, Peters G P, Weber C L, et al. Journey to world top emitter: An analysis of the driving forces of China's recent CO_2 emissions surge [J]. Geophysical Research Letters, 2009, 36 (4): 156 – 178.

[18] Haan M D. A structural decomposition analysis of pollution in the netherlands [J]. Economic Systems Research, 2001, 23 (2): 181 – 196.

[19] Hertwich E G, Peters G P. Carbon footprint of nations: A global, trade – linked analysis [J]. Environmental Science of Technology, 2009, 43 (16): 1245 – 1265.

[20] IEA. CO_2 emissions from fuel combustion [R]. Paris: IEA, 2017.

[21] Kanemoto K, Moran D, Lenzen M, et al. International trade undermines national emission reduction targets: New evidence from air pollution [J]. Global Environmental Change, 2014 (24): 52 – 59.

[22] Koopman R, Wang Z, Wei S J. Tracing value – added and double

counting in gross exports [J]. The American Economic Review, 2014, 104 (2): 459 – 494.

[23] Krugman P, Venables A J. Globalization and the inequality of nations [J]. Quarterly Journal of Economics, 1995, 110 (4): 857 – 880.

[24] Lan J, Malik A, Lenzen M, et al. A structural decomposition analysis of global energy footprints [J]. Applied Energy, 2016 (163): 436 – 451.

[25] Lemoine F, Unal D. China's foreign trade: A "new normal" [J]. China World Economy, 2017 (25): 1 – 21.

[26] Lenzen M, Pade L L, Munksgaard J. CO_2 Multipliers in Multi – Region Input – Output Models [J]. Economic Systems Research, 2004 (16): 267 – 289, 391 – 412.

[27] Li F F, Ma Z X. Can China achieve its CO_2 emissions peak by 2030? [J]. Ecological Indicators, 2018 (84): 337 – 344.

[28] Lin B Q, Sun C W. Evaluating carbon dioxide emissions in international trade of China [J]. Energy Policy, 2010, 38 (1): 613 – 621.

[29] Lin X, Polenske K R. Input – Output Anatomy of China's Energy Use Changes in the 1980s [J]. Economic Systems Research, 1995, 7 (1): 67 – 83.

[30] Liu Z, Davis S J, Feng K, et al. Targeted opportunities to address the climate – trade dilemma in China [J]. Nature Climate Change, 2015 (6): 201 – 206.

[31] Machado G V. Energy Use, CO_2 emissions and foreign trade: An IO approach applied to the brazilian case [R]. Macerata: Thirteenth International Conference on Input – Output Techniques, 2000: 21 – 25.

[32] Mattoo A, Wang Z, Wei S J. Trade in value added: Developing new measures of cross – border trade [R]. Washington: World Bank, 2013.

[33] Meng B, Xue J J, Feng K, et al. China's inter – regional spillover of carbon emissions and domestic supply chains [J]. Energy Policy, 2013 (61): 1305 – 1321.

[34] Meng B, Peters G P, Wang Z. Tracing CO_2 emissions in Global Value

Chains [R] . USITC Working Paper, 2015: 12A.

[35] Meng J, Liu J, Yi K, et al. Origin and radiative forcing of black carbon aerosol: Production and consumption perspectives [J] . Environmental Science & Technology, 2016 (7): 1104 – 1115.

[36] Miller R E, Blair P D. Input – output analysis: Foundations and extensions [M] . Englewood Cliffs: Prentice – Hall, 1985.

[37] Minx J C, Baiocchi G, Peters G P, et al. A "Carbonizing dragon": China's fast growing CO_2 emissions revisited [J] . Environmental Science & Technology, 2011, 45 (21): 9144 – 9153.

[38] Munksgaard K, Pedersen A. CO_2 accounts for open economies: Producer or consumer responsibility? [J]. Energy Policy, 2001 (29): 327 – 334.

[39] Muñoz P, Steininger K W. Austria's CO_2 responsibility and the carbon content of its international trade [J]. Ecolocgical Economics, 2010 (69): 2003 – 2019.

[40] Pan C, Peters G P, Andrew R M, et al. Emissions embodied in global trade have plateaued due to structural changes in China [J] . Earth's Future, 2017, 5 (9): 934 – 946.

[41] Pan J, Phillips J, Chen Y. China's balance of emissions embodied in Trade: Approaches to measurement and allocating international responsibility [J] . Oxford Review of Economic Policy, 2008 (24): 354 – 376.

[42] Peters G P, Robbie A, James L. Constructing an environmentally extended multi – Regional input – output table using the GTAP database [J]. Economic Systems Research, 2011, 23 (2): 131 – 152.

[43] Peters G P. From production – based to consumption – based national emissions inventories [J] . Ecological Economics, 2008 (65): 13 – 23.

[44] Peters G P, Hertwich E G. CO_2 embodied in international trade with implications for global climate policy [J] . Environmental Science of Technology, 2008 (42): 1401 – 1407.

［45］Shan Y L, Guan D B, Liu J H, et al. Methodology and applications of city level CO_2 emission accounts in China ［J］. Journal of Cleaner Production, 2018 (161): 1215 – 1225.

［46］Shan Y L, Guan D, Zheng H, et al. China CO_2 emission accounts 1997 – 2015 ［J］. Scientific Data, 2017 (5): 170 – 201.

［47］Steen – Olsen K, Owen A, Hertwich E G, et al. Effects of sector aggregation on CO_2 multipliers in multiregional input – output analyses ［J］. Economic Systems Research, 2014, 26 (3): 284 – 302.

［48］Su B, Ang B W. Structural decomposition analysis applied to energy and emission: Some methodological developments ［J］. Energy Economics, 2012 (34): 177 – 188.

［49］Su B, Huang H C, Ang B W, et al. Input – output analysis of CO_2 emissions embodied in trade: The effects of sector aggregation ［J］. Energy Economics, 2010 (32): 166 – 175.

［50］Tukker A, Dietzenbacher E. Global multiregional input – output frameworks: an introduction and outlook ［J］. Economic Systems Research, 2013 (25): 1 – 19.

［51］Wang T, Watson J. Who owns China's carbon emissions? ［J］. Tyndall Briefing Note, 2007, 23 (10).

［52］Wang Z, Wei S J, Zhu K. Quantifying international production sharing at the bilateral and sector levels ［R］. NBER Working Paper, 2013: 19677.

［53］Wang Z Y, Meng J, Zheng H R, et al. Temporal change in India's imbalance of carbon emissions embodied in international trade ［J］. Applied Energy, 2018 (231): 914 – 925.

［54］Weber C L, Peters G P, Guan D, et al. The Contribution of Chinese exports to climate change ［J］. Energy Policy, 2008, 36 (9).

［55］Wei Y M, Mi Z F, Huang Z. Climate policy modeling: An online SCI – E and SSCI based literature review ［J］. Omega, 2015 (57): 70 – 84.

［56］Wiebe K S, Bruckner M, Giljum S, et al. Calculating energy – related

CO_2 emissions embodied in international trade using a global input – output model ［J］. Economic Systems Research, 2012（24）: 113 – 139.

［57］Wiedmann T, Lenzen M, Turner K, et al. Examining the global environmental impact of regional consumption activities — part2: Review of input – output models for the assessment of environmental impacts embodied in trade ［J］. Ecological Economics, 2007, 61（1）: 15 – 26.

［58］Wu S M, Wu Y R, Lei Y L, et al. Chinese provinces' CO_2 emissions embodied in imports and exports ［J］. Earth's Future, 2018（6）: 867 – 881.

［59］Xu Y, Dietzenbacher E. A structural decomposition analysis of the emissions embodied in trade ［J］. Ecological Economics, 2014（101）: 10 – 20.

［60］Xu M R, Li R, Crittenden J C, et al. CO_2 emissions embodied in China's exports from 2002 to 2008: A structural decomposition analysis ［J］. Energy Policy, 2011, 39（11）.

［61］Zhang Y J, Peng Y L, Ma C Q, et al. Can environmental innovation facilitate carbon emissions reduction? Evidence from China ［J］. Energy Policy, 2017（100）: 18 – 28.

［62］Zhu Q R, Gao J F. Study on the issue of foreign trade and virtual water in China by input – output model ［J］. China Soft Science, 2009（5）: 40 – 45.

［63］樊纲, 苏铭, 曹静. 最终消费与碳减排责任的经济学分析 ［J］. 经济研究, 2010（8）: 22 – 35.

［64］国家统计局. 中国统计年鉴（2007）［M］. 北京: 中国统计出版社, 2008.

［65］国家统计局. 中国统计年鉴（2012）［M］. 北京: 中国统计出版社, 2013.

［66］国家统计局. 中国统计年鉴（2017）［M］. 北京: 中国统计出版社, 2018.

［67］黎峰. 增加值视角下的中国国家价值链分工 ［J］. 中国工业经济, 2016（3）: 52 – 67.

［68］李善同，齐舒畅，许召元. 2002 年中国地区扩展投入产出表：编制与应用［M］. 北京：清华大学出版社，2010.

［69］李善同. 2002 年中国地区扩展投入产出表：编制与应用［M］. 北京：经济科学出版社，2010.

［70］李善同. 2007 年中国地区扩展投入产出表：编制与应用［M］. 北京：经济科学出版社，2016.

［71］李善同. 2012 年中国地区扩展投入产出表：编制与应用［M］. 北京：经济科学出版社，2018.

［72］李善同. 2017 年中国省际间投入产出表：编制与应用［M］. 北京：经济科学出版社，2022.

［73］李小平. 国际贸易、污染产业转移和中国工业 CO_2 排放［J］. 经济研究，2010（1）：15 – 26.

［74］倪红福，夏长杰. 中国区域在全球价值链中的作用及其变化［J］. 财贸经济，2016，78（10）：87 – 101.

［75］彭水军，余丽丽. 全球生产网络中国际贸易的碳排放区域转移效应研究［J］. 经济科学，2015，5（6）：58 – 70.

［76］彭水军，张文城，孙传旺. 碳排放的国家责任核算方案［J］. 经济研究，2015，51（3）：137 – 150.

［77］陈迎，潘家华，谢来辉. 中国外贸进出口商品中的内涵能源及其政策含义［J］. 经济研究，2008（7）：11 – 25.

［78］苏庆义. 中国省级出口的增加值分解及其应用［J］. 经济研究，2016，51（1）：84 – 98.

［79］徐康宁，王剑. 自然资源丰裕程度与经济发展水平关系的研究［J］. 经济研究，2006（1）：78 – 89.

［80］张为付，杜运苏. 中国对外贸易中隐含碳排放失衡度研究［J］. 中国工业经济，2011（4）：138 – 147.

［81］张友国. 中国贸易含碳量及其影响因素——基于（进口）非竞争型投入产出表的分析［J］. 经济学（季刊)，2010（4）：1287 – 1308.

第五章　基于投入产出方法的
国际贸易不公平性研究

根据国际贸易理论，国际贸易有利于各国福利增进，然而，现实所见的却是大量贸易争端。本部分重点基于投入产出方法分析国际贸易或参与全球价值链分工隐含的增加值收益及碳排放转移，进而分析国际贸易导致的经济收益与环境代价的不公平性。

第一节　中美贸易隐含增加值收益与环境代价研究

一、研究背景

美国和中国是世界上两个最大的经济体，是世界贸易大国，彼此间也是重要贸易伙伴。2018 年，中国进出口总额为 305100 亿元，美国进出口总额达到 42760 亿美元（世界贸易组织，2019）。2018 年中美双边贸易进出口总值为 6335.2 亿美元，中国对美国出口为 4784.2 亿美元，贸易顺差 3233.2 亿美元，这是中国对美国的贸易顺差连续第二年刷新 2006 年统计以来的最高纪录（海关总署，2019）。由于巨大的贸易不平衡性，近年来中美之间出现了严重贸易摩擦。2017 年 8 月 18 日，美国以贸易失衡为主要缘由对中国发起"301 调查"，2019 年 8 月 24 日，美国宣称拟对 3000 亿美元中国输美商品加征 10% 关税。

现有贸易统计显示的中美之间巨大贸易顺差是以贸易总值为基础核算出来的，然而，随着国际分工逐渐由产业间和产业内分工向全球价值链分工发展，工业制成品的生产工序不断细化，同一行业不同生产工序分布在不同国家成为常态。在全球价值链分工的背景下，中间品在国家间的不断加工流转导致了以贸易总值为口径的传统贸易核算方法往往高估了各个国家，尤其是处在全球价值链下游国家的出口规模，即"所见非所得"（Maurer，2012）。由此，以贸易总值为基础的官方贸易统计存在严重不足，无法反映当前以全球价值链分工为基础的国际贸易真实获利状况。例如，很多顶级品牌的智能电视和手机设计在日本进行，而其精密的组件如半导体和处理器却是在韩国或者中国台湾地区进行生产，在中国大陆进行组装，最后在欧洲、美国进行销售并提供售后服务。按照贸易总值核算方法，将严重高估中国出口获利，日本、韩国、中国台湾地区创造的增加值将被核算到中国的出口中。各类国际统计机构也认识到，需要建立新的贸易统计方法衡量全球价值链分工中各国真实的贸易获利。OECD 和 WTO（2011）在 GVC 分工背景下进一步提出了增加值贸易的概念，其以"价值增值"为统计口径形成了一个全新的贸易统计框架，能够消除传统贸易存在"统计幻想"的不足（Srholec，2007），并于 2013 年 1 月首次发布了增加值贸易数据库。

国际贸易不仅仅是物质交换，也伴随着资源与环境的交换。特别是全球价值链分工的发展不仅使得一种行业的生产分割在不同的国家（或地区），也使得生产一种行业的碳排放在不同国家（或地区），从而形成了一个全球碳排放链。全球碳排放链的形成使得一些发达国家的污染密集型企业为了规避本国严厉的环境规制，将污染密集型环节转移到环境规制和标准相对较低的国家，从而导致所谓的碳排放泄漏（Eskeland and Harrison，2003；Cole，2004）。改革开放以来，中国通过积极参与全球价值链分工，经济发展取得巨大成就，但是面临的资源环境压力增大。根据 2019 年《BP 世界能源统计年鉴》的数据，中国二氧化碳排放量约为 94.28 亿吨，占全球的 27.8%，是世界最大碳排放国。因此，我们不仅需要使用新的贸易统计方法对中美贸易真实获利进行核算，也需要核算中美贸易对两国的环境影响。唯有如此，才能更全面准确地揭示中美贸易真实状况。

二、研究方法与数据来源

(一) 研究方法

假设在 MRIO 模型中有 m 个经济体, 每个经济体的部门数量是 n。

基本的投入产出等式如下:

$$X = (I - A)^{-1}Y \tag{5-1}$$

其中:

$$A = \begin{bmatrix} A^{11} & \cdots & A^{1m} \\ \vdots & \ddots & \vdots \\ A^{m1} & \cdots & A^{mm} \end{bmatrix} \tag{5-2}$$

代表直接消耗系数矩阵, 其子矩阵为

$$A^{rs} = \begin{bmatrix} a_{11}^{rs} & \cdots & a_{1n}^{rs} \\ \vdots & \ddots & \vdots \\ a_{n1}^{rs} & \cdots & a_{nn}^{rs} \end{bmatrix} \tag{5-3}$$

反映了国家 s 各部门单位总产出对国家 r 各部门产出的直接消耗量。

$$Y = [Y^1, \ Y^2, \ \cdots, \ Y^m]' \tag{5-4}$$

代表最终需求矩阵, 其子矩阵为

$$Y^r = [Y^{r1}, \ Y^{r2}, \ \cdots, \ Y^{rm}] \tag{5-5}$$

反映了国家 r 提供给各国的最终需求。

$$X = [X^1, \ X^2, \ \cdots, \ X^m]' \tag{5-6}$$

表示总产出矩阵, 其子矩阵为

$$X^r = [X^{r1}, \ X^{r2}, \ \cdots, \ X^{rm}] \tag{5-7}$$

反映了各国对国家 r 的总产出拉动, 如 X^{rs} 表示国家 s 的最终需求拉动的部门 r 的总产出。

$(I - A)^{-1}$ 表示世界投入产出模型的 Leontie 逆矩阵, 其元素反映了国家各部间最终需求与拉动的总产出的关系。B^{rs} 表示国家 s 各部门生产 1 单位最终行业对国家 r 部门总产出的完全需求量。

令

$$B = (I-A)^{-1} = \left(I - \begin{bmatrix} A^{11} & \cdots & A^{1m} \\ \vdots & \ddots & \vdots \\ A^{m1} & \cdots & A^{mm} \end{bmatrix} \right)^{-1} = \begin{bmatrix} B^{11} & \cdots & B^{1m} \\ \vdots & \ddots & \vdots \\ B^{m1} & \cdots & B^{mm} \end{bmatrix} \qquad (5-8)$$

于是，国家间的投入产出模型可以表示为

$$\begin{bmatrix} X^{11} & \cdots & X^{1m} \\ \vdots & \ddots & \vdots \\ X^{m1} & \cdots & X^{mm} \end{bmatrix} = \begin{bmatrix} B^{11} & \cdots & B^{1m} \\ \vdots & \ddots & \vdots \\ B^{m1} & \cdots & B^{mm} \end{bmatrix} \begin{bmatrix} Y^1 \\ Y^2 \\ \vdots \\ Y^m \end{bmatrix} = \qquad (5-9)$$

$$\begin{bmatrix} B^{11} & \cdots & B^{1m} \\ \vdots & \ddots & \vdots \\ B^{m1} & \cdots & B^{mm} \end{bmatrix} \begin{bmatrix} Y^{11}, & Y^{12}, & \cdots, & Y^{1m} \\ Y^{21}, & Y^{22}, & \cdots, & Y^{2m} \\ \vdots & \vdots & \ddots & \vdots \\ Y^{m1}, & Y^{m2}, & \cdots, & Y^{mm} \end{bmatrix}$$

定义增加值系数为

$$V^r = VA^r (X^r)^{-1} \qquad (5-10)$$

令

$$\widehat{V} = \begin{bmatrix} \widehat{V^1} & \cdots & 0 \\ \vdots & \ddots & \vdots \\ 0 & \cdots & \widehat{V^m} \end{bmatrix} \qquad (5-11)$$

代表增加值率对角阵，其子矩阵为

$$\widehat{V^r} = \begin{bmatrix} v_1^r & \cdots & 0 \\ \vdots & \ddots & \vdots \\ 0 & \cdots & v_n^r \end{bmatrix} \qquad (5-12)$$

进一步定义增加值贸易核算系数矩阵：

$$\widehat{V}B = \begin{bmatrix} \widehat{V^1} & \cdots & 0 \\ \vdots & \ddots & \vdots \\ 0 & \cdots & \widehat{V^m} \end{bmatrix} \begin{bmatrix} B^{11} & \cdots & B^{1m} \\ \vdots & \ddots & \vdots \\ B^{m1} & \cdots & B^{mm} \end{bmatrix} = \begin{bmatrix} \widehat{V^1}B^{11} & \cdots & \widehat{V^1}B^{1m} \\ \vdots & \ddots & \vdots \\ \widehat{V^m}B^{m1} & \cdots & \widehat{V^m}B^{mm} \end{bmatrix} \qquad (5-13)$$

代表在最终行业生产过程中，来源于各部门的直接和间接增加值。$\widehat{VB}$ 中，行方向表示其他部门生产 1 单位最终行业来自该行向对应行业部门的增加值，列方向表示其他部门生产 1 单位价值列向对应行业部门最终行业的增加值，且列项之和为 1。

定义 $N \times N$ 阶增加值分解矩阵 $\widehat{VBY}$：

$$
\widehat{VBY} = \begin{bmatrix} \widehat{V^1} & \cdots & 0 \\ \vdots & \ddots & \vdots \\ 0 & \cdots & \widehat{V^m} \end{bmatrix} \begin{bmatrix} B^{11} & \cdots & B^{1m} \\ \vdots & \ddots & \vdots \\ B^{m1} & \cdots & B^{mm} \end{bmatrix} \begin{bmatrix} Y^{11}, & Y^{12}, & \cdots, & Y^{1m} \\ Y^{21}, & Y^{22}, & \cdots, & Y^{2m} \\ \vdots & \vdots & \ddots & \vdots \\ Y^{m1}, & Y^{m2}, & \cdots, & Y^{mm} \end{bmatrix} =
$$

$$
\begin{bmatrix} \widehat{V^1} \sum_r^m B^{1r} Y^{r1}, & \widehat{V^1} \sum_r^m B^{1r} Y^{r2}, & \cdots, & \widehat{V^1} \sum_r^m B^{1r} Y^{rm} \\ \widehat{V^2} \sum_r^m B^{2r} Y^{r1}, & \widehat{V^2} \sum_r^m B^{2r} Y^{r2}, & \cdots, & \widehat{V^2} \sum_r^m B^{2r} Y^{rm} \\ \vdots & \vdots & \ddots & \vdots \\ \widehat{V^m} \sum_r^m B^{mr} Y^{r1}, & \widehat{V^m} \sum_r^m B^{mr} Y^{r2}, & \cdots, & \widehat{V^m} \sum_r^m B^{mr} Y^{rm} \end{bmatrix} \quad (5-14)
$$

矩阵 $\widehat{VBY}$ 为 $N \times N$ 阶增加值分解矩阵，其中每一行元素表示一国增加值使用去向（增加值最终被哪一国所吸收），对角线上的元素分别表示一国增加值被本国最终吸收，非对角线上的元素分别表示一国的增加值被其他国家吸收，横向非对角线元素之和表示一国增加值出口，纵向非对角线元素之和表示一国增加值进口。

令 VAX^{rs} 表示国家 r 对国家 s 的增加值出口：

$$
VAX^{rs} = \widehat{V^r} \sum_{g=1}^m B^{rg} Y^{gs} = \widehat{V^r} B^{rr} Y^{rs} + \widehat{V^r} B^{rs} Y^{ss} + \widehat{V^r} \sum_{g \neq r,s}^m B^{rg} Y^{gs} \quad (5-15)
$$

其中，$\widehat{V^r} B^{rr} Y^{rs}$ 为最终行业出口拉动的增加值，$\widehat{V^r} B^{rs} Y^{ss}$ 为中间行业出口拉动的增加值，$\widehat{V^r} \sum_{g \neq r,s}^m B^{rg} Y^{gs}$ 为中间行业间接出口拉动的增加值，即通过第三国产生的增加值出口。

令 E^{rs} 表示国家 r 向国家 s 的出口，包括最终出口和中间出口：

$$E^{rs} = A^{rs}X^s + Y^{rs} \tag{5-16}$$

E^{rs}可以分解如下：

$$E^{rs} = A^{rs}X^s + Y^{rs} = \underbrace{(V^r B^{rr})^T \# Y^{rs}}_{(1)DVA\_FIN} + \underbrace{(V^r L^{rr})^T \# (A^{rs} B^{ss} Y^{ss})}_{(2)DVA\_INT} +$$

$$\underbrace{(V^r L^{rr})^T \# \left[A^{rs} \sum_{t \neq r,s}^{m} B^{st} Y^{tt} + A^{rs} B^{ss} \sum_{t \neq r,s}^{m} Y^{st} + A^{rs} \sum_{t \neq r,s}^{m} \sum_{u \neq r,t}^{m} B^{st} Y^{tu} \right]}_{(3)DVA\_INTrex} +$$

$$\underbrace{(V^r L^{rr})^T \# \left[A^{rs} B^{ss} Y^{sr} + A^{rs} \sum_{t \neq r,s}^{m} B^{st} Y^{tr} + A^{rs} B^{sr} Y^{rr} \right]}_{(4)RDV} +$$

$$\underbrace{\left(\sum_{t \neq r,s}^{m} V^t B^{tr} \right)^T \# [Y^{rs} + A^{rs} L^{ss} Y^{ss}]}_{(5)OVA} + \underbrace{(V^s B^{sr})^T \# [Y^{rs} + A^{rs} L^{ss} Y^{ss}]}_{(6)MVA} +$$

$$\underbrace{\left[(V^r L^{rr})^T \# \left(A^{rs} \sum_{t \neq r}^{m} B^{sr} Y^{rt} \right) + (V^r B^{rr} - V^r L^{rr})^T \# (A^{rs} X^s) \right]}_{(7)DDC} +$$

$$\underbrace{\left[(V^s B^{sr})^T + \left(\sum_{t \neq r,s}^{m} V^t B^{tr} \right)^T \right] \# (A^{rs} L^{ss} E^{s*})}_{(8)FDC} \tag{5-17}$$

其中，$L^{ss} = (I - A^{ss})^{-1}$表示 s 国的国内列昂惕夫逆矩阵，L^{rr} 和 L^{tt} 也类似。

根据 WWZ 方法，可以将一国的出口贸易总额分解为最终被国外吸收的国内增加值（DVA）、生产本国出口的国外增加值（FVA）、返回国内的本国增加值（RDV）和纯重复计算项（PDC）四部分，且每一类价值还可以细分为不同的组成部分，具体分解部分如表 5 – 1 所示。

表 5 – 1　出口贸易总额E^{rs}分解

（1）DVA	最终被国外吸收的国内增加值
DVA_FIN	以最终品出口的国内增加值（1）
DVA_INT	直接被进口国吸收的中间品出口的国内增加值（2）
DVA_INTrex	被进口国生产向第三国出口所吸收的中间品出口的国内增加值（3）
（2）RVA	返回并最终被本国吸收的国内增加值（4）
（3）VA	生产本国出口的国外增加值
MVA	出口隐含的进口国增加值（5）

OVA	出口隐含的第三（其他）国增加值（6）
（4） PDC	纯重复计算部分
DDC	来自国内账户的纯重复计算部分（7）
FDC	来自国外账户的纯重复计算部分（8）

令 $\widehat{F}$ 表示碳排放系数对角阵：

$$\widehat{F} = \begin{bmatrix} \widehat{F^1} & \cdots & 0 \\ \vdots & \ddots & \vdots \\ 0 & \cdots & \widehat{F^m} \end{bmatrix} \qquad (5-18)$$

其子矩阵为

$$\widehat{F^r} = \begin{bmatrix} f_1^r & \cdots & 0 \\ \vdots & \ddots & \vdots \\ 0 & \cdots & f_n^r \end{bmatrix} \qquad (5-19)$$

令 EEX^{rs} 表示国家 r 对国家 s 的隐含碳排放出口：

$$EEX^{rs} = \widehat{F^r} B^{rr} Y^{rs} + \widehat{F^r} B^{rs} Y^{ss} + \widehat{F^r} \sum_{t \neq s,r}^{m} B^{rt} Y^{ts} \qquad (5-20)$$

Net EEX^{rs} 则表示国家 r 对国家 s 的隐含碳净转移：

$$\text{Net } EEX^{rs} = EEX^{rs} - EEX^{sr} \qquad (5-21)$$

其中，$\widehat{F^r} B^{rr} Y^{rs}$ 为最终行业出口拉动的隐含碳排放；$\widehat{F^r} B^{rs} Y^{ss}$ 为中间行业出口拉动的隐含碳排放；$\widehat{F^r} \sum_{t \neq s,r}^{m} B^{rt} Y^{ts}$ 为中间行业间接出口拉动的隐含碳排放，即第三国产生的碳排放。当 Net $EEX^{rs} > 0$ 时，表明国家 r 总体处于碳排放转出地位，贸易导致其产生了更多的碳排放，反之亦然。

（二）数据来源

本节使用的 MRIO 来自世界投入产出数据库（WIOD，2016）。该投入产出表的时间跨度为 2000 年至 2014 年，每个年份包含 44 个经济体，每个经济体包含 56 个部门。本部分中每个经济体各部门的碳排放数据来自 WIOD Environmental Accounts（2019）。IEA 的碳排放数据包含 143 个经济体，每个经济体包含 32 个部门。考虑到 WIOD 和 IEA 中的部门无法一一对应，我们根据国际标准产业分类对部门进行了合并整理。最后，形成了时间跨度为 2000 年至 2014 年，每个年度包含 17 个经济体，每个经济体包含 16 个部门的数据集（见表 5 - 2 和表 5 - 3）。

表 5 - 2 经济体名称和简称

简称	经济体
AUS	澳大利亚
BRA	巴西
CAN	加拿大
CHE	瑞士
CHN	中国
IDN	印度尼西亚
IND	印度
JPN	日本
KOR	韩国
MEX	墨西哥
NOR	挪威
RUS	俄罗斯
TUR	土耳其
TWN	中国台湾
USA	美国
ROW	世界其他地区
EU28	欧盟 28 国

表 5 - 3 本部分中部门名称和代码

部门代码	部门名称
S01	农林牧渔业
S02	采掘业
S03	食品烟草业
S04	纺织品和皮革制造业
S05	木材与木材加工业
S06	化学工业

部门代码	部门名称
S07	非金属业
S08	金属制品业
S09	机械制造业
S10	交通设备制造业
S11	其他制造业
S12	电力、燃气、蒸汽和空调供应业
S13	建筑业
S14	交通运输业
S15	居民服务业
S16	商业和公共服务业

三、结果与讨论

（一）中美总值贸易与增加值贸易比较

基于贸易总值核算的中美货物贸易顺差显著大于基于增加值贸易核算的中美货物贸易顺差，传统贸易总值核算夸大了中国在中美货物贸易中的获利。根据目前的官方统计数据，即基于传统的贸易总值核算，2014 年中国对美国货物出口为 3359.09 亿美元，货物进口为 835.72 亿美元，货物贸易顺差为 2526.71 亿美元。而基于贸易增加值核算中国对美国货物出口为 2225.69 亿美元，货物进口为 606.44 亿美元，中美货物贸易增加值顺差为 1693.42 亿美元。基于贸易总值核算的中美货物贸易顺差比基于贸易增加值核算的顺差多出 833.29 亿美元，高估了 49.2%。从趋势来看，基于总值贸易核算的中美货物贸易顺差较基于增加值贸易核算的中美货物贸易顺差的差额不断扩大，2000 年两者差额为 41.8%，2014 年为 49.2%。2000 年至 2014 年，基于总值贸易核算的中美货物贸易顺差比基于增加值贸易核算的中美贸易顺差平均高 48.76%。这主要是因为随着中国不断融入全球价值链分工，作为世界组装加工工厂的地位进一步巩固。而贸易总值核算方法将中国对美国输出的制成品的全部价值都计入了中国对美国的出口，其中包括其他国家（或地区）交付中国企业加工、组装，再出口到美国的制成品价值，忽略了中国仅仅是全球价值链上的重要组装加工一环，由此严重高估了中国对美国货物贸易顺差，也扭曲了中美双边贸易关系。

基于贸易总值核算，2000 年中国从美国进口的服务商品为 15.56 亿美元，2014 年扩大到 284.79 亿美元；而基于增加值贸易核算，2000 年中国从美国进口的服务商品为 75.73 亿美元，2014 年扩大到 584.82 亿美元。更为重要的是，基于贸易总值核算中美服务贸易 2008 年前为顺差，而 2008 年之后转为逆差。2014 年逆差为 170.76 亿美元。但是，基于增加值贸易核算中美服务贸易一直处于顺差，且顺差不断扩大，由 2000 年的 70.91 亿美元增加到 2014 年的 477.14 亿美元。这表明传统基于贸易总值的核算严重掩盖了中美服务贸易顺差的事实，极大地扭曲了中美服务贸易失衡程度和方向。对于中美服务贸易，基于贸易总值核算与增加值贸易核算结果差异巨大的原因是，贸易总值核算方法并未充分考虑国内国际生产分割和服务与制造业深度融合带来的服务商品间接进出口。现有的国际生产分工细化模糊了制造业和服务业的界限，制造业的发展需要大量服务业的投入。大量服务业生产要素创造的价值通过非服务业间接出口，尤其是生产性服务业增加值，大量通过下游制造业部门间接出口，导致服务业增加值出口量远高于传统贸易总值核算的服务业出口总额。中国向美国出口的服务增加值远大于美国向中国出口的服务增加值的主要原因有两个：一方面是中国向美国出口的货物贸易远大于美国向中国出口的货物贸易，因此中国出口的货物贸易带动了更多的服务增加值出口；另一方面是因为中国主要从事加工组装等价值链低端环节，向美国出口货物贸易带动了大量运输、仓储等服务增加值出口。

综合中美货物贸易和服务贸易核算，传统的贸易总值核算高估了中美贸易顺差。2000—2008 年，中国对美国的贸易总值出口和增加值出口均保持持续增长的态势，尤其是在中国加入 WTO 后，但随后受 2008 年国际金融危机的影响，中国对美国的总值出口和增加值出口规模均有所减小。基于贸易总值核算的中美贸易顺差由 2000 年的 391.06 亿美元增加到 2014 年的 2352.59 亿美元；而基于增加值贸易核算的中美贸易顺差由 2000 年的 336.31 亿美元上升到 2014 年的 2096.39 亿美元。基于贸易总值核算的中美贸易顺差相比基于增加贸易值核算的中美贸易顺差平均高了 14%。

从行业角度来看，基于贸易总值和贸易增加值的核算结果存在巨大差异。基于贸易总值核算，S09（机械制造业）中美贸易顺差由 2000 年的 153.22 亿美元增加到 2014 年的 1621.79 亿美元。而基于贸易增加值核算，S09（机械制造业）中美贸易顺差由 2000 年的 40.29 亿美元增加到 2014 年的 494.92 亿美元。2014 年，S09（机械制造业）基于贸易总值核算中美贸易顺差较基于贸易增加值核算高 228.13%。对比基于贸易增加值核算与基于贸易总值核算的结果，利用贸易增加值核算方法核算中美贸易顺差缩小幅度最大的三个行业分别是：S09（机械制造业）、S04（纺织品和皮革制造业）、S11（其他制造业）。主要因为这三个行业是全球价值链分工程度较高的行业。这三个行业的生产过程中，中间品在多个国家流转，由此导致基于总值贸易的核算方法会严重高估处于组装环节的国家出口。改革开放以来，中国利用丰裕的劳动力和廉价的劳动力成本，吸引跨国公司在中国进行投资，使得中国专业化从事加工装配等劳动密集型环节，导致加工贸易成为中国参与 GVC 分工的主要方式。而 S09（机械制造业）是中国出口加工快速发展的行业，通过进口原材料、零部件、加工装配后再出口。由此，虽然中国对美国总值出口额较大，但是出口中中国的增加值并不多。基于贸易总值的核算方法将本应记在行业上游国家的对美顺差转嫁到了中国，导致了中国对美国巨大的总值贸易顺差。

服务业是中国对美国增加值出口大于贸易总值出口的主要行业。S12（电力、燃气、蒸汽和空调供应业）、S14（交通运输业）、S15（居民服务业）和 S16（商业和公共服务业）中国对美国的贸易增加值差额均要大于贸易总值差额。其中，2000 年，S15 在贸易总值核算下中美贸易逆差为 0.03 亿美元，贸易增加值核算下的中美贸易顺差为 4.33 亿美元，后者是前者的 119.95 倍，两种计算方式下的差距最大。由此可见，尽管中国被称为"世界工厂"，但是中国对美国的制造品出口中隐含了大量的服务投入，即服务业通过隐含在其他行业中大量间接出口增加值。贸易总值核算方法并未充分考虑国内国际生产分割和服务与制造业深度融合带来的服务商品间接进出口。现有的国际生产分工细化模糊了制造业和服务业的界限，制造业的发展需要大量服务业的投入。大量服务业生产要素创造的价值通过非服务业间接出口，尤其是生产性服务业增加值，大量通过下游制造业部门间接出口，导致服务业增加值出口量远高于传统贸易总值核算的服务业出口总额。例如，服务作为制造业中间投入的提升对下游机械、机动车、化工、电气设备等行业的出口、附加值和就业具有明显的促进作用（Francois and Woerz，2008）。

（二）中美双边贸易价值增值分解

尽管前文已经详细比较了基于贸易总值和基于贸易增加值两种核算方法下中美贸易状况，但是仍需要进一步厘清中国对美国出口和美国对中国出口的价值来源，才能更清楚地反映中美贸易的真实状况。图 5-1 反映了中美双边贸易出口的价值来源构成情况，从中可以发现：第一，从出口中隐含的国内增加值来看，中国对美国出口中的国内增加值比重（$DVA + RDV$）从 2000 年的 83.46% 下降到 2007 年的 76.70%，之后开始上升到 2014 年的 83.26%，整体呈现先下降、后上升的趋势，而同期美国对中国出口中隐含的美国国内增加值比重基本保持不变，维持在 80% 左右，2014 年为 85.22%，高于同期中国对美国出口的国内增加值比重，这表明美国在中美双边贸易中的获利能力超过中国。中国对美国出口中隐含的国内增加值先降后升的主要原因是，中国最初通过加工贸易的方式参与全球价值链生产，因此国内增加值占比降低，在此过程中，中国不断引进外资、技术、设备和管理经验，支持国内自主研发生产，尤其是 2008 年国际金融危机之后，中国在对外贸易中的获利能力提高，出口中的国内增加值占比上升。具体来看，在国内增加值出口中，中国出口中 DVA_FIN 的占比相对较高（2014 年为 52.55%），而 DVA_INT 和 DVA_INTrex 的占比明显较低（2014 年分别为 25.58% 和 4.68%）；美国出口中 DVA_FIN 的占比相对较低（2014 年为 33.92%），而 DVA_INT 和 DVA_INTrex 的占比明显较高（2014 年分别为 39.57% 和 9.69%）。上述特征表明，在中美贸易中，中国主要采取进口中间品、出口最终品的贸易模式，而美国主要采取进口最终品、出口中间品的贸易模式。第二，从国外增加值来源角度分析，中国对美国出口的 FVA 比例（$MVA + OVA$）超过美国对中国出口的 FVA 比例，其中，中国对美国出口中的 OVA 份额尤其突出。换言之，美国对中国的出口绝大部分依靠自身的增加值，国外增加值比例很低（2005年只有0.6%来自中国，10.28%来自其他国家）。而中国对美国的出口行业中则隐含着大量的国外增加值，尤其是来自第三国的增加值（2005年有1.48%来自美国，22.06%来自其他国家）。

出口中增加值结构的不同，反映了中美两国在全球生产链中所处地位的不同，美国主要从事行业设计和出口零部件生产，在全球价值链中处于上游位置，相反，中国更多从事加工组装生产，出口增加值中大部分为最终品的国内增加值，处于全球价值链的下游。

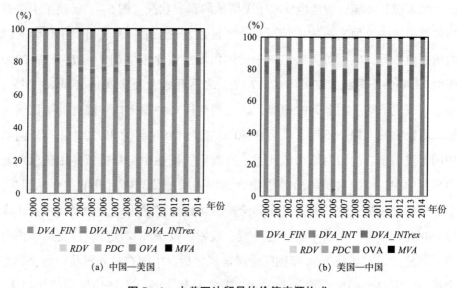

（a）中国—美国　　　　　　　（b）美国—中国

图 5 – 1　中美双边贸易的价值来源构成

图 5 – 2 将 2014 年中美双边贸易按照增加值不同来源分解为不同国家和地区，可以看出：构成中国对美国出口中第三国增加值主要来源国（地区）是韩国、日本和中国台湾地区。美国对中国出口中第三国增加值主要来源国是加拿大、墨西哥、日本。其中，图 5 – 2（a）显示，2014 年中国对美国的出口隐含的第三国增加值占比为 14.28%（OVA），主要包括韩国（1.17%）、日本（1.03%）、中国台湾（0.86%）、欧盟 28 国（1.99%）、世界其他地区

（9.22%）。图 5 - 2（b）显示，2014 年美国对中国的出口中隐含的第三国增加值占比为 11.05%（OVA），主要包括加拿大（1.95%）、墨西哥（1.08%）、日本（0.67%）、欧盟 28 国（2.44%）、世界其他地区（4.92%）。

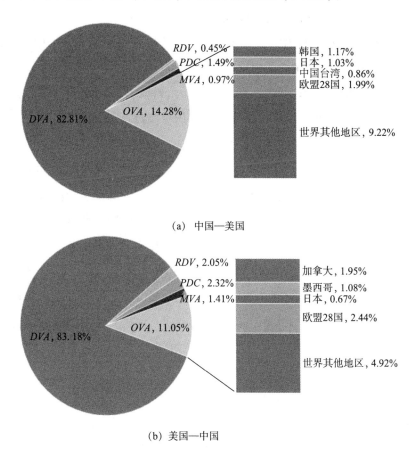

（a）中国—美国

（b）美国—中国

图 5 - 2　2014 年中美双边贸易中隐含增加值来源

中国作为东亚分工网络中重要的一环，其对美国出口中来自日本、韩国、中国台湾地区的增加值占中国对美国出口来自第三国增加值的比重高达 21.42%。中美总值贸易顺差的背后事实是，日本和韩国通过中国向美国出口大量贸易增加值。当基于贸易增加值核算方法重新核算中美、日美、韩美贸易状况时，我们发现中美贸易增加值贸易顺差低于总值贸易顺差，而日美和韩美贸易增加值贸易顺差高于总值贸易顺差。这也表明中美贸易争端会为东亚经济体带来不容小觑的负面影响。在全球价值链分工与生产中，各国的贸易利益相互交叠，"你中有我，我中有你"，中美贸易摩擦不仅给中美两国带来冲击，也会给日本和韩国等带来冲击。

具体从中美双边贸易中出口隐含的主要第三国增加值（OVA）来看，2000 年至 2014 年，中国向美国出口中隐含的日本增加值呈先上升、后下降的趋势，其中，2001 年至 2007 年增速最快，年均增长率达到 37.5%，2007 年中国向美国出口中隐含的日本增加值达到历史高峰，为 59.21 亿美元，占中国向美国出口中隐含的第三国增加值（OVA）的 6.1%。2008 年国际金融危机后，中国向美国出口中隐含的日本增加值开始大幅减少，2010 年略有回升，之后一直呈下降趋势。同期，中国对美国出口隐含的韩国及中国台湾地区的增加值的变动趋势与日本略有不同。从整体上看，中国向美国出口中隐含的韩国及中国台湾地区的增加值呈先上升、后下降之后回升的状态，其中出口中隐含的韩国增加值在 2014 年达到高峰，为 40.57 亿美元，中国台湾地区的增加值在 2007 年达到高峰，为 29.85 亿美元。2014 年，中国向美国出口隐含的韩国增加值已经超过日本居于首位。这表明，中国日益增加从韩国进口零部件和中间产品，并进行加工组装后将成品或半成品出口到美国。2000 年至 2014 年美国向中国出口隐含的国外增加值来自加拿大最多，2014 年达到高峰（20 亿美元），但是远低于中国向美国出口隐含来自日本的增加值 2007 年达到高峰（59.2 亿美元）。反映了中美两国在全球价值链分工中地位的差异，美国对中国的出口来自其自身创造增加值的能力高于中国，从国外增加值角度来看，中国吸收第三国增加值的能力高于美国，表明在中美双边贸易中，美国获利能力远超中国。

以 2014 年中美贸易为例，图 5-3（a）反映了中国各行业对美国出口的价值来源构成情况，从中可以发现：第一，从出口中隐含的国内增加值来看，其中 S09、S04、S11 的 *DVA_FIN* 在本行业总出口中占比分别为 50.35%、84.76%、60.2%，其 *DVA_INT* 在本行业总出口中占比分别为 24.77%、4.36%、21.88%。这三大行业的 *DVA_FIN* 占比都远大于 *DVA_INT*，并且这三大行业占中国对美国总出口额的比例分别为 52.87%、15.40%、10.74%，合计 79.01%，表明上述行业主要集中于最终产品的出口，并且是中国对美国出口贸易额最多的行业。上述特征证实了在中国对美国出口贸易过程中，主要采取出口最终品的贸易模式。第二，从国外增加值来源角度分析，各行业出口中隐含的第三国增加值（*OVA*）占本行业出口总额的比例排名前三的行业为 S09（17.10%）、S08（16.15%）、S06（14.66%），表明这三大行业相比其他行业的出口隐含着大量的第三国增加值，其出口占中国对美国的出口为 61.11%，表明中国对美国出口的产品中吸收了较多的第三国增加值。

图 5-3（b）反映了美国各行业对中国出口的价值来源构成情况，从中可以发现：第一，从出口中隐含的国内增加值来看，除 S09、S10、S11 的 *DVA_FIN* 在本行业总出口占比大于 *DVA_INT* 在本行业总出口占比外，其他行业的 *DVA_FIN* 占比均低于 *DVA_INT* 占比。S09、S10、S11 占美国对中国出口总额的比例合计为 43.52%，表明除了 S09、S10、S11 以外的行业都集中于中间产品的出口，并且这些行业出口总额占中国对美国出口贸易额的比例

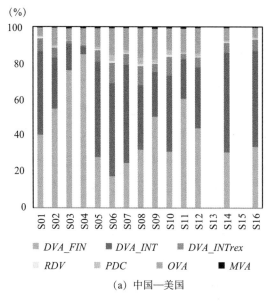

（a）中国—美国

图 5-3　2014 年中美双边贸易行业总出口的价值构成

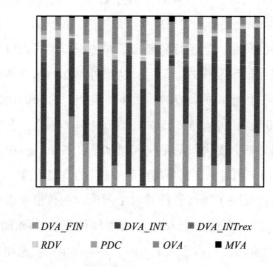

DVA_FIN   DVA_INT   DVA_INTrex
RDV   PDC   OVA   MVA

图 5 - 3   2014 年中美双边贸易行业总出口的价值构成（续）

为 56.48%。上述特征证实了在美国对中国出口贸易过程中，主要采取出口中间品的贸易模式。第二，从国外增加值来源角度分析，各行业出口总额中的第三国增加值（OVA）占本行业出口总额的比例排名前三的行业为 S10（18.43%）、S06（15.53%）、S08（14.5%），表明这三大行业相比其他行业的出口隐含着大量的第三国增加值。但是这三大行业的出口占美国对中国的出口为 30.79%，仅为中国对美国的 1/2。上述特征证实了中国吸收第三国增加值的能力高于美国，表明在中美双边贸易中，美国获利能力确实远超中国。

图 5 - 4 显示了 2014 年中美双边贸易各行业出口隐含的第三国增加值分布情况，图 5 - 4（a）显示了中国对美国出口隐含的第三国增加值为 495.8 亿美元，相当于中国对美国出口总额的 14.27%。其中，中国对美国出口隐含的第三国增加值主要集中在韩国、日本、中国台湾，因此，图 5 - 4（a）的左边主要从这三个国家入手针对中国对美国出口隐含第三国增加值的行业分布情况进行分析，这三个国家分别占国外增加值出口总额（OVA）的 8.81%、7.23%、6.02%，合计占 OVA 的 22.06%。另外，从各行业来看，S09、S04、S11、S06、S10 是出口隐含的第三国增加值主要的行业，分别占隐含的第三国

增加值出口总额（*OVA*）的 63.35%、9.78%、9.59%、6.37%、4.20%，合计占 *OVA* 的 93.29%，其中 S09 是出口隐含的第三国增加值最多的行业，达到 314.11 亿美元，约为 S04、S11、S06、S10 这四个行业出口隐含的第三国增

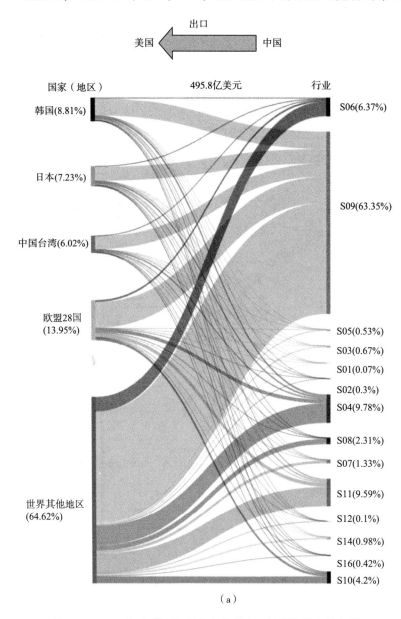

（a）

图 5 - 4　2014 年中美双边贸易各行业出口的国外增加值来源

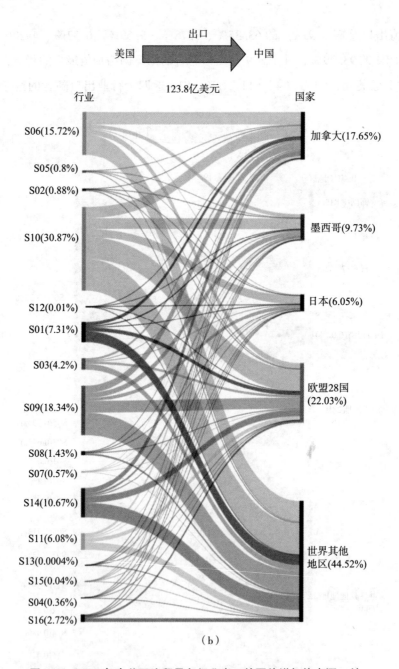

图 5-4 2014 年中美双边贸易各行业出口的国外增加值来源（续）

加值总额的 2. 64 倍, 表明中国自韩国、日本、中国台湾进口的产品以机械和电子产品为主, 很大一部分经过组装、加工之后销往美国。图 5-4 (b) 显示了美国对中国出口隐含的第三国增加值为 123. 8 亿美元, 相当于美国对中国出口总额的 11. 05%。其中, 美国对中国出口隐含的第三国增加值主要集中在加拿大、墨西哥、日本, 因此图 5-4 (b) 的右边主要从这三个国家入手分析, 分别占国外增加值出口总额 (OVA) 的 17. 65%、9. 73%、6. 05%, 合计占 OVA 的 33. 43%。另外, 从各行业来看, S10、S09、S06、S14 是出口隐含的第三国增加值主要的行业, 分别占隐含的第三国增加值出口总额 (OVA) 的 30. 87%、18. 34%、15. 72%、10. 67%, 合计占 OVA 的 75. 60%, 其中 S10 是出口隐含的第三国增加值最多的行业, 达到 38. 24 亿美元, 约为 S09、S06、S14 三个行业国外增加值出口总额的 0. 69 倍。总体来看, 虽然中国出口到美国的日本、韩国及中国台湾地区的增加值占中国对美国出口隐含的第三国增加值总额 (OVA) 的比重和美国出口到中国的加拿大、墨西哥、日本的增加值占美国对中国出口隐含的第三国增加值总额的比重都不大, 但从绝对量来看, 中国对美国出口的 S09 达到上百亿美元, 美国对中国出口的 S10 达到几十亿美元, 因而一旦中国对美国出口受阻, 将会给日本、韩国和中国台湾地区的经济发展带来显著的负面影响, 美国对中国出口受阻, 同样会给加拿大、墨西哥、日本的经济发展带来不容小觑的损失。

(三) 中美贸易隐含碳排放

由于中国对美国出口贸易顺差较大且行业污染物排放强度较高, 进而导致中国对美国出口隐含较大的污染物排放及转移。中国在中美贸易中是隐含碳的净出口大国, 中国自 2001 年加入 WTO 后, 对美国出口的碳排放总量增长迅速, 2006 年碳排放总量达到高峰 69816 万吨, 2000 年至 2006 年增长了 48%。2007 年后呈现递减趋势, 2014 年下降到 36942 万吨。而美国对中国出口的隐含碳一直呈现增长趋势, 2000 年和 2014 年美国出口到中国的隐含碳排放分别为 1336 万吨和 7897 万吨, 后者相比前者增长了 4. 91 倍。但是, 中国对美国的碳排放出口远大于美国对中国的碳排放出口, 2014 年, 美国出口到中国的碳排放仅占美国碳排放量的 1. 37%, 而中国出口到美国的碳排放占中国碳排放量的 4.08%。2000—2014 年，中国对美国碳排放出口一直保持顺差。2000 年，中国对美国碳排放净出口为 45769 万吨，2014 年为 29046 万吨。中美两国在全球价值链中的地位不同是导致中美之间隐含碳贸易不平衡的主要原因之一。在全球价值链分工条件下，中美两国在价值链环节分别处于举足轻重的地位，扮演着无可替代的角色：中国是最大的生产制造者，成为全球价值链加工组装等环节国家（或地区）的主要代表；而美国是最大的最终产品消费国，成为全球价值链研发、销售渠道等环节国家（或地区）的主要代表。"中国制造"和"美国消费"自然表现为中国的双顺差和美国的双逆差，即中国的贸易顺差和碳排放净出口，美国的贸易逆差和碳排放净进口，表明中国主要通过增加值出口产生贸易顺差，但同时碳排放也随之增加，即可视为以碳排放换取增加值贸易顺差。

从行业角度来看，中国对美国隐含碳出口主要集中在四个行业［见图 5 - 5（a）］：S12（电力、燃气和水生产和供应）、S08（基础金属制造业）、S14（交通运输业）、S06（化学工业）。其隐含碳出口分别从 2000 年的23321 万吨、9262 万吨、7573 万吨、2555 万吨上升到 2007 年的 34077 万吨、10780 万吨、8213 万吨、3307 万吨，之后下降到 2014 年的 19498 万吨、6363万吨、5512 万吨、1928 万吨，整体呈现先上升后下降的趋势。2014 年这四个行业的隐含碳出口总量为 33303 万吨，占中国对美国隐含碳出口总量的90.14%，其中 S12 占 52.78%，表明各个行业的生产、制造、服务等过程中都需要消耗电力、燃气和水，再加上中国对美国产生大量贸易顺差，因而该行业是最大的碳排放来源。美国对中国隐含碳出口主要集中在两个行业［见图 5 - 5（b）］：S14（交通运输业）、S12（电力、燃气和水生产和供应）。其隐含碳出口分别从 2000 年的 782 万吨、328 万吨上升到 2014 年的 5839 万吨、1043 万吨，一直保持增长趋势。2014 年美国对中国隐含碳出口前四个行业的总量为 6883 万吨，占美国对中国隐含碳出口总量的 87.16%，其中 S14 占73.95%，远超过一半，但是美国对中国隐含碳出口前四个行业的总量仅占中国对美国隐含碳出口前四个行业总量的 20.66%。综合中国对美国各行业的隐含碳排放出口以及美国对中国各行业的隐含碳排放出口分析，可以得出中国在与美国贸易中主要处于碳排放转出地位，这意味着中国对美国各行业出口所产生的碳排放量基本都超过了进口产生的碳排放量，2014 年中国对美国隐含碳排放净出口量最大的两个行业为传统的污染密集型行业 S12（18455 万吨）、S08（6185 万吨）。

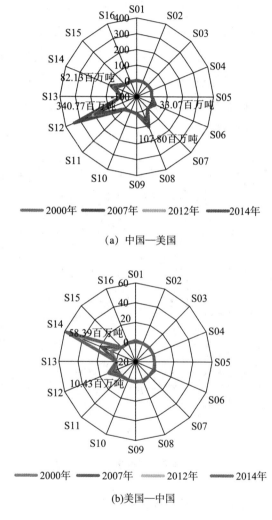

（a）中国—美国

（b）美国—中国

图 5 - 5　行业视角下中美贸易隐含碳排放转移

（四）中美贸易公平性比较

为进一步反映中美贸易真实获利及环境代价，我们进一步引入单位增加值进出口隐含碳排放进行分析。图 5-6 反映了 2014 年 17 个国家间贸易碳排放强度矩阵。图 5-6 中，横向数字表示每个经济体向其他经济体出口单位增加值隐含的碳排放，纵向数字表示每个经济体从其他经济体进口单位增加值隐含的碳排放。总体来看，发达经济体出口的商品相对于发展中经济体出口的商品更加"清洁"，印度、中国、俄罗斯等国家在国际贸易中处于较为不利的环境地位，出口单位增加值隐含碳排放显著高于进口单位增加值隐含碳排放。而美国、欧盟、日本、韩国等发达经济体在国际贸易中处于更为有利的环境地位，从发展中经济体进口单位增加值隐含碳排放显著高于向发展中经济体出口单位增加值隐含碳排放。就中美两国而言，在全球产业链中美国相较中国处于更为有利的地位。

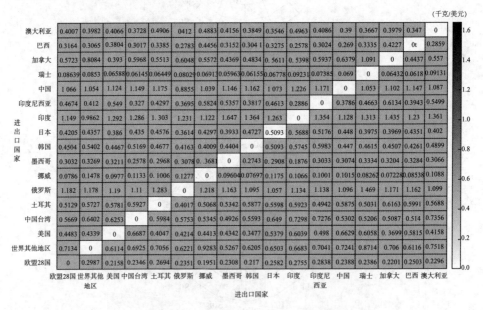

图 5-6 2014 年 17 个经济体间进出口单位增加值隐含碳排放

一方面，从出口单位增加值隐含碳排放来看，中国向美国出口单位增加值隐含碳排放较高。2014 年，对美国出口单位增加值隐含碳排放最高的三个国家是印度、俄罗斯和中国，分别为 1.29 千克/美元、1.19 千克/美元和 1.12 千克/美元，中国略低于印度和俄罗斯。但是，相较欧盟 28 国、韩国、日本等发达国家，中国向美国出口单位增加值隐含碳排放显著更高。欧盟 28 国、韩国、日本向美国出口单位增加值隐含碳排放分别仅为 0.22 千克/美元、0.45 千克/美元、0.39 千克/美元。

另一方面，从进口单位增加值隐含碳排放来看，中国从美国进口单位增加值隐含碳排放相对较低。2014 年，中国进口单位增加值隐含碳排放最高的三个国家是印度、俄罗斯和其他经济体，分别为 1.13 千克/美元、1.10 千克/美元和 0.72 千克/美元。中国从美国进口单位增加值隐含碳排放为 0.66 千克/美元，仅为中国向美国出口单位增加值隐含碳排放的 58%，换言之，中国向美国出口产品的碳排放强度是进口产品的 1.6 倍。这种贸易进出口中的资源与环境损耗差异，在宏观上形成了美国对中国的环境污染转移。而欧盟、韩国、日本等发达经济体从美国进口单位增加值隐含碳排放与向美国出口单位增加值隐含碳排放基本相当。印度、俄罗斯等发展中经济体与美国贸易过程中也处于较为不利的环境地位，印度从美国进口单位增加值隐含碳排放仅为其向美国出口单位增加值隐含碳排放的 46.7%，俄罗斯从美国进口单位增加值隐含碳排放仅为其向美国出口单位增加值隐含碳排放的 35.4%。

可以看出，中国对美国行业出口单位增加值隐含碳排放相对于其向美国行业进口单位增加值隐含碳排放更高。从中国对美国行业出口的碳排放强度来看，2014 年，前 5 个排放强度大的行业是 S12（电力、热力和水）、S08（基础金属制造）、S14（交通运输业）、S15（居民服务业）、S06（化学工业），分别为 22.63 千克/美元、4.26 千克/美元、3.2 千克/美元、1.71 千克/美元、0.89 千克/美元。上述高污染行业增加值出口总额为 656.02 亿美元，占所有出口行业的 20%，但是隐含碳排放出口总额为 91.67%。其中，主要依靠煤炭的碳密集型电力行业 S12 占所有隐含碳排放出口行业的 52.78%，并且 S12 的出口单位增加值隐含碳排放远高于其他行业，分别是 S08 的 5.31 倍、S14 的 7.07 倍、S15 的 13.22 倍、S06 的 25.28 倍。从中国从美国进口行业的碳排放强度来看，2014 年，前 5 个排放强度大的行业是 S12、S14、S08、S15、S11（其他制造业），分别为 8.72 千克/美元、5.19 千克/美元、0.93 千克/美元、0.68 千克/美元、0.28 千克/美元。上述高污染行业增加值出口总额为 196.01 亿美元, 仅占所有出口行业的 5.96% , 但是隐含碳排放出口总额为 91.69% 。其中, S12 行业是中美双边贸易中碳排放强度最高的行业, 而且中国对美国 S12 的出口碳排放强度是中国向美国 S12 的进口碳排放强度的 2.6 倍, 中国对美国出口前 5 名的行业碳排放强度除了 S14 外, 其他都大于中国从美国进口前 5 名的行业碳排放强度。综上所述, 中国与美国的碳排放交易主要发生在 S12、S08、S14、S15、S06 等高碳排放行业, 这导致中国对美国出口行业生产过程中获得单位经济收益所要承担的隐含碳排放高于中国从美国进口行业生产过程中获得单位经济收益所要承担的隐含碳排放。

四、研究结论与政策建议

本部分使用 2000—2014 年环境拓展型世界多区域投入产出模型测算了中美增加值贸易和贸易中隐含碳排放, 以揭示中美贸易中两国真实获利及其环境代价, 主要结论如下:

第一, 相较现有官方统计, 即贸易总量核算, 以贸易增加值方法核算, 中美贸易顺差显著下降, 特别是中美货物贸易顺差平均下降了 48.76% , 表明中国在货物贸易中真实获利较小。同时, 贸易总值核算方法严重扭曲了中美货物贸易真实状况, 利用贸易总值核算方法核算的结果为中美服务贸易存在逆差, 但是利用贸易增加值核算方法核算的结果是中美服务贸易为顺差。从行业层面来看, 贸易总量统计方法下中美制造业贸易差额的扩张迅速, 其中最具有代表性的是 S09 (电子及光学设备制造业), 贸易增加值统计的方法对 S09 贸易差额平均缩小了 70.63% 。几乎所有服务行业的贸易增加值差额都要大于贸易总值差额, 说明大量服务业生产要素创造的价值隐含在制造业中, 通过非服务业间接出口。

第二, 在中美双边贸易中, 中国以进口中间品、出口最终品的贸易模式为主, 美国以进口最终品、出口中间品的贸易模式为主。美国创造的国内增加值 (DVA + RDV) 占比高于中国, 中国出口隐含的第三国增加值 (OVA) 占比高于美国, 美国在双边贸易中的获利能力超过中国。2014 年中国对美国出口的国内增加值 (DVA + RDV) 占出口总额的 83.26% , 隐含的第三国增加值

（*OVA*）占出口总额的 15.25%，美国对中国出口的国内增加值占出口总额的
85.23%，隐含的第三国增加值占美国对中国出口总额的 12.48%。中国对美
国出口隐含的第三国增加值主要是韩国、日本、中国台湾地区等东南亚经济
体，美国对中国出口隐含的第三国增加值主要是加拿大、墨西哥、日本等发
达国家。2000—2014 年中国出口到美国的韩国、日本及中国台湾地区的增加
值呈现快速上升，后逐渐下降并趋于稳定的态势。中美两国在不同行业的价
值链分工中呈现出不同的分工和利益格局，随着国际生产分工体系的日益深
化，更多的国家参与到中美双边贸易中来，贸易利益分配在越来越多的国家
之间进行。S09、S04、S11、S06、S10 是中国对美国出口隐含的第三国增加值
主要的行业，S10、S09、S06、S14 是美国对中国出口隐含的第三国增加值主
要的行业。其中，S09、S10 分别是中国对美国出口隐含的第三国增加值最多
的行业和美国对中国出口隐含的第三国增加值最多的行业。一旦中美贸易摩
擦升级，将会使中美两国双边贸易出口受阻，出口隐含的第三国增加值最多
的 S09、S10 行业进而会给韩国、日本、中国台湾地区等东亚经济体和加拿
大、墨西哥、日本等发达国家带来不同程度的贸易损失。

　　第三，2000—2014 年，中国对美国碳排放出口一直保持较大的顺差，包
括以下两方面因素：一方面，中国对美国出口较大的贸易顺差和较高的碳排
放强度行业；另一方面，在全球价值链环节上，中国是最大的生产制造者，
成为全球价值链加工组装等环节的世界工厂，美国是最大的最终消费国，成
为全球价值链研发、销售渠道等环节的主要国家。中国对美国隐含碳出口排
放量最多的四个行业为 S12、S08、S14、S06，美国对中国隐含碳排放出口排
放量最多的两个行业为 S14、S12。2014 年，中国对美国隐含碳排放净出口量
最大的行业为传统的污染密集型行业 S12、S08。

　　第四，发达经济体出口的商品相对于发展中经济体出口的商品更加"清
洁"，印度、中国、俄罗斯等发展中国家在全球价值链分工背景下为世界各国
承担了大量二氧化碳排放量，出口单位增加值隐含碳排放显著高于进口单位
增加值隐含碳排放。而美国、欧盟 28 国、日本、韩国等发达经济体从发展中
经济体进口单位增加值隐含碳排放显著高于向发展中经济体出口单位增加值

隐含碳排放，其在全球价值链分工背景下利用发达技术，将高污染、高耗能的前端制造业"外包"至生产成本较低、环境保护法律法规不健全的发展中国家，造成中国等发展中国家由于生产国际贸易商品而产生的污染物转移。就中美两国而言，中国向美国出口产品的碳排放强度是进口产品的 1.6 倍，在全球产业链中美国相较中国处于更为有利的地位，换言之，中国在中美贸易中承担了与自身经济收益不对等的环境成本。就具体行业而言，中国对美国行业出口单位增加值隐含碳排放相对于其向美国行业进口单位增加值隐含碳排放更高，中国与美国的碳排放交易主要发生在 S12、S08、S14、S15、S06 等高碳排放行业，这导致中国对美国出口行业生产过程中获得单位经济收益所要承担的隐含碳排放高于中国从美国进口行业生产过程中获得单位经济收益所要承担的隐含碳排放。

根据上述实证研究结论，本部分提出以下一些相关的政策建议：一方面，中国和美国是世界前两大经济体，中美双边贸易对两国以及全球的经济发展具有重要意义。目前中美贸易争端产生的重要原因是，现有官方统计核算方法，即总量贸易统计方法严重高估了中国在中美贸易中的获利，两国需要不断完善贸易统计核算方法，特别是在全球价值链分工不断发展的背景下，积极开展贸易增加值核算，还原中美两国在贸易中的真实获利，为中美贸易谈判提供科学支撑。另一方面，中国在中美贸易中真实获利远小于现有的官方统计的结果，同时承担了大量的碳排放，中国需要不断促进产业转型升级，促进碳排放强度降低，提升制造业行业附加价值，才能在国际贸易中缩小环境代价。

第二节　中国与 APEC 成员双边贸易经济收益与环境成本不公平性分析

一、研究背景

亚太经合组织（简称"亚太组织"，英文全称为 Asia – Pacific Economic Cooperation，APEC）经过 30 多年的发展，在推动亚太地区贸易自由化乃至经济全球化方面发挥了积极作用。2021 年 APEC 共有成员 21 个，总计人口占世界的 38%，GDP 占世界 GDP 的 62%，商品和服务贸易总量占世界的 48%（APEC，2022）。自 1991 年加入 APEC 以来，中国与 APEC 成员的贸易日益深化。2010 年至 2019 年，中国与 APEC 成员间商品和服务贸易占中国商品和服务贸易总量的比例由 34.5% 提高到 48.1%（APEC，2021）。当前，中国与 APEC 成员贸易面临挑战与机遇。一方面，中国同 APEC 部分成员双边贸易关系日趋紧张，贸易摩擦与冲突不断。另一方面，中国同 APEC 成员中的越南、菲律宾等发展中国家的贸易合作日趋频繁。2020 年 11 月 15 日，包括中国在内的 15 个亚太国家签署了《区域全面经济伙伴关系协定》（RCEP）。作为世界首个由发达国家、发展中国家和欠发达国家共同构成的"超大型"自贸安排，RCEP 生效实施后无疑将重塑亚太经济合作。

已有研究表明，国际贸易在促进经济发展的同时，也带来二氧化碳排放转移等环境问题（Du et al.，2011；Su and Ang，2014；Gao et al.，2017；Wu et al.，2018；Zhang et al.，2018；Yasmeen et al.，2019；Bolea et al.，2020；Xiong and Wu，2021）。随着中国经济发展进入新阶段，中国面临着进一步扩大开放、促进经济发展的任务。同时，也面临着加快推进碳减排的任务。2020 年世界能源燃烧带来的二氧化碳排放达到 322.8 亿吨，其中，中国大陆占比 30.87%，相比 2010 年的 26.31%，提高了 4.56%（BP，2021）。2020 年，中国基于推动实现可持续发展的内在要求和构建人类命运共同体的责任担当，提出了2030年实现碳达峰、2060年实现碳中和的目标。在这种背景下，如何深化与APEC成员的贸易联系，同时减少由于贸易带来的碳排放压力，实现经济和环境协调发展，是中国面临的现实问题。

随着国际贸易的发展，特别是全球价值链分工深化，国际贸易中的真实获利和国际贸易带来的碳排放转移问题引起了广泛关注，现有文献主要从以下三个方面展开研究：

第一，聚焦中美等大型经济体，用增加值贸易来衡量在贸易中的真实利益。以中美贸易为例，已有研究发现名义贸易统计高估了中美贸易失衡程度（张咏华，2013；王和盛，2014；黎峰，2015；Liu et al.，2018；Xiong and Wu，2021）。在中国与亚太经济体的贸易中，已有研究发现中国对亚太主要经济体总体上存在持续的贸易顺差，且名义顺差规模一直高于增加值贸易顺差（邵军等，2018）。也有学者聚焦中国与金砖国家、欧盟的双边增加值贸易，研究表明中国主要位于GVC下游（刘会政等，2018；潘安等，2020）。

第二，从贸易增加值角度，借助总贸易分解框架，分析增加值贸易具体路径，评估各国国际贸易中的获利能力（Koopman et al.，2014；王直等，2015；葛明等，2017）。Yu（2018）和韩中（2020）评估了中国参与全球价值链的收益，得出中国在提供高附加值中间产品的能力方面远远落后于发达国家，中国在制造业行业出口中的国外增加值率明显高于其他行业。已有研究利用贸易增加值衡量APEC经济体在全球价值链中的贸易利益，发现中国逐步确立在APEC成员中的中心地位，但在APEC中处于中间加工制造环节，出口中自身创造的增加值比例以及从GVC参与中获取的收益率仍然较低（张亚雄等，2015；刘冰，2015；闫云凤，2016；潘和李，2018；姚茂林等，2016）。一些学者在分析贸易增加值来源的基础上，利用社会网络分析法进一步研究发现中国在全球价值链中仍与美国、德国等发达国家有差距（杨晨等，2017；孙天阳等，2018；姚星等，2019；邓光耀，2019）。

第三，通过核算贸易隐含碳排放或绘制环境足迹，对贸易中的环境成本进行评估。一些学者测度了欧盟、金砖国家等出口隐含碳排放状况（潘安等，2015；Jia and Wang，2019；韩中等，2019；程宝栋等，2020）。Xu等

（2017）、李真等（2020）、马晶梅等（2020）在核算贸易隐含碳排放的基础上，将增加值贸易与隐含碳排放比较分析，重新评估了中国在国际贸易中的真实贸易利益与承担的环境成本。Duan 和 Yan（2019）、赵玉焕等（2019）利用单位增加值收益的碳排放量进行分析，发现中国出口的单位增加值收益的碳排放量显著高于贸易伙伴向中国出口的单位增加值收益的碳排放量。潘安等（2019）考察了中国出口贸易利益与环境成本的失衡关系，得出中国出口贸易利益与环境成本的失衡程度总体呈下降趋势。姜玲等（2017）、Chen等（2018）、李艳梅等（2019）、Guo 等（2020）聚焦国内省际碳排放转移，比较区域增加值贸易和隐含碳排放。Yang（2020）将水和能源使用、温室气体、$PM_{2.5}$排放、劳动力和经济生产率等多要素纳入体系，揭示了亚太地区经济增长产生显著且不平衡的环境和经济影响。

与已有文献相比，本部分的主要创新点如下：一是现有关于中国与 APEC 的研究集中在贸易协议、贸易便利自由化机制等，较少关注中国与 APEC 成员间贸易状况，特别是中国与 APEC 成员双边贸易带来的经济获利与环境成本问题。本书以中国与 APEC 成员双边贸易为对象，深入研究双边贸易中的增加值收益与环境成本的不公平，有助于弥补相关研究不足。二是现有文献更多关注的是贸易的经济收益或环境成本，很少将两者结合起来进行研究，本研究将经济收益与环境成本相结合，构建衡量国际双边贸易不公平性的分析方法，评估中国与 APEC 成员双边贸易中经济收益与环境成本的不公平性。

二、研究方法与数据来源

（一）研究方法

多区域投入产出模型（MRIO）综合了投入产出模型中完全投入与区域的概念，成为国际贸易分析中的重要工具之一。以 MRIO 为基础的增加值贸易核算方法衡量的是最终需求导致的一国的实质进出口规模（Johnson and Noguera，2012；葛明等，2017）。具体而言，从国家 r 到国家 s 的增加值出口被定义为国家 r 为满足国家 s 的最终需求而实现的增加值。它包括 r 国向 s 国的直接出口以及通过第三国产生的间接出口所实现的增加值。此外，在资源环境领域，多区域投入产出模型可以从最终需求出发，有效探究环境要素等在区域、部门间的隐含流（Peters et al.，2008；Prell et al.，2014）。

本书利用多区域投入产出模型进行国际贸易中增加值贸易、贸易增加值和隐含碳排放转移的核算，具体推导过程如下。

由 G 个国家（或地区）、N 个行业组成的 MRIO 模型可以表示为

$$
\begin{bmatrix} X^1 \\ X^2 \\ \vdots \\ X^G \end{bmatrix} = \begin{bmatrix} A^{11} & A^{12} & \cdots & A^{1G} \\ A^{21} & A^{22} & \cdots & A^{2G} \\ \vdots & \vdots & \ddots & \vdots \\ A^{G1} & A^{G2} & \cdots & A^{GG} \end{bmatrix} \begin{bmatrix} X^1 \\ X^2 \\ \vdots \\ X^G \end{bmatrix} + \begin{bmatrix} Y^1 \\ Y^2 \\ \vdots \\ Y^G \end{bmatrix} =
$$

$$
-1 \begin{bmatrix} Y^1 \\ Y^2 \\ \vdots \\ Y^G \end{bmatrix}
$$

$$
= \begin{bmatrix} B^{11} & B^{12} & \cdots & B^{1G} \\ B^{21} & B^{22} & \cdots & B^{2G} \\ \vdots & \vdots & \ddots & \vdots \\ B^{G1} & B^{G2} & \cdots & B^{GG} \end{bmatrix} \begin{bmatrix} Y^1 \\ Y^2 \\ \vdots \\ Y^G \end{bmatrix} \tag{5-22}
$$

在式（5-22）中，$X = \begin{bmatrix} X^1 \\ X^2 \\ \vdots \\ X^G \end{bmatrix}$ 为 $GN \times 1$ 的总产出矩阵，X^G 表示 $N \times 1$ 的 G 国

总产出矩阵；$Y = \begin{bmatrix} Y^1 \\ Y^2 \\ \vdots \\ Y^G \end{bmatrix}$ 为 $GN \times 1$ 的最终需求矩阵，$Y^G = \sum_r^G Y^{Gr}(r = 1,2,\cdots,G)$，

其中 Y^{sr} 表示 $N \times 1$ 的 r 国对 s 国最终产品的需求矩阵；A^{sr} 为 r 国生产过程中来自

s 国的 $N \times N$ 直接消耗系数矩阵$(s, r = 1, 2, \cdots, G)$; $B = \begin{bmatrix} B^{11} & B^{12} & \cdots & B^{1G} \\ B^{21} & B^{22} & \cdots & B^{2G} \\ \vdots & \vdots & \ddots & \vdots \\ B^{G1} & B^{G2} & \cdots & B^{GG} \end{bmatrix} =$

$\begin{bmatrix} I - A^{11} & -A^{12} & \cdots & -A^{1G} \\ -A^{21} & I - A^{22} & \cdots & -A^{2G} \\ \vdots & \vdots & \ddots & \vdots \\ -A^{G1} & -A^{G2} & \cdots & I - A^{GG} \end{bmatrix}^{-1}$ 为 $GN \times GN$ 的列昂惕夫逆矩阵, B^{sr} 表示 r 国

生产 1 单位最终产品对 s 国总产出的完全需求量。

定义增加值系数为 V, 即国家 r 部门 i 的增加值系数为

$$V_i^r = V A_i^r / X_i^r \qquad (5-23)$$

令 $\widehat{V} = \begin{bmatrix} \widehat{V^1} & \cdots & 0 \\ \vdots & \ddots & \vdots \\ 0 & \cdots & \widehat{V^G} \end{bmatrix}$, 其中, $\widehat{V^r} = \begin{bmatrix} V_1 & \cdots & 0 \\ \vdots & \ddots & \vdots \\ 0 & \cdots & V_N^r \end{bmatrix}$

因此, 最终需求导致的增加值贸易的矩阵关系式可以表示为

$$\widehat{V}BY = \begin{bmatrix} \widehat{V^1} & \cdots & 0 \\ \vdots & \ddots & \vdots \\ 0 & \cdots & \widehat{V^G} \end{bmatrix} \begin{bmatrix} B^{11} & \cdots & B^{1G} \\ \vdots & \ddots & \vdots \\ B^{G1} & \cdots & B^{GG} \end{bmatrix} \begin{bmatrix} Y^{11} & Y^{12} & \cdots & Y^{1G} \\ Y^{21} & Y^{22} & \cdots & Y^{2G} \\ \vdots & \vdots & \ddots & \vdots \\ Y^{G1} & Y^{G2} & \cdots & Y^{GG} \end{bmatrix} =$$

$$\begin{bmatrix} \widehat{V^1} \sum\limits_r^G B^{1r} Y^{r1} & \widehat{V^1} \sum\limits_r^G B^{1r} Y^{r2} & \cdots & \widehat{V^1} \sum\limits_r^G B^{1r} Y^{rG} \\ \widehat{V^2} \sum\limits_r^G B^{2r} Y^{r1} & \widehat{V^2} \sum\limits_r^G B^{2r} Y^{r2} & \cdots & \widehat{V^2} \sum\limits_r^G B^{2r} Y^{rG} \\ \vdots & \vdots & \ddots & \vdots \\ \widehat{V^G} \sum\limits_r^G B^{Gr} Y^{r1} & \widehat{V^G} \sum\limits_r^G B^{Gr} Y^{r2} & \cdots & \widehat{V^G} \sum\limits_r^G B^{Gr} Y^{rG} \end{bmatrix} \qquad (5-24)$$

则国家 r 向国家 s 的增加值出口可以表示为

$$VA\ X^{rs} = \hat{V}^r \sum_{g=1}^{m} B^{rg}\ Y^{gs} = \hat{V}^r\ B^{r1}\ Y^{1s} + \hat{V}^r\ B^{r2}\ Y^{2s} + \cdots + \hat{V}^r\ B^{rG}\ Y^{Gs}$$

$$(5-25)$$

同理，国家 r 从国家 s 的增加值进口可以表示为

$$VA\ X^{sr} = \hat{V}^s \sum_{g=1}^{m} B^{sg}\ Y^{gr} = \hat{V}^s\ B^{s1}\ Y^{1r} + \hat{V}^s\ B^{s2}\ Y^{2r} + \cdots + \hat{V}^s\ B^{sG}\ Y^{Gr}$$

$$(5-26)$$

则国家 r 向国家 s 实现的增加值净出口可以表示为

$$NETVAX^{rs} = VAX^{rs} - VAX^{sr} \qquad (5-27)$$

仿照最终需求导致的增加值贸易的核算方法，可以计算最终需求导致的碳排放转移。令 p_i^r 表示国家 r 部门 i 的碳排放量，从而定义碳排放系数，即单位总产出的碳排放量为

$$f_i^r = p_i^r / X_i^r \qquad (5-28)$$

同理可得，碳排放系数矩阵 $\hat{F}$，因此最终需求导致的碳排放转移的矩阵关系式为

$$\widehat{FBY} = \begin{bmatrix} \hat{F}^1 & \cdots & 0 \\ \vdots & \ddots & \vdots \\ 0 & \cdots & \hat{F}^G \end{bmatrix} \begin{bmatrix} B^{11} & \cdots & B^{1G} \\ \vdots & \ddots & \vdots \\ B^{G1} & \cdots & B^{GG} \end{bmatrix} \begin{bmatrix} Y^1 \\ Y^2 \\ \vdots \\ Y^G \end{bmatrix} \qquad (5-29)$$

可得国家 s 的最终需求引致国家 r 的碳排放出口为

$$EE\ X^{rs} = \hat{F}^r \sum_{g=1}^{m} B^{rg}\ Y^{gs} = \hat{F}^r\ B^{r1}\ Y^{1s} + \hat{F}^r\ B^{r2}\ Y^{2s} + \cdots + \hat{F}^r\ B^{rG}\ Y^{Gs}$$

$$(5-30)$$

而国家 r 由国家 s 进口的碳排放可以表示为

$$EE\ X^{sr} = \hat{F}^s \sum_{g=1}^{m} B^{sg}\ Y^{gr} = \hat{F}^s\ B^{s1}\ Y^{1r} + \hat{F}^s\ B^{s2}\ Y^{2r} + \cdots + \hat{F}^s\ B^{rG}\ Y^{Gr}$$

$$(5-31)$$

国家 r 向国家 s 净出口的碳排放可以表示为

$$NETEEX^{rs} = EEX^{rs} - EEX^{sr} \qquad (5-32)$$

借鉴 Koopman(2014) 和 Wang 等(2015) 的分解方法,将 r 国向 s 国的出口总额分解如下:

$$E^{rs} = A^{rs}X^s + Y^{rs} =$$

$$\underbrace{(V^r B^{rr})^T \# Y^{rs}}_{(1)} + \underbrace{(V^r L^{rr})^T \# (A^{rs} B^{ss} Y^{ss})}_{(2)} +$$

$$\underbrace{(V^r L^{rr})^T \# \left\{ (A^{rs} \sum_{t \neq r,s}^{G} B^{st} Y^{tt}) + (A^{rs} B^{ss} \sum_{t \neq r,s}^{G} Y^{st}) + (A^{rs} \sum_{t \neq r,s}^{G} \sum_{u \neq t}^{G} B^{st} Y^{tu}) \right\}}_{(3)} +$$

$$\underbrace{(V^r L^{rr})^T \# \left\{ (A^{rs} B^{ss} Y^{sr}) + (A^{rs} \sum_{t \neq r,s}^{G} B^{st} Y^{tr}) + (A^{rs} B^{sr} Y^{rr}) \right\}}_{(4)} +$$

$$\underbrace{(V^s B^{sr})^T \# (Y^{rs} + A^{rs} L^{ss} Y^{ss})}_{(5)} + \underbrace{(\sum_{t \neq r,s}^{G} V^t B^{tr})^T \# (Y^{rs} + A^{rs} L^{ss} Y^{ss})}_{(6)} +$$

$$\underbrace{\left\{ (V^r L^{rr})^T \# (A^{rs} \sum_{t \neq r}^{G} B^{sr} Y^{rt}) + (V^r B^{rr} - V^r L^{rr})^T \# (A^{rs} X^s) \right\}}_{(7)} +$$

$$\underbrace{\left\{ (V^s B^{sr})^T + (\sum_{t \neq r,s}^{G} V^t B^{tr})^T \right\} \# (A^{rs} L^{ss} E^{s*})}_{(8)} \qquad (5-33)$$

在式 (5-33) 中, $L^{ss} = (I - A^{ss})^{-1}$ 表示 s 国的国内列昂惕夫逆矩阵, L^{rr} 等类似;"#" 表示分块矩阵点乘, 上标 T 表示转置; $E^{s*} = \sum_{r \neq s}^{G} E^{sr} = \sum_{r \neq s}^{G} A^{sr} X^r + \sum_{r \neq s}^{G} Y^{sr}$ 表示 s 国的总出口。分解部分的具体含义见表5-4。

表5-4　出口贸易分解部分的含义及代码

代码	含义	代码	含义
DVA	最终被国外吸收的国内增加值出口	(1) DVA_ FIN	以最终品出口的国内增加值
		(2) DVA_ INT	直接被进口国吸收的中间品出口的国内增加值
		(3) DVA_ INTrex	被进口国生产向第三国出口所吸收的中间品出口的国内增加值
RDV	(4) 返回并最终被本国吸收的国内增加值		

代码	含义	代码	含义
FVA	生产本国出口的国外增加值	（5）*MVA*	出口隐含的进口国增加值
		（6）*OVA*	出口隐含的第三（其他）国增加值
PDC	纯重复计算部分	（7）*DDC*	来自国内账户的纯重复计算部分
		（8）*FDC*	来自国外账户的纯重复计算部分

（二）数据来源

这项研究所需的数据包括国家部门一级的多区域投入产出表和碳排放清单。基于本部分的研究对象为 APEC 经济体，选用亚洲开发银行（ADB）提供的多区域投入产出表数据，其数据覆盖绝大多数亚太地区的经济体。但 ADB 数据库不提供二氧化碳排放数据。而国际能源机构数据库（IEA）提供碳排放清单，其中包括 143 个区域和 32 个部门。由于 ADB 和 IEA 中的部门之间并不总是出现一对一的匹配，因此，我们依据国家标准产业分类对这两个数据库的部门分类进行汇总。汇总区域和部门后，每个数据库包括 58 个区域（见表 5 – 5），每个区域包含 17 个部门（见表 5 – 6），样本数据的时间为 2000—2018 年。其中包括 APEC 经济体中的 17 个国家或地区：澳大利亚、加拿大、墨西哥、美国、日本、韩国、中国、中国香港、中国台湾、印度尼西亚、马来西亚、新加坡、泰国、越南、菲律宾、俄罗斯、文莱。根据 2021 年国际货币基金组织发布的数据，APEC 中的发达国家或地区共有 7 个，分别为美国、日本、韩国、澳大利亚、加拿大、新加坡、中国香港；另外，将印度尼西亚、越南、泰国、马来西亚、菲律宾和文莱统称为"东南亚六国"。

表 5 – 5　国家和地区简称

代码	国家/地区缩写	国家/地区全称（英文）	国家/地区中文简称	是否属于 APEC
c1	AUS	Australia	澳大利亚	√
c2	AUT	Austria	奥地利	
c3	BEL	Belgium	比利时	
c4	BRA	Brazil	巴西	
c5	CAN	Canada	加拿大	√

代码	国家/地区缩写	国家/地区全称（英文）	国家/地区中文简称	是否属于 APEC
c6	SWI	Switzerland	瑞士	
c7	PRC	People's Republic of China	中国	√
c8	CYP	Cyprus	塞浦路斯	
c9	CZE	Czech Republic	捷克	
c10	GER	Germany	德国	
c11	DEN	Denmark	丹麦	
c12	SPA	Spain	西班牙	
c13	EST	Estonia	爱沙尼亚	
c14	FIN	Finland	芬兰	
c15	FRA	France	法国	
c16	UKG	United Kingdom	英国	
c17	GRC	Greece	希腊	
c18	HRV	Croatia	克罗地亚	
c19	HUN	Hungary	匈牙利	
c20	INO	Indonesia	印度尼西亚	√
c21	IND	India	印度	
c22	IRE	Ireland	爱尔兰	
c23	ITA	Italy	意大利	
c24	JPN	Japan	日本	√
c25	KOR	Republic of Korea	韩国	√
c26	LTU	Lithuania	立陶宛	
c27	LUX	Luxembourg	卢森堡	
c28	LVA	Latvia	拉脱维亚	
c29	MEX	Mexico	墨西哥	√
c30	MLT	Malta	马耳他	
c31	NET	Netherlands	荷兰	
c32	NOR	Norway	挪威	
c33	POL	Poland	波兰	
c34	POR	Portugal	葡萄牙	
c35	ROM	Romania	罗马尼亚	
c36	RUS	Russia	俄罗斯	√

代码	国家/地区缩写	国家/地区全称（英文）	国家/地区中文简称	是否属于 APEC
c37	SVK	Slovak Republic	斯洛伐克	
c38	SVN	Slovenia	斯洛文尼亚	
c39	SWE	Sweden	瑞典	
c40	TUR	Turkey	土耳其	
c41	TWN	Taiwan, China	中国台湾	√
c42	USA	United States	美国	√
c43	BAN	Bangladesh	孟加拉国	
c44	MAL	Malaysia	马来西亚	√
c45	PHI	Philippines	菲律宾	√
c46	THA	Thailand	泰国	√
c47	VIE	Viet Nam	越南	√
c48	KAZ	Kazakhstan	哈萨克斯坦	
c49	MON	Mongolia	蒙古国	
c50	SRI	Sri Lanka	斯里兰卡	
c51	PAK	Pakistan	巴基斯坦	
c52	BRU	Brunei Darussalam	文莱	√
c53	KGZ	Kyrgyz Republic	吉尔吉斯斯坦	
c54	CAM	Cambodia	柬埔寨	
c55	NEP	Nepal	尼泊尔	
c56	SIN	Singapore	新加坡	√
c57	HKG	Hong Kong, China	中国香港	√
c58	RoW	Rest of the World	世界其他国家	

表 5-6   部门汇总名称与代码

部门代码	合并部门名称
S01	农林牧渔产品和服务
S02	采矿和采石
S03	食品和烟草
S04	纺织服装皮革业
S05	木材、木材制品
S06	石化、化学产品

部门代码	合并部门名称
S07	非金属矿物制品
S08	基本金属制造业
S09	电气机械和器材
S10	运输设备制造业
S11	纸和纸制品制造、印刷和出版
S12	其他制造业
S13	电力、蒸汽、热水的生产和供应
S14	建筑业
S15	运输业
S16	家庭生产和服务业
S17	商业和公共服务业

三、研究结果分析

（一）APEC 成员增加值贸易、碳排放转移总体状况

APEC 成员在全球贸易中的地位日益提升，APEC 成员之间的联系越来越紧密（见图 5 - 7）。2000 年至 2018 年，APEC 成员由全球最终需求导致的增加值进出口总量翻了约 3 倍，分别增加了约 70613.25 亿美元和 58331.13 亿美元，其占全球增加值进出口的比重分别从 43.9% 上升至 45.2% 和从 44.0% 上升至 44.6%。此外，APEC 成员由全球最终需求导致的增加值进出口年均增长率分别为 13.48% 和 13.19%，超过全球增加值进出口年均增长率 12.96%。分国家来看，APEC 各成员向 APEC 的增加值进出口占其总增加值进出口比重普遍超过 50%。APEC 成员在全球贸易中相对地位有所改变。美国、中国、日本始终是全球增加值进出口的经济体的前三名。其中，美国和日本在全球贸易中相对地位有所下降。中国逐渐超越美国成为增加值贸易中最大出口国，且在 2018 年中国与 APEC 成员增加值贸易总额高达 APEC 成员间增加值贸易的 29.0%。东亚经济体贸易相对地位普遍提升，其中，中国和越南为主要增长引擎。

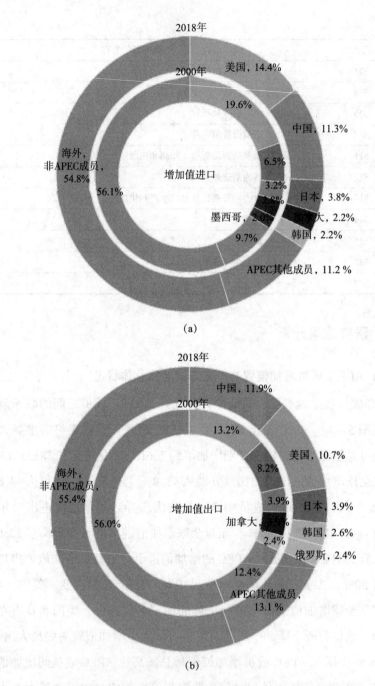

图 5 - 7　全球最终需求导致的 APEC 成员增加值进出口占全球增加值进出口比重

中国等 APEC 成员碳排放进口增多，且在全球范围内，APEC 成员存在贸易中经济收益低于环境代价状况（见图 5 - 8）。全球最终需求导致的 APEC 成员碳排放进口占全球碳排放进口的比重从 46.5% 增长到 49.2%，而全球最终需求导致的 APEC 成员碳排放出口占全球碳排放出口的比例由 53.9% 减少到 53.2%。APEC 成员碳排放出口占全球的比重明显比其增加值出口占全球的比重高约 9 个百分点。分国家来看，2018 年，中国和美国由全球最终需求导致的碳排放出口占全球碳排放出口的比重最高，但二者差异悬殊，全球最终需求导致的中国碳排放出口占全球碳排放出口的比重为 22.0%，约为美国的 3 倍，而中国增加值出口占全球增加值出口的比重为 11.9%，仅为美国的 1.1 倍。2000 年至 2018 年，全球最终需求导致的东亚经济体的碳排放出口占全球碳排放出口的比重逐步提高，而美国、日本、加拿大等的比重逐步下降。

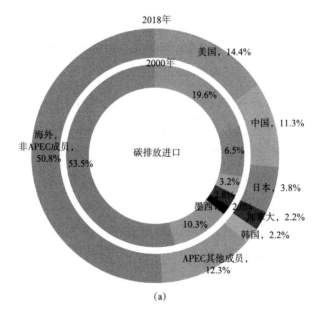

(a)

图 5 - 8　全球最终需求导致的 APEC 成员碳排放进出口占全球

碳排放进出口比重

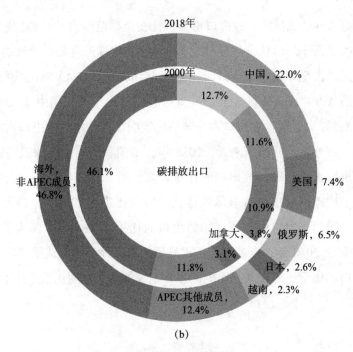

图 5 - 8　全球最终需求导致的 APEC 成员碳排放进出口占全球
碳排放进出口比重（续）

　　通过网络拓扑结构分析可知，2000 年至 2018 年，中国取代了日本的地位，通过最终产品贸易成为 APEC 地区增加值贸易的供应中心和需求中心，体现在通过增加值贸易网络进行的产品和服务的大规模进出口。换言之，越来越多的 APEC 成员，尤其是亚洲国家，在依赖中国的增加值供给和增加值需求。日本几乎被推到 APEC 地区增加值贸易网络的边缘，成为 APEC 地区的分供给和分需求中心。此外，美国作为 APEC 地区供应枢纽的地位明显下降，但仍是 APEC 地区最大的供应枢纽（见图 5 - 9 和图 5 - 10）。

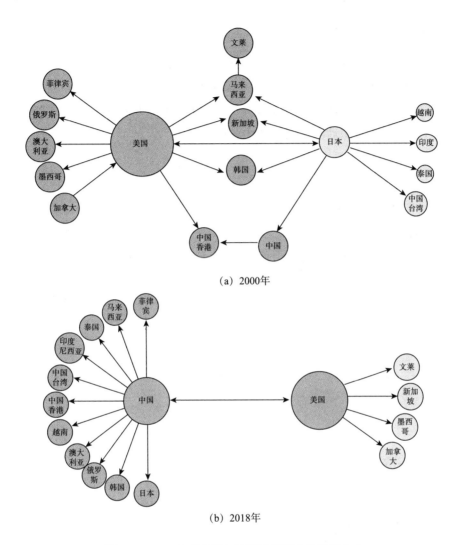

(a) 2000年

(b) 2018年

图 5 - 9　APEC 成员增加值贸易网络中的供应中心

（二）中国与 APEC 成员双边增加值贸易

中国与 APEC 成员之间的增加值贸易迅速增长，增加值贸易额扩大 8 倍以上。中国向 APEC 成员增加值出口从 2000 年的 12338429 万美元增长至 2018 年的 102767916 万美元，扩大了 8.33 倍；中国从 APEC 成员增加值进口从 2000 年的 9270425 万美元增长至 2018 年的 83849335 万美元，扩大了 9.04 倍。分国家（地区）来看，日本和中国香港是与中国增加值进出口贸易增长最慢的两个国家和地区，低于平均增速；而与中国增加值进出口贸易增长最快的国家为菲律宾、越南、墨西哥、俄罗斯，其与中国的增加值进出口贸易都翻了 12 倍以上。这主要是因为菲律宾、越南近年来发展迅速，与中国贸易规模日益扩大，墨西哥于 2013 年与中国建立全面战略合作伙伴关系，而俄罗斯在 2011 年加入世贸组织后与中国贸易往来密切。

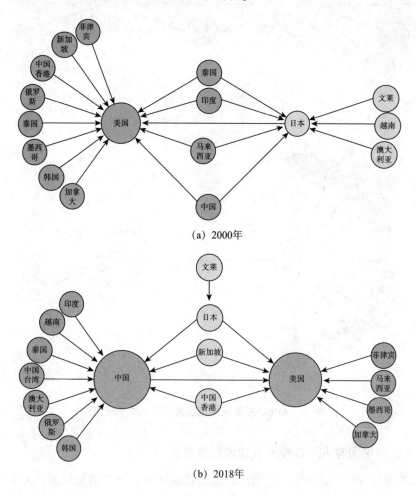

(a) 2000年

(b) 2018年

图 5 - 10   APEC 成员增加值贸易网络中的需求中心

中国更依赖于与发达国家间的贸易，美国、韩国和日本是中国最重要的贸易伙伴。中国与发达国家之间增加值贸易的发展速度普遍低于中国与非发达国家之间增加值贸易的发展速度，但前者始终占中国与 APEC 成员增加值贸易的 70% 以上。2000 年非发达国家与中国增加值进出口贸易额分别为2463144 万美元和 1433523 万美元，分别占中国与 APEC 成员增加值进出口额的 26.57% 和 11.62%；至 2018 年，非发达国家与中国增加值进出口贸易额分别为 23112329 万美元和 21377049 万美元，占比分别增加至 27.56% 和20.80%。此外，东南亚六国与中国之间增加值贸易发展迅速，但其在中国增加值贸易中的重要性远远抵不上发达国家，表现在其与中国增加值贸易额始终低于发达国家与中国增加值贸易额的 1/6。2018 年，东南亚六国与中国增加值进出口额分别为 10948886 万美元和 9621025 万美元，而发达国家与中国增加值进出口额分别达到了 81390866 万美元和 60737006 万美元，仅美日韩三国与中国增加值进出口贸易额就分别达到 66553873 万美元和 46656956 万美元。

从行业层面来看，中国与 APEC 成员增加值进出口的部门来源存在差异。但前两大部门始终是 S17 和 S09。其中，中国向 APEC 成员增加值出口的行业技术含量更低。中国从 APEC 成员增加值进口主要来自五大行业，分别为S17、S09、S02、S06 和 S15，2000 年至 2018 年这五大行业在中国增加值进口额中占比从 72.0% 增加至 75.8%，且增长集中在 S17 和 S09。而中国向 APEC成员增加值出口的前五大行业，分别为 S17、S09、S04、S01 和 S02，2000 年至 2018 年这五大行业在中国增加值出口额中占比从 60.8% 增加至 68.9%，且增长集中在 S17 和 S09。除 S17 和 S09 外，中国与东南亚国家、俄罗斯、墨西哥等非发达国家在种植业、基础制造业方面增加值贸易额较大。

（三）中国与 APEC 成员双边出口贸易分解

第一，从出口中 DVA 比重看，中国向 APEC 成员出口中 DVA 比重逐步提高，反映出中国在双边贸易中获利能力逐渐增强。2000 年，中国向澳大利亚、俄罗斯、美国、日本、文莱出口中 DVA 比重低于它们向中国出口中 DVA 比重（见表 5-7、表 5-8）。2018 年，中国向澳大利亚、俄罗斯出口中 DVA 比重低于它们向中国出口中 DVA 比重，这意味着中国在与美国、日本、文莱的双边贸易中扭转了获利状况。

第二，中国向大部分 APEC 成员 DVA 中最终产品比例较高。2000 年，中国向 APEC 成员出口中 DVA_ FIN 比重普遍高于 APEC 成员向中国出口中 DVA_ FIN 比重。2018 年中国在与 APEC 成员的双边贸易中以出口最终产品、进口中间产品为主要贸易模式，而与韩国的双边贸易中，中国的贸易模式为进口最终产品、出口中间产品；与菲律宾的双边贸易中，中国的贸易模式为出口最终产品和中间产品；与越南的双边贸易中，中国的贸易模式为进口最终产品和中间产品。大部分 APEC 成员向中国 DVA 中中间产品比例较高，其中俄罗斯和澳大利亚向中国出口中 DVA_ INT 超过 60%。而美国、日本、韩国、墨西哥和越南向中国 DVA 中最终产品比例更高，其中美国向中国出口中 DVA_ FIN 比重高达 42.19%（见表 5 - 7）。

第三，中国在出口中隐含来自发达国家的增加值，表现在中国向 APEC 成员出口的 OVA 前五大来源为世界其他地区、澳大利亚、美国、日本、韩国。而 APEC 成员在出口中隐含来自发达国家、俄罗斯以及地理邻国（或地区）的增加值。例如，墨西哥和加拿大向中国出口中隐含着来自美国的增加值，表现在墨西哥和加拿大向中国出口 OVA 中，美国增加值高达 49.37%、51.07%。新加坡向中国出口中 OVA 来源中除世界其他地区外，美国、日本、韩国的增加值占到 49.44%。中国台湾、越南、菲律宾、马来西亚、泰国等向中国出口中 OVA 前五大来源中除世界其他地区外，发达国家增加值占比超过 1/3（见表 5 - 9）。

第四，横向对比第一、第二、第三产业，中国在第二产业出口中 DVA 比重较低、FVA 比重较高，尤其在高端制造业出口中 FVA 比重较高。具体而言，中国向 APEC 成员出口中 DVA 比重最高的三大行业是 S01、S17、S03，最低的三大行业是 S06、S08、S09。这反映出中国在高端制造业对外依存度较高，需要从境外进口大量中间产品。

表 5 - 7　APEC 成员向中国出口贸易分解中各部分比重

年份	国家/地区	DVA_FIN (1)	DVA_INT (2)	DVA_INTrex (3)	RDV (4)	MVA (5)	OVA (6)	DDC (7)	FDC (8)	DVA (9)=(1)+(2)+(3)	FVA (10)=(5)+(6)	PDC (11)=(7)+(8)
2000	澳大利亚	10.67%	59.82%	15.51%	0.27%	0.44%	10.44%	0.08%	2.77%	86.00%	10.88%	2.85%
	文莱	0.13%	71.85%	25.47%	0.00%	0.07%	1.81%	0.00%	0.66%	97.45%	1.88%	0.66%
	加拿大	19.33%	43.63%	10.74%	0.22%	0.30%	21.66%	0.31%	3.80%	73.70%	21.97%	4.11%
	中国香港	7.83%	41.92%	15.73%	0.51%	2.91%	22.06%	0.15%	8.89%	65.48%	24.97%	9.04%
	印度尼西亚	7.42%	58.92%	15.84%	0.16%	0.62%	13.44%	0.11%	3.49%	82.18%	14.06%	3.60%
	日本	27.65%	46.35%	13.00%	2.21%	0.55%	8.03%	0.33%	1.88%	87.00%	8.58%	2.22%
	韩国	13.46%	38.44%	13.73%	0.40%	1.36%	25.08%	0.22%	7.31%	65.63%	26.43%	7.53%
	马来西亚	5.68%	29.38%	9.69%	0.09%	1.49%	39.28%	0.41%	13.99%	44.75%	40.76%	14.40%
	墨西哥	21.64%	33.93%	10.49%	0.10%	0.39%	27.27%	0.17%	6.01%	66.06%	27.65%	6.18%
	菲律宾	19.94%	42.68%	17.38%	0.04%	0.36%	14.74%	0.05%	4.81%	80.00%	15.10%	4.86%
	俄罗斯	5.41%	62.99%	19.09%	0.13%	0.18%	9.30%	0.23%	2.66%	87.49%	9.48%	2.89%
	新加坡	8.65%	21.29%	9.45%	0.07%	1.82%	43.42%	0.37%	14.93%	39.39%	45.24%	15.30%
	中国台湾	13.23%	33.87%	12.44%	0.16%	1.13%	30.74%	0.24%	8.18%	59.55%	31.87%	8.42%
	泰国	13.32%	43.18%	10.39%	0.08%	1.06%	26.68%	0.06%	5.22%	66.89%	27.75%	5.28%
	美国	39.12%	37.73%	8.06%	2.68%	0.32%	10.06%	0.52%	1.52%	84.91%	10.37%	2.04%
	越南	12.46%	58.12%	12.98%	0.06%	1.02%	12.65%	0.02%	2.68%	83.56%	13.67%	2.70%
2018	澳大利亚	10.44%	60.63%	17.48%	0.36%	1.05%	7.68%	0.10%	2.26%	88.56%	8.73%	2.36%
	文莱	24.87%	41.90%	14.78%	0.00%	1.52%	14.49%	0.00%	2.43%	81.55%	16.01%	2.43%
	加拿大	23.89%	45.25%	11.39%	0.26%	1.22%	15.15%	0.21%	2.63%	80.53%	16.37%	2.84%

续表

年份	国家/地区	DVA_FIN (1)	DVA_INT (2)	DVA_INTrex (3)	RDV (4)	MVA (5)	OVA (6)	DDC (7)	FDC (8)	DVA (9)=(1)+(2)+(3)	FVA (10)=(5)+(6)	PDC (11)=(7)+(8)
2018	中国香港	11.46%	41.05%	17.65%	0.14%	4.78%	16.96%	0.07%	7.89%	70.16%	21.74%	7.96%
	印度尼西亚	32.26%	41.01%	10.90%	0.18%	1.80%	11.96%	0.05%	1.85%	84.17%	13.76%	1.90%
	日本	35.48%	31.32%	10.87%	0.74%	2.54%	15.39%	0.23%	3.42%	77.67%	17.94%	3.65%
	韩国	31.79%	25.59%	10.86%	0.38%	4.67%	21.19%	0.24%	5.28%	68.24%	25.86%	5.52%
	马来西亚	3.23%	32.19%	16.69%	0.13%	4.31%	26.26%	0.57%	16.63%	52.11%	30.57%	17.20%
	墨西哥	32.61%	20.54%	6.13%	0.12%	4.14%	33.05%	0.14%	3.27%	59.28%	37.19%	3.42%
	菲律宾	28.75%	32.74%	9.13%	0.06%	3.22%	19.71%	0.04%	6.35%	70.62%	22.93%	6.39%
	俄罗斯	7.26%	63.80%	18.91%	0.31%	0.72%	6.85%	0.17%	1.98%	89.97%	7.57%	2.15%
	新加坡	9.10%	23.40%	12.37%	0.11%	6.17%	32.96%	0.36%	15.53%	44.88%	39.13%	15.89%
	中国台湾	13.99%	28.58%	13.78%	0.25%	6.05%	26.05%	0.32%	10.97%	56.35%	32.10%	11.30%
	泰国	25.51%	35.50%	9.86%	0.09%	2.63%	21.53%	0.07%	4.80%	70.87%	24.16%	4.88%
	美国	42.19%	33.81%	6.93%	1.93%	1.61%	11.79%	0.42%	1.33%	82.92%	13.40%	1.75%
	越南	35.39%	18.83%	7.22%	0.06%	7.84%	23.43%	0.08%	7.14%	61.44%	31.27%	7.22%
	澳大利亚	-0.22%	0.81%	1.97%	0.08%	0.61%	-2.75%	0.02%	-0.52%	2.55%	-2.15%	-0.49%
2000—2018年变化值	文莱	24.74%	-29.94%	-10.69%	0.00%	1.45%	12.68%	0.00%	1.77%	-15.90%	14.13%	1.77%
	加拿大	4.56%	1.62%	0.65%	0.04%	0.92%	-6.51%	-0.09%	-1.17%	6.83%	-5.60%	-1.27%
	中国香港	3.63%	-0.87%	1.92%	-0.37%	1.88%	-5.11%	-0.08%	-1.00%	4.68%	-3.23%	-1.07%
	印度尼西亚	24.84%	-17.91%	-4.94%	0.02%	1.18%	-1.48%	-0.06%	-1.64%	1.98%	-0.30%	-1.70%
	日本	7.83%	-15.03%	-2.13%	-1.47%	1.99%	7.36%	-0.10%	1.54%	-9.33%	9.36%	1.44%

续表

年份	国家/地区	DVA_FIN (1)	DVA_INT (2)	DVA_INTrex (3)	RDV (4)	MVA (5)	OVA (6)	DDC (7)	FDC (8)	DVA (9)=(1)+(2)+(3)	FVA (10)=(5)+(6)	PDC (11)=(7)+(8)
	韩国	18.32%	-12.85%	-2.86%	-0.02%	3.32%	-3.89%	0.02%	-2.03%	2.61%	-0.58%	-2.01%
	马来西亚	-2.45%	2.81%	7.00%	0.04%	2.82%	-13.02%	0.16%	2.64%	7.35%	-10.20%	2.80%
	墨西哥	10.97%	-13.39%	-4.36%	0.01%	3.75%	5.78%	-0.03%	-2.74%	-6.78%	9.53%	-2.77%
	菲律宾	8.81%	-9.94%	-8.26%	0.02%	2.86%	4.97%	-0.01%	1.54%	-9.39%	7.83%	1.53%
2000—	俄罗斯	1.85%	0.81%	-0.19%	0.18%	0.54%	-2.45%	-0.06%	-0.68%	2.48%	-1.91%	-0.74%
2018	新加坡	0.46%	2.11%	2.92%	0.04%	4.34%	-10.46%	-0.01%	0.60%	5.49%	-6.12%	0.59%
年变	中国台湾	0.76%	-5.29%	1.34%	0.08%	4.92%	-4.69%	0.08%	2.80%	-3.19%	0.23%	2.88%
化值	泰国	12.18%	-7.67%	-0.52%	0.01%	1.57%	-5.15%	0.01%	-0.42%	3.99%	-3.59%	-0.41%
	美国	3.06%	-3.92%	-1.13%	-0.75%	1.29%	1.74%	-0.10%	-0.18%	-1.98%	3.03%	-0.29%
	越南	22.93%	-39.29%	-5.76%	0.00%	6.82%	10.78%	0.06%	4.46%	-22.12%	17.60%	4.52%

表5-8　中国向APEC成员出口贸易分解中各部分比重

年份	国家/地区	DVA_FIN (1)	DVA_INT (2)	DVA_INTrex (3)	RDV (4)	MVA (5)	OVA (6)	DDC (7)	FDC (8)	DVA (9)=(1)+(2)+(3)	FVA (10)=(5)+(6)	PDC (11)=(7)+(8)
	澳大利亚	46.18%	29.83%	8.70%	0.55%	0.38%	12.76%	0.17%	1.42%	84.71%	13.14%	1.59%
	文莱	48.93%	26.44%	10.63%	0.54%	0.02%	11.43%	0.16%	1.84%	86.00%	11.45%	2.00%
2000	加拿大	50.00%	18.25%	16.17%	0.15%	0.16%	12.20%	0.10%	2.98%	84.42%	12.35%	3.08%
	中国香港	53.05%	17.62%	15.38%	1.22%	0.22%	10.10%	0.31%	2.10%	86.05%	10.32%	2.41%
	印度尼西亚	38.87%	30.02%	16.84%	0.77%	0.21%	10.42%	0.20%	2.67%	85.73%	10.63%	2.87%

续表

年份	国家/地区	DVA_FIN (1)	DVA_INT (2)	DVA_INTrex (3)	RDV (4)	MVA (5)	OVA (6)	DDC (7)	FDC (8)	DVA (9)=(1)+(2)+(3)	FVA (10)=(5)+(6)	PDC (11)=(7)+(8)
2000	日本	53.55%	25.06%	6.05%	0.44%	1.98%	11.54%	0.13%	1.26%	84.66%	13.51%	1.39%
	韩国	25.19%	34.85%	22.56%	2.48%	0.75%	9.03%	0.60%	4.55%	82.60%	9.78%	5.15%
	马来西亚	27.00%	13.54%	40.18%	2.02%	0.12%	7.49%	0.50%	9.15%	80.72%	7.61%	9.65%
	墨西哥	38.87%	23.52%	20.13%	0.11%	0.06%	12.77%	0.14%	4.40%	82.53%	12.83%	4.54%
	菲律宾	41.34%	31.45%	13.17%	0.33%	0.04%	11.02%	0.15%	2.50%	85.96%	11.06%	2.65%
	俄罗斯	71.16%	8.69%	4.58%	0.22%	0.26%	14.24%	0.06%	0.80%	84.42%	14.50%	0.86%
	新加坡	15.83%	16.22%	48.86%	2.31%	0.08%	6.02%	0.58%	10.10%	80.91%	6.10%	10.68%
	中国台湾	22.62%	24.14%	31.21%	4.50%	0.70%	8.50%	0.85%	7.49%	77.96%	9.20%	8.35%
	泰国	29.95%	34.99%	21.68%	0.93%	0.07%	9.05%	0.21%	3.12%	86.62%	9.12%	3.33%
	美国	59.20%	20.53%	3.50%	0.09%	1.24%	14.63%	0.07%	0.75%	83.22%	15.86%	0.82%
	越南	30.84%	37.36%	16.07%	1.19%	0.08%	11.25%	0.25%	2.96%	84.27%	11.33%	3.21%
	澳大利亚	51.95%	25.51%	6.20%	2.20%	0.73%	11.52%	0.47%	1.42%	83.66%	12.25%	1.90%
	文莱	38.23%	33.56%	14.07%	1.13%	0.00%	10.79%	0.33%	1.90%	85.86%	10.79%	2.22%
	加拿大	49.19%	24.86%	11.17%	0.52%	0.12%	11.86%	0.29%	1.99%	85.22%	11.98%	2.28%
	中国香港	50.62%	21.49%	17.70%	2.17%	0.06%	5.58%	0.50%	1.88%	89.81%	5.64%	2.38%
	印度尼西亚	41.65%	32.20%	9.72%	1.39%	0.16%	12.60%	0.40%	1.87%	83.57%	12.77%	2.28%
2018	日本	53.62%	20.93%	8.86%	2.33%	0.83%	10.81%	0.48%	2.14%	83.41%	11.64%	2.62%
	韩国	29.87%	28.00%	18.16%	8.53%	0.73%	8.34%	1.33%	5.04%	76.03%	9.07%	6.37%
	马来西亚	30.91%	21.99%	29.23%	3.20%	0.07%	8.06%	0.83%	5.70%	82.13%	8.13%	6.53%

续表

年份	国家/地区	DVA_FIN (1)	DVA_INT (2)	DVA_INTrex (3)	RDV (4)	MVA (5)	OVA (6)	DDC (7)	FDC (8)	DVA (9) = (1) + (2) + (3)	FVA (10) = (5) + (6)	PDC (11) = (7) + (8)
2018	墨西哥	33.42%	14.85%	34.85%	0.97%	0.03%	8.33%	0.52%	7.04%	83.12%	8.36%	7.56%
	菲律宾	31.21%	37.17%	15.06%	2.23%	0.04%	10.42%	0.67%	3.21%	83.44%	10.46%	3.87%
	俄罗斯	58.10%	21.20%	7.31%	1.02%	0.39%	10.29%	0.29%	1.39%	86.62%	10.68%	1.68%
	新加坡	16.99%	13.61%	47.10%	5.69%	0.08%	4.77%	1.54%	10.23%	77.70%	4.84%	11.76%
	中国台湾	25.77%	15.89%	25.93%	13.20%	0.54%	7.33%	2.97%	8.37%	67.59%	7.88%	11.34%
	泰国	31.22%	29.74%	20.76%	3.23%	0.12%	10.18%	0.65%	4.10%	81.72%	10.29%	4.75%
	美国	52.33%	26.74%	5.42%	0.60%	0.97%	12.48%	0.30%	1.16%	84.49%	13.45%	1.46%
	越南	29.60%	11.14%	38.71%	6.76%	0.04%	5.56%	0.91%	7.28%	79.45%	5.60%	8.19%
2000—2018年变化值	澳大利亚	5.76%	-4.32%	-2.50%	1.64%	0.35%	-1.25%	0.31%	0.00%	-1.05%	-0.90%	0.31%
	文莱	-10.70%	7.11%	3.44%	0.58%	-0.02%	-0.64%	0.17%	0.05%	-0.14%	-0.66%	0.22%
	加拿大	-0.81%	6.60%	-4.99%	0.36%	-0.03%	-0.34%	0.19%	-0.99%	0.80%	-0.37%	-0.79%
	中国香港	-2.43%	3.87%	2.32%	0.95%	-0.16%	-4.52%	0.19%	-0.22%	3.76%	-4.68%	-0.02%
	印度尼西亚	2.78%	2.18%	-7.12%	0.62%	-0.05%	2.18%	0.20%	-0.80%	-2.16%	2.14%	-0.60%
	日本	0.07%	-4.14%	2.81%	1.89%	-1.15%	-0.73%	0.35%	0.88%	-1.25%	-1.88%	1.23%
	韩国	4.68%	-6.85%	-4.40%	6.05%	-0.02%	-0.69%	0.73%	0.49%	-6.57%	-0.71%	1.22%
	马来西亚	3.90%	8.45%	-10.94%	1.18%	-0.05%	0.57%	0.34%	-3.45%	1.41%	0.52%	-3.11%
	墨西哥	-5.46%	-8.67%	14.72%	0.86%	-0.03%	-4.44%	0.38%	2.64%	0.59%	-4.47%	3.02%
	菲律宾	-10.13%	5.72%	1.89%	1.90%	0.00%	-0.60%	0.51%	0.71%	-2.52%	-0.60%	1.22%
	俄罗斯	-13.06%	12.52%	2.74%	0.80%	0.13%	-3.95%	0.23%	0.60%	2.19%	-3.82%	0.82%

续表

年份	国家/地区	DVA_FIN (1)	DVA_INT (2)	DVA_INTrex (3)	RDV (4)	MVA (5)	OVA (6)	DDC (7)	FDC (8)	DVA (9)=(1)+(2)+(3)	FVA (10)=(5)+(6)	PDC (11)=(7)+(8)
2000—2018年变化值	新加坡	1.16%	-2.61%	-1.77%	3.39%	-0.01%	-1.25%	0.95%	0.13%	-3.21%	-1.26%	1.08%
	中国台湾	3.15%	-8.24%	-5.28%	8.70%	-0.15%	-1.17%	2.11%	0.88%	-10.37%	-1.32%	2.99%
	泰国	1.27%	-5.25%	-0.92%	2.30%	0.04%	1.13%	0.44%	0.98%	-4.90%	1.17%	1.42%
	美国	-6.86%	6.21%	1.92%	0.51%	-0.26%	-2.15%	0.23%	0.41%	1.27%	-2.41%	0.64%
	越南	-1.24%	-26.23%	22.64%	5.57%	-0.03%	-5.69%	0.65%	4.32%	-4.82%	-5.72%	4.98%

表5-9 2018年中国与APEC成员双边出口贸易分解中OVA前五大来源比重

双边出口贸易双边来源	APEC成员向中国出口贸易总额的分解中OVA前五大来源					双边出口贸易双边来源	中国向APEC成员出口贸易总额的分解中OVA前五大来源				
澳—中	世界其他地区 38.73%	美国 11.07%	日本 4.57%	泰国 3.95%	韩国 3.65%	中—澳	世界其他地区 34.25%	韩国 8.95%	美国 7.82%	日本 7.61%	中国台湾 6.45%
文—中	世界其他地区 38.80%	美国 12.18%	马来西亚 8.41%	日本 5.18%	英国 3.18%	中—文	世界其他地区 35.98%	澳大利亚 7.23%	美国 7.22%	韩国 6.33%	日本 5.96%
加—中	美国 51.07%	世界其他地区 18.08%	英国 3.48%	德国 2.79%	日本 2.67%	中—加	世界其他地区 32.19%	韩国 8.83%	日本 7.47%	美国 7.40%	中国台湾 6.36%
中国香港—中国内地	世界其他地区 28.59%	美国 13.70%	荷兰 5.76%	英国 5.72%	日本 5.63%	中国内地—中国香港	世界其他地区 35.45%	美国 9.12%	韩国 6.56%	日本 5.73%	澳大利亚 5.62%

续表

	APEC成员向中国出口贸易总额的分解中OVA前五大来源							中国向APEC成员出口贸易总额的分解中OVA前五大来源					
印尼—中	世界其他地区 41.90%	美国 7.40%	日本 5.56%	澳大利亚 5.13%	泰国 4.34%	中—印尼	世界其他地区 32.88%	韩国 8.73%	日本 7.30%	美国 7.17%	澳大利亚 6.30%
日—中	世界其他地区 39.52%	澳大利亚 9.92%	美国 8.32%	俄罗斯 6.23%	韩国 4.77%	中—日	世界其他地区 34.56%	韩国 9.08%	美国 8.00%	中国台湾 6.60%	澳大利亚 6.34%
韩—中	世界其他地区 37.91%	日本 11.34%	美国 9.50%	澳大利亚 5.41%	俄罗斯 3.79%	中—韩	世界其他地区 35.82%	美国 7.92%	日本 7.48%	澳大利亚 6.90%	中国台湾 6.27%
马—中	世界其他地区 37.15%	美国 11.29%	日本 7.80%	新加坡 6.68%	韩国 3.71%	中—马	世界其他地区 33.58%	韩国 7.91%	美国 7.26%	日本 6.98%	澳大利亚 6.58%
墨—中	美国 49.37%	世界其他地区 13.88%	日本 6.14%	德国 4.29%	韩国 3.84%	中—墨	世界其他地区 32.40%	韩国 8.60%	日本 7.31%	美国 7.19%	中国台湾 6.14%
菲—中	世界其他地区 29.27%	美国 13.43%	日本 9.72%	韩国 6.13%	中国台湾 5.88%	中—菲	世界其他地区 34.95%	澳大利亚 7.37%	美国 7.17%	韩国 6.90%	日本 6.29%
俄—中	世界其他地区 27.87%	GER 12.06%	哈萨克斯坦 7.47%	美国 5.19%	法国 3.96%	中—俄	世界其他地区 33.18%	美国 8.09%	韩国 7.78%	日本 7.08%	澳大利亚 6.18%
新—中	世界其他地区 23.88%	美国 14.41%	日本 8.12%	韩国 6.09%	中国台湾 5.38%	中—新	世界其他地区 32.74%	韩国 8.84%	日本 7.47%	美国 7.38%	中国台湾 6.31%

（四）中国与 APEC 成员双边贸易中碳排放转移

2000 年至 2018 年中国向 APEC 成员的碳排放出口总量呈现先上升、后下降的趋势。这是由于哥本哈根世界气候大会之后中国重视减排政策，也反映出中国在出口减排中做出的卓越成效。在 APEC 成员中，中国向美国、日本、韩国、加拿大、澳大利亚的碳排放出口量最高。在 APEC 成员中，越南和菲律宾是从中国进口碳排放增长速度最快的经济体，而日本、中国香港、美国是从中国进口碳排放增长速度最慢的三个经济体。

2000 年至 2018 年，中国从 APEC 成员进口碳排放总量逐年上升，从 2000年的 8987 万吨上升至 2018 年的 36704 万吨，但其远远小于中国向 APEC 成员出口的碳排放总量。在 APEC 成员中，中国从美国、日本、韩国、俄罗斯、中国台湾地区进口碳排放总量较大，且呈现持续上升趋势。在 APEC 成员中，越南和墨西哥是向中国出口碳排放增长速度最快的经济体，而俄罗斯、中国香港、中国台湾是向中国出口碳排放增长速度最慢的经济体。

从行业层面来看，中国与 APEC 成员间的碳排放转移部门来源较集中。2000 年至 2018 年，中国与 APEC 成员的碳排放转移部门主要集中在 S13、S08和 S15。2018 年，中国与 APEC 成员间来源于 S13、S08、S15 的碳排放进出口量分别占中国与 APEC 成员碳排放进出口总量的 81.47%、81.94%。

（五）中国与 APEC 成员双边贸易中增加值贸易与碳排放转移的不公平性

根据在与中国贸易过程中增加值净出口与碳排放净出口情况，可以将APEC 成员分为四类，见图 5 – 11。第一类：在与中国贸易过程中，中国为增加值净出口和碳排放净出口国，即中国在承担更多碳排放的同时，获取了一定净增值收益，增加值贸易为顺差。2018 年这类国家（地区）主要包括美国、加拿大、日本、墨西哥、中国香港、菲律宾、马来西亚、印度尼西亚。第二类：在与中国贸易过程中，中国净进口增加值和净出口碳排放，即中国在承担更多碳排放的同时，增加值贸易为逆差，中国处于明显不利地位，2018 年这类国家主要包括新加坡、文莱、澳大利亚、韩国、泰国。第三类：在与中国贸易过程中，中国净进口增加值和净进口碳排放即中国碳排放转移为逆差，通过贸易转移出了碳排放，同时增加值贸易为逆差，付出了经济代价，2018年这类国家（地区）主要包括俄罗斯、中国台湾。第四类：在与中国贸易过程中，中国净出口增加值和净进口碳排放，即中国在转移碳排放的同时，获取了经济净增值收益，中国处于明显有利地位。2018年这类国家主要是指越南。

从变动趋势来看，2000年至2018年，APEC成员在与中国贸易过程中，境况发生较大变动的国家主要来自东南亚，包括印度尼西亚、马来西亚、泰国和越南。其中，印度尼西亚、马来西亚由第二象限变动到第一象限，即中国与这些国家贸易过程中，净增值收益由负转为正，但是中国仍承担了更多碳排放；变化的原因是这些国家原来进口商品主要来自日本，逐步转为来自中国。泰国由第一象限变动到第二象限，即中国与其贸易过程中，净增值收益由正转为负，但是中国仍承担了更多碳排放，中国与其贸易过程中境况恶化。另外，越南由第二象限变动到第四象限，这是由于近年来越南承接了较多国

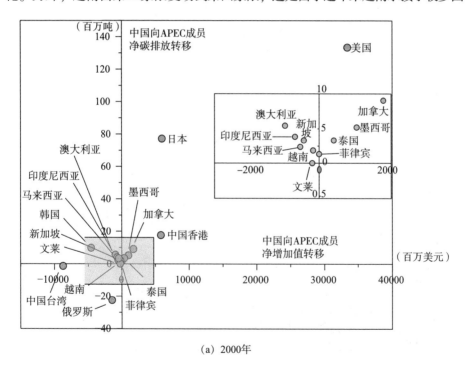

(a) 2000年

图5-11 中国向APEC成员净增加值转移与净碳排放转移

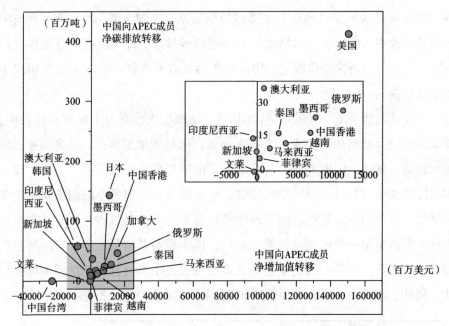

(b) 2007年

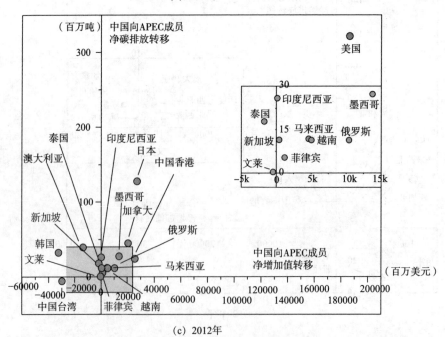

(c) 2012年

图 5 – 11 中国向 APEC 成员净增加值转移与净碳排放转移（续）

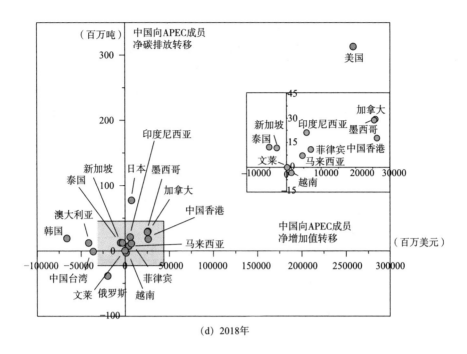

(d) 2018年

图 5-11 中国向 APEC 成员净增加值转移与净碳排放转移 （续）

际产业转移，在全球价值链中处于不利地位，中国与越南贸易过程中，净增值收益增加，同时由越南承担越来越多的碳排放。

　　为了进一步分析不公平性，在此引入单位增加值出口隐含碳排放指标并对其进行分析。一方面，2000 年至 2018 年，APEC 各成员（除墨西哥、越南、文莱）单位增加值出口隐含碳排放明显降低（见表 5-10）。墨西哥、越南、文莱单位增加值出口隐含碳排放升高的原因是它们逐渐融入了全球价值链，但是承接了发达国家的低技术高污染产业。另一方面，在与中国的双边贸易中，APEC 成员（除俄罗斯和越南）单位增加值出口隐含碳排放更低，中国在贸易中处于不利地位。而俄罗斯和越南在与中国的双边贸易中单位增加值出口隐含碳排放更高，原因在于，俄罗斯向中国出口大量能源产品如天然气和石油，越南向中国出口大量低附加值高污染加工产品。

表 5 – 10　2000 年和 2018 年中国向 APEC 成员单位增加值碳排放出口、

APEC 成员向中国单位增加值碳排放出口

APEC 成员	中国			
	单位增加值碳排放出口（千克/美元）		单位增加值碳排放进口（千克/美元）	
	2000 年	2018 年	2000 年	2018 年
澳大利亚	2.70	0.85	1.00	0.29
加拿大	2.76	0.88	1.11	0.57
印度尼西亚	2.77	0.90	0.87	0.33
日本	2.61	0.84	0.37	0.30
韩国	2.84	0.90	0.87	0.34
墨西哥	2.98	0.92	0.4	0.41
俄罗斯	2.18	0.75	7.56	1.15
中国台湾	3.21	0.91	0.9	0.42
美国	2.89	0.89	0.73	0.46
马来西亚	2.82	0.89	1.09	0.63
菲律宾	2.78	0.90	0.50	0.36
泰国	3.23	1.35	1.89	0.56
越南	3.01	0.87	0.73	1.06
文莱	2.50	0.97	0.09	0.19
新加坡	3.10	0.88	0.58	0.15
中国香港	2.25	0.53	0.56	0.21

　　中国向 APEC 成员出口单位增加值隐含碳排放较高的行业主要有：S13、S08、S15、S07 和 S06（见图 5 – 12）。在这五个行业，中国向 APEC 成员的增加值出口占中国向 APEC 成员增加值出口总额的 19.20%，但中国在这五个行业向 APEC 成员碳排放出口占中国向 APEC 成员国碳排放出口总额的比重高达 90.94%。其中，在 S13 行业，中国向 APEC 成员出口碳排放占比高达 54.67%。此外，中国在 S01、S02、S04、S05 行业向 APEC 成员国出口增加值的碳排放强度普遍较低。发达国家和中国台湾地区在 S06 至 S13 向中国出口增加值的碳排放强度低于中国向其出口增加值的碳排放强度，显示出这些国家在高技术和高附加值的制造业上的优势（见图 5 – 13）。

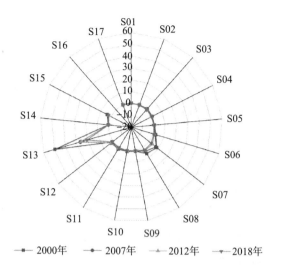

图 5 – 12 分行业中国向 APEC 成员出口单位增加值隐含碳排放（单位：千克/美元）

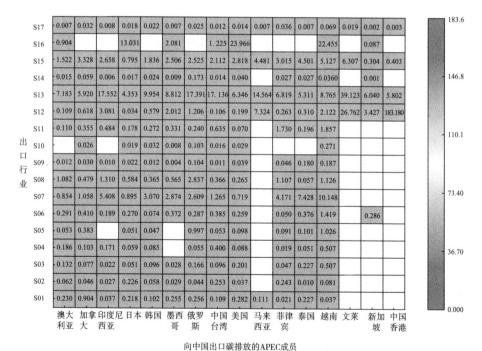

出口行业	澳大利亚	加拿大	印度尼西亚	日本	韩国	墨西哥	俄罗斯	中国台湾	美国	马来西亚	菲律宾	泰国	越南	文莱	新加坡	中国香港
S17	0.007	0.032	0.008	0.018	0.022	0.007	0.025	0.012	0.014	0.007	0.036	0.007	0.069	0.019	0.002	0.003
S16	0.904			13.031		2.081		1.225	23.966				22.455		0.087	
S15	1.522	3.328	2.658	0.795	1.836	2.506	2.525	2.112	2.818	4.481	3.015	4.501	5.127	6.307	0.304	0.403
S14	0.015	0.059	0.006	0.017	0.024	0.009	0.173	0.014	0.040		0.027	0.027	0.0360		0.001	
S13	7.183	5.920	17.552	4.353	9.954	8.812	17.391	17.136	6.346	14.564	6.819	5.311	8.765	39.123	6.040	5.802
S12	0.109	0.618	3.081	0.034	0.579	2.012	1.206	0.106	0.199	7.324	0.263	0.310	2.122	26.762	3.427	183.180
S11	0.110	0.355	0.484	0.178	0.272	0.331	0.240	0.635	0.070		1.730	0.196	1.857			
S10		0.026		0.019	0.032	0.008	0.103	0.016	0.029				0.271			
S09	0.012	0.030	0.010	0.022	0.012	0.004	0.104	0.011	0.039		0.046	0.180	0.187			
S08	1.082	0.479	1.310	0.584	0.365	0.565	2.837	0.366	0.265		1.107	0.057	1.126			
S07	0.854	1.058	5.408	0.895	3.070	2.874	2.609	1.265	0.719		4.171	7.428	10.148			
S06	0.291	0.410	0.189	0.270	0.074	0.372	0.287	0.385	0.259		0.050	0.376	1.419		0.286	
S05	0.053	0.383		0.051	0.047		0.997	0.053	0.098		0.091	0.101	1.026			
S04	0.186	0.103	0.171	0.059	0.085		0.055	0.400	0.088		0.019	0.051	0.507			
S03	0.132	0.077	0.022	0.051	0.096	0.028	0.166	0.096	0.201		0.047	0.227	0.507			
S02	0.062	0.046	0.027	0.226	0.058	0.029	0.044	0.253	0.037		0.243	0.010	0.081			
S01	0.230	0.904	0.037	0.218	0.102	0.255	0.256	0.109	0.282	0.111	0.021	0.227	0.037			

色标：183.6 / 146.8 / 110.1 / 73.40 / 36.70 / 0.000

向中国出口碳排放的APEC成员

图 5 – 13 2018 年 APEC 成员向中国出口单位增加值隐含碳排放

（单位：千克/美元）

四、研究结论与政策建议

本部分通过核算 2000 年至 2018 年中国与 APEC 成员双边增加值贸易和贸易中碳排放转移情况，揭示中国与 APEC 成员间双边贸易中经济收益和环境成本的不公平性，主要结论如下：

第一，APEC 成员在全球贸易发展中的地位日益提升，APEC 成员增加值贸易总额增加，成员国之间的贸易联系越来越紧密。美国、中国、日本始终是全球增加值进出口的前三大经济体。其中，中国对外贸易发展迅速，2018 年中国与 APEC 成员的增加值贸易总额占 APEC 成员间增加值贸易总额的 29%，在 APEC 增加值贸易网络中超越日本处于中心位置，2018 年与美国同为 APEC 增加值贸易网络中的供应中心和需求中心。

第二，中国与 APEC 成员间增加值贸易迅速增长，且中国更依赖于与 APEC 成员中发达国家间的增加值贸易。中国最重要的增加值贸易伙伴是美国、韩国和日本。从行业层面分析，中国从 APEC 成员增加值进口的部门主要为 S17、S09、S02、S06 和 S15，而中国向 APEC 成员增加值出口的部门主要为 S17、S09、S04、S01 和 S02。

第三，中国与 APEC 成员双边贸易过程中仍以进口中间产品、出口最终产品为主。中国向 APEC 成员出口中的国内增加值比重提高，但在出口中主要隐含来自澳大利亚、美国、日本、韩国的增加值比例较高。

第四，2000 年至 2018 年，中国向 APEC 成员出口碳排放总量呈现先上升后下降的趋势，其中，中国向美国、日本、韩国、加拿大、澳大利亚出口碳排放量最高。中国从 APEC 成员进口碳排放总量逐年上升，但仍远小于中国向 APEC 成员出口碳排放总量。从国家层面分析，越南是中国碳排放转移增长最快的国家。从行业层面分析，中国与 APEC 成员碳排放转移的部门主要为 S13、S08 和 S15。

第五，2000 年至 2018 年，中国向 APEC 成员出口单位增加值隐含碳排放降低，中国向 APEC 成员出口单位增加值隐含碳排放最高的行业是 S13、S08、S15、S07 和 S06。在双边贸易中，新加坡、文莱、澳大利亚、韩国、泰国是中国碳排放的净进口国和增加值的净出口国，存在经济收益与环境成本上的较大不公平。

基于以上结论，本书提出以下政策建议：第一，中国与 APEC 成员双边贸易对双方乃至世界经济发展都具有重要意义。因此，中国应继续稳步深化与 APEC 成员间国际贸易合作，特别是推进 RECP 相关贸易安排，促进中国进出口贸易结构的多元化发展。第二，中国在双边贸易中呈现进口中间产品、出口最终产品特点，获利能力较低。因此，中国应提高中间产品的生产能力和研发能力，提高国际贸易中增加值获取能力。第三，中国在双边贸易中碳排放强度较高，承担了大量碳排放。因此，中国应优化进出口贸易的部门结构，提高减排创新技术水平，降低国际贸易的环境成本。尤其要控制 S13、S08、S15、S07 和 S06 等部门的碳排放强度，同时可以适度提高这些部门的进口比重，以缓解中国的碳排放压力。

第三节　全球价值链分工中中国碳排放及增加值收益特征与变化趋势

一、研究背景

在经济全球化背景下，全球经济进入了以生产过程分散化为主要特征的全球价值链（Global Value Chains，GVC）时代（Altomonte et al.，2018）。经过改革开放 40 多年的不断发展，中国经济已逐渐嵌入国际产业链分工体系中，并在全球产业链中占据重要地位（Wang et al.，2017）。特别是中国加入WTO 以来，对外贸易规模迅速扩大，在国际分工中的参与程度不断提高（Koopman et al.，2008；World Bank，2019）。据 WTO（World Trade Organization）统计，2020 年中国货物出口额为 25911.2 亿元，占全球货物出口总额的14.74%，是世界上最大的出口国；货物进口额为 20557.5 亿元，占全球份额的 11.54%，仅次于美国（13.52%）。随着中国嵌入全球价值链程度的逐渐加深，国际贸易、国际投资的规模不断扩大，对资源、能源的需求随之上升，所付出的环境代价也逐渐凸显（Peters et al.，2011b）。据国际能源署（International Energy Agency，IEA，2019）统计，2018 年中国二氧化碳排放量为 957080 万吨，占世界总排放量的 28.56%。在中国"十四五"规划（2021—2025）和"二〇三五年远景目标"中，中国面临着兼顾实现经济发展目标和碳减排目标的双重压力。2019 年中国人均 GDP 仅为 1.02 万美元，在全球 230 个国家和地区中居第 83 位，经济发展水平还需进一步提升。中国在追求经济增长目标的同时，还提出了"二氧化碳排放于 2030 年前达到峰值，2060 年前实现碳中和"的碳减排目标，以应对日益严峻的全球气候变化问题。中国对外贸易的快速发展与深度参与全球价值链分工体系密切相关，但由于处于较低的分工地位，承接了大量来自发达国家的碳排放（Ding et al.，2018）。中国的贸易增长离不开参与 GVC 分工，实现承诺的碳减排目标也回避不了 GVC 的分工环境。中国正面临着保持经济增长与减少碳排放的双重挑战，如何处理好经济发展和环境保护的关系，是中国面临的现实课题。

全球价值链的深入发展极大改变了国际贸易格局和各国的产业特征，积极推动了全球中间品贸易的繁荣发展，相对于传统的最终品贸易，中间品贸易给全球价值链参与者的利益分配、资源流动等方面带来的影响更为复杂。由此，对 GVC 下各国增加值收益的核算成为研究热点。遵循 Hummels 等（2001）最先提出的观点，许多文献都认为与全球价值链活动相关的贸易应该包括沿着生产过程跨越多个边界的商品和服务。在 GVC 生产分工下，很多产品的价值实际上被众多国家/地区分享，而不是仅由最终出口该产品的国家/地区占有（Koopman et al.，2010）。传统核算体系测算的各国的贸易规模已无法准确反映一国创造的价值增值和所获的贸易收益，也难以回答"谁为谁生产"（who produces for whom）的问题（Daudin et al.，2011）。2011 年 WTO 提议以"增加值贸易"（Trade in Value – added）作为全球贸易新的核算标准。Johnson 和 Noguera（2012）从最终需求角度出发，将增加值出口（Value – added Export）定义为一国或地区生产创造而被他国或地区最终消化吸收的价值。VAE 能够准确测算全球生产分工体系下一国或地区的出口规模及其贸易失衡水平，有效避免了传统贸易统计标准所引致的虚假表象（Johnson and Noguera，2017）。Stehrer（2012）讨论了增加值贸易（Trade in Value Added，TiVA）和贸易增加值（Value Added in Trade，VAiT）的区别，他将 TiVA 定义为包括在外国最终消费中的一国直接和间接增加值，而将 VAiT 定义为两国之间总贸易流量中的增加值。基于增加值贸易核算，2004 年中国的增加值出口占总出口的比例只有 63.6%，即其中有 36.4% 的部分被重复计算到出口中（Koopman et al.，2014）。Borin 和 Mancini（2015）提出将传统贸易（全部生产过程在一国内完成并跨越一次边界的贸易）从总贸易中分离出来，并将生产过程跨越边境的部分视为全球价值链相关的贸易（GVC - related trade）。Wang 等（2017）进一步将总贸易分解为纯国内需求部分、传统贸易部分、简单 GVC 和复杂 GVC 部分，可以更准确地刻画国家、部门参与 GVC 的特征。

增加值贸易虽是一国贸易利益基础所在，但它与各种环境问题密不可分（Dorninger et al.，2021）。增加值收益及其隐含碳排放是一枚硬币的两面，在评价一国在对外贸易中获得经济收益的同时也应当考虑其中产生的环境影响（DeCoursey，2013）。在 GVC 分工中，产品发生了跨境转移，但产品生产过程中发生的碳排放并未随之转移，而是留在生产国，由此产生了生产和消费的分离。GVC 背景下的碳排放问题研究焦点已不再局限于国内生产消费，外需和对外贸易对国内环境的影响引起了广泛关注。Meng 等（2013）参照 Johnson 和 Noguera（2012）的增加值贸易（TiVA）概念，提出了碳排放贸易（TiCE）概念，用来表示区域外的最终需求导致的一个区域的碳排放。中国作为全球最大的隐含碳排放净出口国，其长期大规模地将隐含碳净出口给国内，造成了大量能耗和排放，处于生态环境逆差的不利地位。而隐含碳排放转移增长的很大一部分是由全球价值链参与度的提高造成的（de Vries and Ferrarini，2017）。将增加值和碳排放核算整合为一个统一的概念框架，可以从生产、消费、贸易等不同角度追溯不同价值链上的潜在环境成本（Meng et al.，2018）。有研究指出，相对于国内贸易而言，通过参与全球化市场获得的出口经济利益，中国付出的环境成本更高，即存在贸易利益与环境成本关系的失衡（Liu et al.，2018）。

增加值贸易核算框架下的隐含碳转移问题研究已经取得了一些进展，但是仍然存在可以扩展的地方：一是多数研究是基于总量层面的分析，对部门层面和双边贸易层面的讨论较缺乏，且这些研究主要是从隐含碳贸易来源地视角出发，对全球诸多隐含碳贸易来源地与吸收地之间的中间产品、最终产品贸易流动的行业特征分析需要进一步完善。二是现有研究对全球价值链产业路径的关注较为缺乏，因而无法得知国外最终需求通过怎样的产业链传导引起本国的碳排放。在复杂的全球生产网络中，哪些部门的消费引起了哪些部门的增加值和碳排放，以及引起一国较多碳排放的路径是否也为该国带来了较大的经济利益，结构路径分析（SPA）方法正好可以实现这一目标（Lenzen，2007）。为此，本书在以前研究的基础上，利用多区域投入产出（Multi Regional Input Output，MRIO）模型，从时间演化趋势、产业部门分布、贸易国特征、产业链多个角度对中国参与GVC的隐含碳排放转移及增加值贸易进行全面的分析，在统一模型框架内分析中国参与GVC的经济收益和环境成本，为中国在参与全球价值链过程中更好地兼顾经济利益和环境成本提供政策建议。

本研究的主要贡献在于：其一，将传统贸易从总贸易中分离出来，并重点关注与GVC相关活动产生的影响（生产过程至少涉及两个以上国家的活动）。本研究从传统贸易、简单GVC、复杂GVC三个角度来衡量中国参与GVC分工的经济收益和环境成本，考察不同贸易途径下增加值和隐含碳排放特征。其二，从生产（Production – based）和消费（Consumption – based）层面对隐含碳和增加值进行综合考量，评估中国参与GVC的净效益。本书将讨论不同贸易途径下中国与不同贸易伙伴之间增加值收益和二氧化碳排放的净效应，探讨在GVC下环境成本和经济收益不对等的来源。其三，将研究框架嵌入产业链视角，提取中国融入GVC的产业路径，剖析与主要产业链相关的经济和环境影响。本研究利用结构路径分析方法（SPA）比较各生产层级的贸易获利和碳排放成本，寻找隐含碳转移的主要产业路径，最终揭示中国嵌入GVC的路径特征以及改进方向。通过以上分析，本研究试图回答：中国参与 GVC 获得了多少经济收益，为此承担了多大的碳排放成本？具体而言，中国与哪些国家从哪些行业、哪些价值链开展产业链分工能获得较高经济收益并承担较低的碳排放成本？这些都是全球价值链时代必须回答的问题，同时也对探索中国转变经济发展方式、促进外贸升级以及制定合理的产业政策等具有深远的意义，对中国环境与贸易问题的改善具有重要的研究价值，为中国的全球价值链治理和低碳价值链构建提供重要决策依据。

二、研究方法与数据来源

（一）研究方法

多区域投入产出 MRIO 方法能系统地分析产品或服务在区域间贸易过程中所隐含的资源流动和环境影响，并从地区视角和行业视角探讨其来源与去向，被广泛应用于碳排放转移和增加值分解的研究中。假设在 MRIO 模型中，有 m 个国家（地区），每个国家有 n 个部门。用上标表示国家（地区），下标表示部门，则 r 国 i 部门的总产出 x_i^r 可以表示为

$$\sum_{s=1}^{m} \sum_{j=1}^{n} z_{ij}^{rs} + \sum_{s=1}^{m} y_i^{rs} = x_i^r \qquad (5-34)$$

其中，z_{ij}^{rs} 表示 r 国 i 部门投入 s 国 j 部门生产中的中间产品，y_i^{rs} 表示 s 国对 r 国 i 部门的最终需求。将直接消耗系数表示为 $a_{ij}^{rs} = z_{ij}^{rs}/x_j^s$，其含义是 s 国 j 部门生产单位产出所需 r 国 i 部门的中间投入。总产出 X 用矩阵可以表示为

$$X = AX + Y = (I - A)^{-1}Y = BY \qquad (5-35)$$

其中，$A = \begin{bmatrix} A^{11} & \cdots & A^{1m} \\ \vdots & \ddots & \vdots \\ A^{m1} & \cdots & A^{mm} \end{bmatrix}$（维度 $mn \times mn$）表示世界直接消耗系数矩阵，

$Y = \begin{bmatrix} Y^{11} & \cdots & Y^{1m} \\ \vdots & \ddots & \vdots \\ Y^{m1} & \cdots & Y^{mm} \end{bmatrix}$（维度 $mn \times m$）为最终需求矩阵，$B = (I - A)^{-1}$ 为列昂惕

夫逆矩阵，则 s 国最终需求通过全球生产网络驱动的 r 国的产出可以表示为

$$X^{rs} = B^{r1}Y^{1s} + B^{r2}Y^{2s} + \cdots + B^{rm}Y^{ms} = \sum_{u=1}^{m} B^{ru}Y^{us} \qquad (5-36)$$

当 $r = s$ 时，表示一国最终需求对本国总产出的驱动。将 r 国国内中间产品投入矩阵表示为 $L^r = (I - A^{rr})^{-1}$，则式（5 – 36）可以分解为 s 国最终需求通过中间产品和最终产品驱动的 r 国产出：

$$X^{rs} = (I - A)^{-1}\left(\sum_{t \neq r}^{m} A^{rt}X^{ts} + Y^{rs} \right)$$

$$= L^{rr} \sum_{t \neq r}^{m} A^{rt}X^{ts} + L^{rr}Y^{rs}$$

$$= \underbrace{L^{rr} \sum_{t \neq r}^{m} A^{rt} \sum_{u=1}^{m} B^{tu}Y^{us}}_{intermediate\ products} + \underbrace{L^{rr}Y^{rs}}_{final\ products} \qquad (5-37)$$

本研究借鉴 Meng 等（2019）根据增加值被吸收的最终目的地来分解区域/产业增加值的方法以及 Meng 等（2018）提出的将全球价值链和隐含碳贸易整合的概念框架，对 GVC 下的增加值和碳排放进行核算。在此基础上，本书对以下几个概念进行区分：①增加值出口（Value Added Exports，VAE）是指国外最终需求引致的本国价值增值，反映一国所创造的增加值被国外吸收的程度（Johnson and Noguera，2012；Koopman et al.，2014），是衡量价值链分工中有关经济收益的部分。②增加值进口（Value Added Imports，VAI）是指本国的最终需求拉动的国外增加值。③隐含碳排放出口（Embodied CO_2 Emissions Exports，CEE）是指国外最终需求引致本国的二氧化碳排放，是衡量参与国际贸易过程中产生环境成本的部分。④隐含碳排放进口（Embodied CO_2 Emissions Imports，CEI）是指本国最终需求引致的国外碳排放。

取某一行业的增加值率 $v_i = va_i/x_i$（单位产出的增加值）和碳排放强度 $c_i = ce_i/x_i$（单位产出的碳排放），定义国家 r 的增加值率向量和碳排放强度向量分别为 $v^r = [v_1^r, v_2^r, \cdots, v_n^r]$ 和 $c^r = [c_1^r, c_2^r, \cdots, c_n^r]$。那么，借鉴 Wang 等（2017）的方法，基于是否跨境生产和消费，将 r 国生产侧的排放分解为五个部分。

$$PBE^r = \hat{c}^r X^r$$

$$= \hat{c}^r X^{rr} + \sum_{s \neq r}^{m} \hat{c}^r X^{rs}$$

$$= \hat{c}^r L^{rr} Y^{rr} + \hat{c}^r L^{rr} \sum_{t \neq r}^{m} A^{rt} \sum_{u=1}^{m} B^{tu} Y^{ur} + \sum_{s \neq r}^{m} \left(\hat{c}^r L^{rr} Y^{rs} + \hat{c}^r L^{rr} \sum_{t \neq r}^{m} A^{rt} \sum_{u=1}^{m} B^{tu} Y^{us} \right)$$

$$= \underbrace{\hat{c}^r L^{rr} Y^{rr}}_{PBE-D} + \underbrace{\hat{c}^r L^{rr} \sum_{t \neq r}^{m} A^{rt} \sum_{u=1}^{m} B^{tu} Y^{ur}}_{PBE-R} +$$

$$\underbrace{\hat{c}^r L^{rr} \sum_{s \neq r}^{m} Y^{rs}}_{PBE-TT} + \underbrace{\hat{c}^r L^{rr} \sum_{s \neq r}^{m} A^{rs} L^{ss} Y^{ss}}_{PBE-TS} + \underbrace{\hat{c}^r L^{rr} \sum_{s \neq r}^{m} \left(\sum_{t \neq r}^{m} A^{rt} \sum_{u=1}^{m} B^{tu} Y^{us} - A^{rs} L^{ss} Y^{ss} \right)}_{PBE-TC}$$
$$\underbrace{\phantom{\hat{c}^r L^{rr} \sum_{s \neq r}^{m} A^{rs} L^{ss} Y^{ss} + \hat{c}^r L^{rr} \sum_{s \neq r}^{m} \left(\sum_{t \neq r}^{m} A^{rt} \sum_{u=1}^{m} B^{tu} Y^{us} - A^{rs} L^{ss} Y^{ss} \right)}}_{CEE}$$

$$(5-38)$$

其中，PBE 表示生产侧排放，分解的五个部分为：①不经由任何贸易环节只为满足自身最终需求的排放（PBE – D）；②经由国际贸易环节，但返回国内满足自身最终需求的排放（PBE – R）；③通过最终产品贸易满足国外最终需求的排放（PBE – TT），即所有生产环节在一国境内完成，并在另一国被消费，称为传统贸易；④通过中间产品贸易满足直接进口国最终需求的排放（PBE – TS），即生产过程中仅发生一次跨境，比如，美国建筑物上中国生产的钢铁称为简单的 GVC 活动；⑤至少经过 2 次跨国生产，并满足国外最终需求的排放（PBE – TC），比如，苹果手机的生产称为复杂的 GVC 活动。后三个部分之和为隐含碳出口。

根据在全球产业分工中产品跨国境的次数，将贸易活动分为三种类型：传统贸易（Traditional Trade）、简单 GVC（Simple GVC）和复杂 GVC（Complex GVC）。以上核算框架可以帮助我们从价值链的上游向下游方向追溯中国某个行业的碳排放究竟是通过哪种途径满足了哪国的最终需求，由此可以用来界定中国为谁排放了多少二氧化碳（Xiao et al.，2020）。该框架也可以用来核算双边和部门层面的隐含碳出口，r 国向 s 国的隐含碳出口可以表示为

$$CEE^{rs} = \hat{c}^r X^{rs}$$

$$= \hat{c}^r L^{rr} Y^{rs} + \hat{c}^r L^{rr} \sum_{t \neq r}^{m} A^{rt} \sum_{u=1}^{m} B^{tu} Y^{us}$$

$$= \underbrace{\hat{c}^r L^{rr} Y^{rs}}_{Traditional\,trade} + \underbrace{\hat{c}^r L^{rr} A^{rs} L^{ss} Y^{ss}}_{Simple\,GVC} + \underbrace{\hat{c}^r L^{rr} \left(\sum_{t \neq r}^{m} A^{rt} \sum_{u=1}^{m} B^{tu} Y^{us} - A^{rs} L^{ss} Y^{ss} \right)}_{Complex\,GVC}$$

$$(5-39)$$

与式（5-39）对应，r 国消费侧的碳排放可以分解为

$$CBE^r = \hat{c}^r X^{rr} + \sum_{s \neq r}^{m} \hat{c}^s X^{sr}$$

$$= \hat{c}^r L^{rr} Y^{rr} + \hat{c}^r L^{rr} \sum_{t \neq r}^{m} A^{rt} \sum_{u=1}^{m} B^{tu} Y^{ur} + \sum_{s \neq r}^{m} \left(\hat{c}^s L^{ss} Y^{sr} + \hat{c}^s L^{ss} \sum_{t \neq r}^{m} A^{st} \sum_{u=1}^{m} B^{tu} Y^{ur} \right)$$

$$= \underbrace{\hat{c}^r L^{rr} Y^{rr}}_{CBE-D} + \underbrace{\hat{c}^r L^{rr} \sum_{t \neq r}^{m} A^{rt} \sum_{u=1}^{m} B^{tu} Y^{ur}}_{CBE-R} +$$

$$\underbrace{\underbrace{\hat{c}^s L^{ss} \sum_{s \neq r}^{m} Y^{sr}}_{CBE-TT} + \underbrace{\hat{c}^s L^{ss} \sum_{s \neq r}^{m} A^{sr} L^{rr} Y^{rr}}_{CBE-TS} + \underbrace{\hat{c}^s L^{ss} \sum_{s \neq r}^{m} \left(\sum_{t \neq r}^{m} A^{st} \sum_{u=1}^{m} B^{tu} Y^{ur} - A^{sr} L^{rr} Y^{rr} \right)}_{CBE-TC}}_{CEI}$$

$$(5-40)$$

则隐含碳净出口可以表示为：NCE = CEE − CEI。

与之相对应，将碳排放强度向量替换为增加值向量，可以得到一个国家不同贸易途径上的增加值出口（VAE）及增加值进口（VAI）。由于增加值贸易和隐含碳贸易的核算框架是完全对应的，可以通过计算增加值贸易和隐含碳贸易的比值来测算各种价值链路径上每创造一个单位的 GDP 所需要付出的潜在环境成本。基于总隐含强度（Aggregate Embodied Intensity, AEI）的概念（Su et al.，2019），定义单位增值出口排放强度（Emission Intensity of Value-added Exports, EIE）和单位增值进口排放强度（Emission Intensity of Value-added Imports, EIM）为

$$EIE = \frac{CEE}{VAE} \quad EIM = \frac{CEI}{VAI} \qquad (5-41)$$

结构路径分析（Structural Path Analysis，SPA）可以搭建起生产与消费之间清楚的链条关系，并将生产链中不同生产层级影响增加值和碳排放的程度进行量化，从而识别出最终消费对环境影响显著的生产链条。它将某种产品的最终需求追溯到其上游的生产部门，形成从需求端到生产端的链条。它主要是运用列昂惕夫逆矩阵的泰勒展开式 $(I-A)^{-1} = I + A + A^2 + A^3 + \cdots + A^n + \cdots$，放入世界中间产品生产矩阵有

$$
I - \begin{pmatrix} A^{11} & \cdots & A^{1m} \\ \vdots & \ddots & \vdots \\ A^{m1} & \cdots & A^{mm} \end{pmatrix} = I + \begin{pmatrix} A^{11} & \cdots & A^{1m} \\ \vdots & \ddots & \vdots \\ A^{m1} & \cdots & A^{mm} \end{pmatrix} + \begin{pmatrix} \sum\limits_{i=1}^{m} A^{1i}A^{i1} & \cdots & \sum\limits_{i=1}^{m} A^{1i}A^{im} \\ \vdots & \ddots & \vdots \\ \sum\limits_{i=1}^{m} A^{mi}A^{i1} & \cdots & \sum\limits_{i=1}^{m} A^{mi}A^{im} \end{pmatrix} +
$$

$$
\begin{pmatrix} \sum\limits_{j=1}^{m}\sum\limits_{i=1}^{m} A^{1i}A^{ij}A^{j1} & \cdots & \sum\limits_{j=1}^{m}\sum\limits_{i=1}^{m} A^{1i}A^{ij}A^{jm} \\ \vdots & \ddots & \vdots \\ \sum\limits_{j=1}^{m}\sum\limits_{i=1}^{m} A^{mi}A^{ij}A^{j1} & \cdots & \sum\limits_{j=1}^{m}\sum\limits_{i=1}^{m} A^{mi}A^{ij}A^{jm} \end{pmatrix} + \cdots \tag{5-42}
$$

由此，s 国的最终需求引致的 r 国的产出 X^{rs} 可以表示为

$$
X^{rs} = Y^{rs} + \sum_{i=1}^{m} A^{ri}Y^{is} + \sum_{j=1}^{m}\sum_{i=1}^{m} A^{ri}A^{ij}Y^{js} + \sum_{t=1}^{m}\sum_{j=1}^{m}\sum_{i=1}^{m} A^{ri}A^{ij}A^{jt}Y^{ts} + \cdots
$$

$$
\tag{5-43}
$$

根据式（5-43），s 国最终需求引起的各生产层级上 r 国的碳排放为

$$
C^{rs} = c^r X^{rs} = \underbrace{c^r Y^{rs}}_{layer\,0} + \underbrace{c^r \sum_{i=1}^{m} A^{ri}Y^{is}}_{layer\,1} + \underbrace{c^r \sum_{j=1}^{m}\sum_{i=1}^{m} A^{ri}A^{ij}Y^{js}}_{layer\,2} + \underbrace{c^r \sum_{t=1}^{m}\sum_{j=1}^{m}\sum_{i=1}^{m} A^{ri}A^{ij}A^{jt}Y^{ts}}_{layer\,3} + \cdots
$$

$$
\tag{5-44}
$$

各个层级上从生产到消费的产业链可以分解为

$$
F_{layer\,0} = c_i^r Y_i^{rs} \quad [sector\ i\ (region\ r) \rightarrow region\ s]
$$

$$
F_{layer\,1} = c_i^r A_{ij}^{rt} Y_j^{ts} \quad [sector\ i\ (region\ r) \rightarrow sector\ j\ (region\ t) \rightarrow region\ s]
$$

$$F_{layer\,2} = c_i^r A_{ij}^{rt} A_{jg}^{tp} Y_g^{ps} \left[sector\ i\ (region\ r) \to sector\ j\ (region\ t) \to sector\ g \right.$$

$$\left. (region\ p) \to region\ s \right]$$

...

$$(5-45)$$

式（5-45）可以追溯一国最终需求引发另一国生产的完整产业路径，层级越低，越靠近最终需求。第0层级的产业路径表示某产业部门的产品直接用作最终需求而未经过任何生产环节，处于第1层级的产业路径表示生产部门的产品被用作一次中间产品，处于第几层级就表示生产部门的产品被用作几次中间产品。比如，处于第2层级的产业路径 $c_i^r A_{ij}^{rt} A_{jg}^{tp} Y_g^{ps}$ 表示 r 国 i 部门生产的产品，出口到 t 国被用作 t 国 j 部门的中间产品，t 国再出口到 p 国用作 p 国 g 部门的中间产品，最后 p 国生产出最终产品出口至 s 国满足 s 国的最终需求，用产业链表示为 r 国 i 部门→t 国 j 部门→p 国 g 部门→s 国最终需求，由此形成了 s 国的最终需求通过产业链引起的 r 国 i 部门的生产的完整产业路径。SPA 分解出的生产路径的层级有无穷多个，层级越高，路径数量随着层级数量的增多而呈指数型增长。本研究采用"砍树"的方式，将从一个生产节点引出去的产业链看作一个子树，通过设定阈值，忽略掉阈值以下的子树，提取出产生环境影响的关键路径。

（二）数据来源

本部分使用的多区域投入产出表来源于世界投入产出数据库（World Input-Output Data，WIOD）（Timmer et al.，2015），WIOD 中的国家 GDP 总和占全球 80% 以上，可以较好地反映全球主要经济活动，因其连续性和权威性而被广泛采用。最新的 WIOD 于 2016 年发布，提供了 15 年（2000—2014 年）连续的世界投入产出表（World Input-Output Tables，WIOT）序列表，涉及43 个主要经济体和一个由世界其他国家组成的地区（见表 5-11），每个经济体有 56 个产业部门。碳排放数据来源于 The European Commission's Joint Research Centre（Corsatea et al.，2000），该数据库提供了与 WIOD 数据库部门完全匹配的碳排放数据。为了便于分析，本书将研究的产业部门进一步合并为 27 个部门（见表 5-12）。

表 5-11 国家/地区及代码

代码	国家/地区	代码	国家/地区	代码	国家/地区	代码	国家/地区
AUS	澳大利亚	DNK	丹麦	IRL	爱尔兰	POL	波兰
AUT	奥地利	ESP	西班牙	ITA	意大利	PRT	葡萄牙
BEL	比利时	EST	爱沙尼亚	JPN	日本	ROU	罗马尼亚
BGR	保加利亚	FIN	芬兰	KOR	韩国	RUS	俄罗斯
BRA	巴西	FRA	法国	LTU	立陶宛	SVK	斯洛伐克
CAN	加拿大	GBR	英国	LUX	卢森堡	SVN	斯洛文尼亚
CHE	瑞士	GRC	希腊	LVA	拉脱维亚	SWE	瑞典
CHN	中国	HRV	克罗地亚	MEX	墨西哥	TUR	土耳其
CYP	塞浦路斯	HUN	匈牙利	MLT	马耳他	TWN	中国台湾
CZE	捷克	IDN	印度尼西亚	NLD	荷兰	USA	美国
DEU	德国	IND	印度	NOR	挪威	RoW	世界其他地区

表 5-12 部门名称及代码

部门代码	部门名称	部门代码	部门名称
S01	农业、狩猎、林业和渔业	S15	电力、燃气和供水
S02	采掘业	S16	建筑业
S03	食品、饮料和烟草	S17	批发和零售
S04	纺织品和皮革	S18	运输
S05	木材和木制品	S19	酒店和餐厅
S06	纸张、印刷和出版	S20	电信
S07	焦炭和精炼石油	S21	金融服务
S08	化学品和化学产品	S22	房地产活动
S09	橡胶和塑料	S23	其他业务
S10	其他非金属矿物	S24	公共行政和国防
S11	基本金属和金属制品	S25	教育
S12	机械	S26	卫生和社会工作
S13	运输设备	S27	其他服务
S14	其他制造业		

三、结果与讨论

（一）中国隐含碳排放及增加值贸易整体演化趋势

中国隐含碳贸易和增加值贸易整体特征可以从四个方面来归纳：

第一，从隐含碳贸易（TiCE）来看，中国主要通过出口最终产品和直接进口中间产品的方式来转移隐含碳排放，隐含碳净出口在 2012 年之后收紧。2000—2014 年，中国隐含碳出口相当于中国国内生产侧排放的 18.29% ~ 31.42%，其中，通过 GVC 途径引致的 CEE 占 9.43% ~ 16.04%。中国隐含碳进口占中国消费侧排放的 7.22% ~ 9.32%，其中，通过参与 GVC 方式产生的 CEI 占 6.22% ~ 8.83%。以 2014 年为例，国外有 215500 万吨碳排放转移到了中国，通过传统贸易、简单 GVC、复杂 GVC 转移的比重分别为 45.65%、37.13% 和 17.22%，国外最终需求引致中国的碳排放主要通过传统贸易实现。中国将 80100 万吨碳排放转移到国外，通过传统贸易、简单 GVC、复杂 GVC 转移的比重分别为 15.35%、61.82% 和 22.84%，中国的最终需求引致的国外碳排放主要通过简单 GVC 途径实现。2014 年中国产生了 135400 万吨的隐含碳净出口，且主要通过传统贸易（63.58%）方式产生，说明中国国内生产的碳排放比国内消费的碳排放要多，中国承接了来自世界其他国家的碳转移，对生态环境造成了更大负荷。从隐含碳变化趋势来看，中国隐含碳贸易在三种不同贸易途径下的时间变化趋势较相似（见图 5 – 14）。隐含碳出口在 2000—2007 年呈快速增长趋势，在全球金融危机期间呈下降趋势，且下降幅度在复杂 GVC 下尤为显著，这主要是因为全球金融危机爆发后，国际贸易和投资增长持续低迷，逆全球化倾向抬头，贸易摩擦和争端增多，进而导致了全球价值链分工合作的严重受阻与放缓。2009—2011 年中国隐含碳出口快速回升，2012 年之后传统贸易下 CEE 呈下降趋势，而 GVC 途径下的 CEE 呈小幅上升趋势。研究期间的 CEE 增长主要由简单 GVC 贡献，说明中国以直接中间产品贸易方式参与 GVC 分工的程度在加深，中间产品贸易对中国碳排放的影响在增大。隐含碳进口在研究期间呈逐年上升趋势。隐含碳净出口在 2012 年之后逐渐收紧，其下降原因主要为传统贸易下隐含碳净出口的下降。

　　第二，从增加值贸易（TiVA）来看，中国增加值贸易量快速增长，在传统贸易下净出口增加值，在 GVC 途径下净进口增加值。中国增加值出口从 2000 年的 2160 亿元快速增长到 2014 年的 19540 亿元，增长了 803.41%；增加值进口从 2000 年的 1740 亿元增长到 2014 年的 13640 亿元，增长了 685.99%。增加值出口主要靠传统贸易途径实现，增加值进口主要靠简单 GVC 途径实现（见图 5-14）。例如，2014 年通过传统贸易、简单 GVC、复杂 GVC 途径的增加值出口比重分别为 51.57%、32.73% 和 15.70%，增加值进口比重分别为 24%、52.61% 和 23.39%。中国主要以出口最终产品及进口中间产品的方式参与全球价值链生产，反映出中国进口中间品进行加工再出口的贸易模式。在传统贸易途径下，中国增加值出口快速增长，增加值进口缓慢增长，增加值净出口量在逐年扩大。在简单 GVC 和复杂 GVC 途径下，增加值出口和增加值进口增长趋势趋同，增加值进口略高于增加值出口，导致了增加值净进口产生了经济成本。虽然中国参与 GVC 下的增加值贸易量较低，

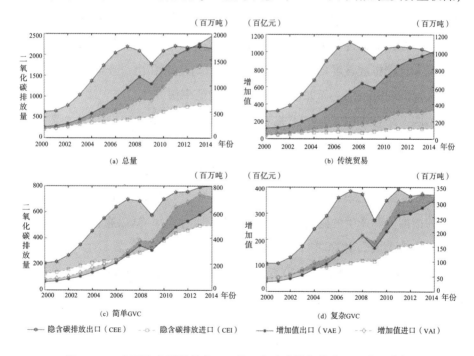

图 5-14　中国隐含碳排放出口、进口和隐含增加值出口、进口变化

但却呈现显著上升趋势，表明中国以参与 GVC 方式进行的增加值贸易越来越占据着重要的地位，这也正是全球价值链主导国际贸易新格局所呈现出的必然结果。

第三，从单位增加值的碳排放强度来看，中国通过国际贸易途径创造的增加值与不经由任何贸易途径仅在国内产业链中创造的增加值相比，碳排放成本更高。用碳排放与增加值的比值来反映为获得单位增加值所承担的碳排放成本，笔者发现，中国通过 GVC 途径创造的增加值的碳排放代价远远高于国内所创造的增加值的环境代价。2000—2014 年中国通过简单 GVC 和复杂 GVC 途径的 EIE 分别比国内单位增加值创造导致的碳排放高出 18.30% ~ 34.01% 和 15.31% ~ 30.17%。这说明中国参与 GVC 活动的生产比国内需求产品的生产碳排放密集度要高、增加值率低。这可能与垂直专业化以及分散化生产方式带来的中间品多次跨国重复运输有关（Meng et al.，2018），还可能与参与 GVC 的部门结构有关。与国内消费品相比，贸易品中服务业占比较低（服务业碳强度一般都较低）。从变动趋势来看，EIE 与单位国内增加值排放强度存在相似的逐年下降趋势，这可能是因为中国增加值出口隐含碳下降更多地来自碳排放强度的下降，这带动了国内生产和出口产品生产的二氧化碳排放量的同时下降，而非出口贸易的增加值率提升。

第四，结合 TiCE 与 TiVA 来看，传统贸易途径下中国获得增加值并承担了大量碳排放，GVC 途径下中国在承担碳排放的同时又付出了经济成本。2014 年中国通过传统贸易净出口了 86100 万吨碳排放，并获得 6800 亿元的增加值收益，每千元增加值净出口承担的碳排放为 1.27 吨。中国通过 GVC 途径获得的增加值和产生的隐含碳是不对等的，通过简单 GVC 途径产生 30500 万吨二氧化碳净出口并净进口了 780 亿元增加值，通过复杂 GVC 途径净出口 18800 万吨碳排放并净进口 120 亿元增加值，中国在参与 GVC 活动中承接其他国家隐含碳转移的同时又付出了经济成本。这可能有两方面的原因：一方面，从整体上看，中国单位增加值出口碳排放强度高于单位增加值进口碳排放强度，中国出口产品相对于进口产品来说，含碳量更高而增加值率更低，这在 GVC 途径下更加显著，导致在参与 GVC 活动的贸易差额中，处于净出口碳排放并净进口增加值的地位，即在产生环境负荷的同时也产生了经济成本。通过对比各国在 GVC 中隐含碳和增加值净出口状况可以看出，单位增加值出口碳排放强度（EIE）较低的国家往往净出口增加值并净进口碳排放（比如，德国、奥地利、瑞典、爱尔兰、瑞士等），处于经济—环境双赢的地位。而单位增加值出口碳排放强度较高的国家（如中国、印度、世界其他地区），则为了获得有限的增加值收益付出了过高的环境代价。由此，改善中国参与 GVC 所处不利局面的关键或许在于进一步降低单位增加值出口的碳排放强度。另一方面，这与中国进出口产业结构有关，中国主要出口高碳排产业的产品而进口高附加值产业的产品，产生了环境成本和经济成本的双重压力，这一点将在下一节中详加说明。

（二）行业视角的分析

从 TiCE 来看，中国隐含碳贸易的行业集中度较高，隐含碳出口主要集中在碳排放系数较高的几个部门，隐含碳进口集中在几个主要的需求部门（见图 5 - 15）。2014 年，碳排放出口的前三个部门是 S15（电力、燃气和供水）、S11（基本金属和金属制品）、S10（其他非金属矿物），这三个部门隐含碳出口分别占中国总碳排放出口量的 41.93%、18.52% 和 11.33%。同时，这三个部门也是所有行业中碳排放系数（单位产出排放量）最高的前三个部门，分别为 3.82 吨/千美元，0.56 吨/千美元和 2.05 吨/千美元。电力行业（S15）是中国生产侧排放的主要贡献部门，也是出口排放的主要部门，由于国外消费引起的中国电力行业产生的碳排放为 90400 万吨，其中通过传统贸易、简单 GVC、复杂 GVC 方式出口隐含碳的比重分别为 47.73%、35.03% 和 17.24%。从隐含碳进口来看，S16（建筑业）、S12（机械）、S13（运输设备）是主要的隐含碳进口部门，这三个部门隐含碳进口量分别占中国总碳排放进口量的 32.11%、18.85% 和 10%。建筑行业（S16）是需求驱动排放的主要部门，2014 年由于中国建筑部门的最终需求引起的国外排放为 25700 万吨，且主要通过简单 GVC 途径（80.94%）来实现。需要注意的是，隐含碳出口是基于生产的核算，是中国生产侧排放的一部分；隐含碳进口是基于消费的核算，是中国消费侧排放的一部分。在两种不同核算方式下，隐含碳出口和进口的部门分布有所差异。

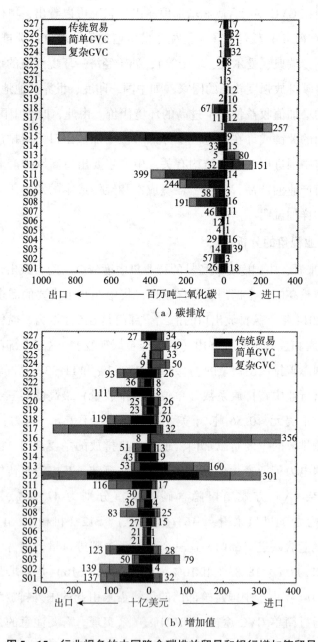

（a）碳排放

（b）增加值

图 5-15　行业视角的中国隐含碳排放贸易和银行增加值贸易

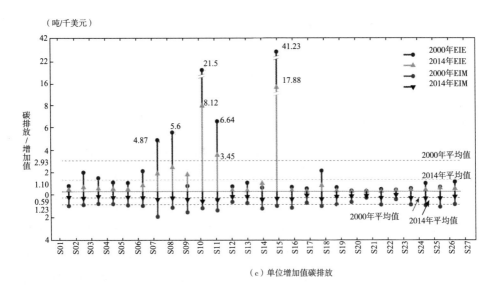

（c）单位增加值碳排放

图 5 - 15　行业视角的中国隐含碳排放贸易和银行增加值贸易（续）

从 TiVA 来看，中国增加值贸易的行业分布较分散。S12（机械）和 S17（批发和零售）是获得增加值的主要部门，国外需求引起这两个部门的价值增值为 3000 亿元和 2680 亿元，分别占中国增加值出口总量的 15.34% 和 13.74%。S16 和 S12 是输出增加值的主要部门，这两个部门的最终需求引起的国外价值增值分别为 3560 亿元和 3010 亿元，分别占中国增加值进口总量的 26.09% 和 22.07%。建筑行业几乎不出口增加值，而有大量的增加值进口，并且要通过参与 GVC 的方式进口。建筑业作为主要的需求部门，它通过从其他国家大量进口中间产品来满足自身需求，带来了较大的经济成本。从时间趋势上看，2000—2014 年中国隐含碳贸易和增加值贸易的部门分布情况基本没有发生显著变化。

中国各部门之间单位增加值出口排放强度存在巨大差异，单位增加值进口排放强度较均等（见图 5 - 15）。一些部门倾向于出口较高碳排放而获得较低增加值，一些部门倾向于出口较多增加值而承担较少的碳排放。比如 2014 年，电力行业（S15）产生 90400 万吨碳排放出口（占中国 CEE 的 41.93%）并获得 510 亿元增加值收益（占中国 VAE 的 2.59%），每千元增加值出口承担的碳排放为 17.88 吨，承担的环境成本和获得的经济收益之间极不对等。与之形成鲜明对比的是，机械制造业（S12）出口 3200 万吨碳排放（占中国 CEE 的 1.47%）并获得 3000 亿元增加值收益（占中国 VAE 的 15.34%），每千元增加值出口的碳排放仅为 0.11 吨，是低排放、高附加值的代表。需要说明的是，在部门层面，无论通过哪种贸易途径，单位增加值出口所承担的碳排放是一样的。单位增加值出口碳排放强度（EIE）较高的部门集中在第二产业，S15、S10、S11 尤为突出，2014 年这三个部门的单位增加值出口碳排放分别是行业平均水平的 16.22 倍、7.36 倍、3.13 倍。从 2000 年到 2014 年，几乎所有部门的单位增加值出口碳排放都下降了（S09、S14 除外）。S09 和 S14 是值得关注的部门，这两个部门单位增加值出口碳排放从 2000 年到 2014 年分别上涨了 2.08 倍和 1.18 倍。服务业单位增加值出口碳排放普遍较低，交通运输业（S18）是所有服务业中的单位增加值出口隐含碳最高的。交通运输业是能源密集型服务业，其隐含碳占全部服务业的 67.02%，但增加值出口仅占服务业增加值出口的 16.56%，在中国深度嵌入全球价值链的背景下，交通运输业作用将更加凸显，应当适度加强对交通运输服务业的减排力度。通信业（S20）、金融业（S21）和房地产业（S22）在服务业部门中单位增加值出口碳排放最低，大力发展中高附加值、低排放的服务业，可以有效降低服务行业隐含碳排放出口。从中国各部门的最终需求引致的国外排放和付出的经济成本来看，各部门隐含碳进口与增加值进口的关系比较对等，单位增加值进口碳排放强度（EIM）在行业分布中较均等。

从中国进出口行业结构来看，中国倾向于出口高碳排、低附加值的产品，而进口低碳排、高附加值的产品。中国有较多的污染密集型行业的出口，如电力行业、金属制造业、非金属矿产品，这些行业在生产过程中碳密集度高，而附加价值的能力较弱，在获取有限增加值的同时承担了沉重的排放压力。同时，中国有较多的资本和技术密集型行业的进口，如建筑业、电气机械行业，这些行业附加值高而排放低，通过进口这些行业产品来满足国内需求时面临着较大的经济成本。缓解经济成本与环境压力双重负重的措施可以从调整进出口产业结构入手，结合各行业特点，适当限制高排放产业的出口，多鼓励低碳排、高附加值产业的出口，不断促进产业结构优化升级。同时，要综合考虑出口和进口两个方面，以此来平衡中国参与 GVC 的成本和收益。

（三）国家视角的分析

中国隐含碳出口的主要国家（地区）有世界其他地区、美国、日本、德国、韩国、俄罗斯、英国等，隐含碳进口的主要国家（地区）有世界其他地区、韩国、俄罗斯、日本、美国、中国台湾等。在研究期间，中国向发展中国家的隐含碳排放出口和增加值出口的比重正在上升，而向发达国家出口的比重在下降。对比 2000 年和 2014 年，中国隐含碳贸易的主要贸易伙伴国基本不变，但双边贸易份额却发生了很大变化（见图 5 – 16）。中国与发达国家（如美国、日本）的隐含碳贸易比重在下降，与发展中国家的隐含碳贸易量比重在上升，尤其是中国与世界其他经济体之间的相互贸易更加显著。例如，中国对世界其他地区的碳排放出口占中国总隐含碳出口的比重从 28.15% 增长到 37.08%，而碳排放进口比重从 41.25% 增长到 51.28%。目前，很多文献强调中国与发达国家之间的贸易往来和隐含碳转移问题，而随着中国和发展中国家更加深入地参与全球价值链，应该更加关注发展中国家之间在国际贸易中带来的隐含碳流动问题（Huo et al.，2021）。此外，中国与发达国家之间的 EIE 比中国与发展中国家高，这可能是中国与其他国家之间参与贸易的不同模式所导致的。中国出口产品污染密集度较高，在一定程度上取决于国

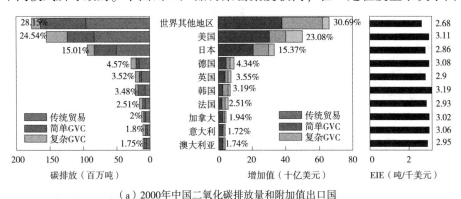

（a）2000年中国二氧化碳排放量和附加值出口国

图 5 – 16　2000 年和 2014 年中国二氧化碳排放量和附加值贸易前十大贸易伙伴（地区）

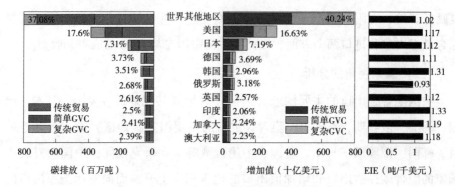

（b）2014年中国二氧化碳排放量和附加值出口国

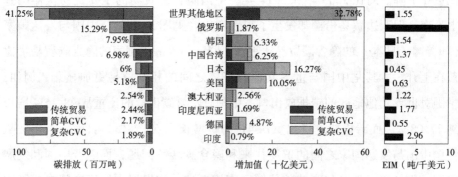

（c）2000年中国二氧化碳排放量和附加值进口国（地区）

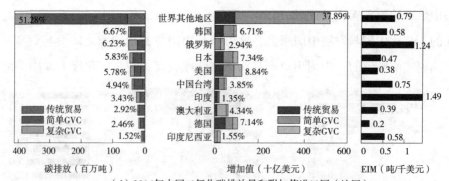

（d）2014年中国二氧化碳排放量和附加值进口国（地区）

图5－16　2000年和2014年中国二氧化碳排放量和附加值贸易前十大贸易伙伴（地区）（续）

内高污染密集型产业结构，这也与中国在贸易中所处的分工地位相关。中国与发达国家在产业链分工中通常处于低端位置，而在与发展中国家的产业链分工中处于相对高端位置，导致了中国对发达国家的 EIE 较高。另外，除了碳强度较高的发展中国家（如印度）和能源依存度较高的新兴工业国家（如俄罗斯）之外，中国与贸易伙伴之间的 EIE 普遍高于 EIM，但二者在研究期间内都下降了，说明国内外的排放效率都有所提高。

从中国双边贸易净转移的二氧化碳排放和增加值来看（见图 5-17），一些发达国家（如澳大利亚、德国、韩国）将二氧化碳通过国际贸易转移到中国的同时也获得了经济净收益。中国在承接这些国家碳排放转移的过程中，由于收获附加值的能力有限，在贸易过程中本国获得的经济收益要小于带动其他国家的经济收益，由此经济净收益为负。不同贸易途径下，中国在双边贸易中净转移二氧化碳排放和增加值的特征不同。在传统贸易下，中国与主要贸易伙伴国（韩国、德国除外）主要是在净出口碳排放的同时净出口增加值，在贸易中处于承担二氧化碳排放并获得增加值收益的地位。比如，2014年，中国通过传统贸易向美国净出口 1.79 亿吨碳排放并获得 1410 亿元的增加值净收益。在 GVC 途径下，中国与一些国家在贸易中处于承担二氧化碳排放也带来经济成本的地位，如世界其他地区、日本、韩国、澳大利亚、德国等。中国向这些国家净出口二氧化碳的同时净进口了增加值，这种现象在复杂 GVC 途径下尤为显著。例如，中国通过复杂 GVC 途径承接了来自世界其他地区的 2657 万吨二氧化碳排放净转移，同时产生了 6.86 亿元的经济成本。随着中国越来越多地参与 GVC 活动，通过 GVC 途径产生的环境成本与经济

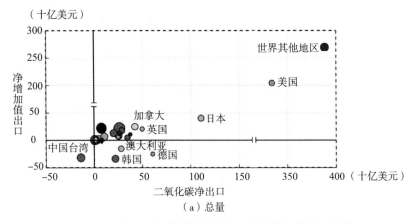

图 5-17　中国二氧化碳排放净出口与净增加值出口比较

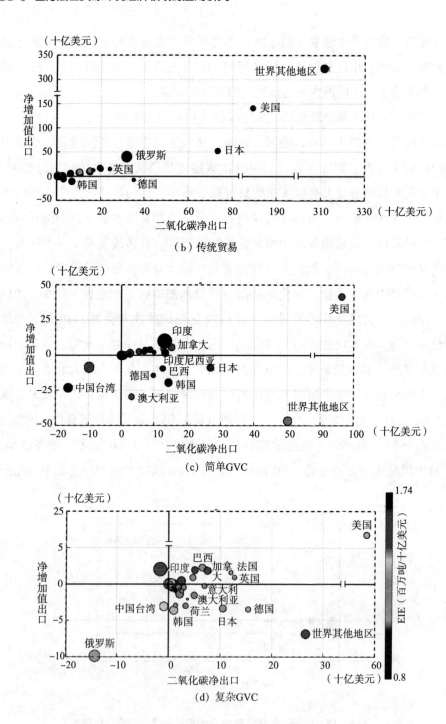

（b）传统贸易

（c）简单GVC

（d）复杂GVC

图 5 - 17　中国二氧化碳排放净出口与净增加值出口比较（续）

收益之间的不平等关系值得关注。此外，通过 GVC 途径的 EIE 相比于传统贸易要高，说明为获取等量的增加值，GVC 途径的出口产生了更多的碳排放。

（四）层级特征和主要路径分析

从生产层级分布来看，越靠近最终需求的生产层级，中国获得的增加值越多，对应的碳排放份额则越小于增加值份额（见图 5 - 18）。2014 年，经过两次以上中间产品生产的产业路径承担的碳排放份额大于对应的增加值份额，而第 0 层和第 1 层的路径获利更多，尤其是第 0 层，中国向世界其他国家出口的碳排放份额为 5.53%，而对应获得的增加值份额为 14.93%。这主要与各生产层级上的部门结构有关，靠近最终需求的生产层级出口较多的碳排放强度低而增加值率高的部门的产品（如 S14、S12），经过的生产层级数越多，出口高碳部门产品（如 S15、S11、S10）的比例越大。S15、S11 作为基础产业，其产品更多是被用作中间产品投入其他部门的生产中，因而隐含碳出口经过的生产环节较多，产业链条较长。

从复杂的全球生产网络中，提取了传统贸易、简单 GVC、复杂 GVC 途径下中国隐含碳排放转移最大的 30 条生产路径，旨在分析不同贸易途径下引起中国碳排放最多的路径是否也为中国带来了较大的经济收益。通过对主要产业路径的分析，笔者发现，中国隐含碳出口较高的部门（如 S15、S11、S10）更多的是通过向下游部门传导来满足国外最终需求，而不是直接用作最终消费。

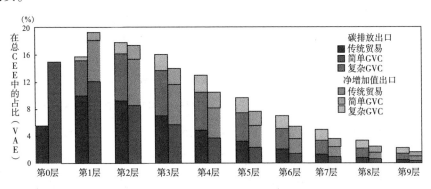

图 5 - 18 2014 年中国隐含碳排放和增加值出口的层级分析

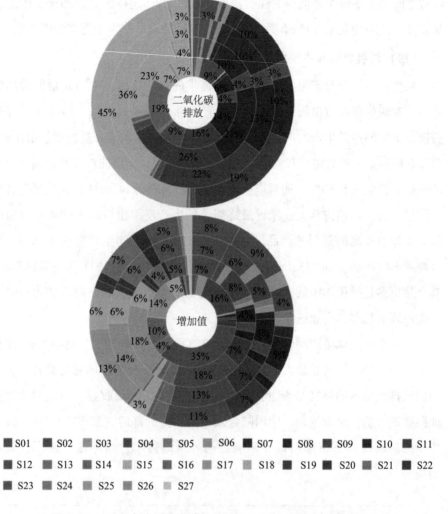

图 5-18 2014 年中国隐含碳排放和增加值出口的层级分析（续）

　　在传统贸易下，主要隐含碳出口路径有较明确的行业和目的国指向性。主要路径可以归纳为"中国（S15）/中国（S11）/中国（S10）→中国（S12）→世界其他地区/美国/日本"，即 S15、S11、S10 通过 S12 来满足世界其他地区、美国、日本的最终需求。S18、S14、S04 更多的是直接满足世界其他地区、美国的最终需求。在简单 GVC 下，主要产业路径是"中国（S15）/中国（S11）/中国（S10）→世界其他地区（S16）→世界其他地区"，即

S15、S11、S10 通过世界其他地区的 S16 来满足世界其他地区的最终需求。主要路径的隐含碳出口去向地区还有日本、美国、印度、韩国、加拿大、澳大利亚等，主要是中国的 S15、S11、S10 通过最终需求目的地的 S16 来满足目的国的最终需求。在复杂 GVC 下，主要碳排放流动路径显示出中国参与全球生产网络具有一定的区域性，主要路径归纳为"中国（S15）/中国（S11）/中国（S10）→韩国（S13）/韩国（S12）→世界其他地区"和"中国（S15）/中国（S11）/中国（S10）→墨西哥（S12）/世界其他地区（S04）/韩国（S12）/加拿大（S13）→美国"，即最终流向世界其他地区的碳排放主要经过韩国、日本的中间产品贸易，最终流向美国的碳排放主要经由墨西哥、世界其他地区、韩国、加拿大的中间品和跨境生产网络（见图 5 – 19）。

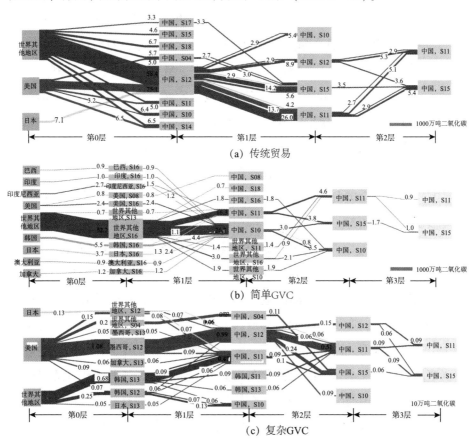

图 5 – 19　传统贸易模式下中国隐含碳排放出口的 30 条主要路径

四、研究结论与政策建议

基于中国参与全球价值链分工的背景，本章以世界多区域投入产出表为基础，运用全球价值链分解理论及结构路径分析技术，从演化趋势、产业结构、贸易伙伴国、产业链多个角度探讨 GVC 下中国所获得的增加值和碳排放转移情况，综合评价中国参与 GVC 的碳排放成本与增加值收益，主要结论总结如下：

首先，通过区分贸易途径，本书发现传统贸易和 GVC 相关活动表现出的贸易特征有较大差别，通过简单 GVC 途径进行的贸易尤其值得关注。中国隐含碳出口和隐含碳进口的大幅增长主要是由简单 GVC 途径贡献的，随着中国参与全球化进程的加深，以全球价值链分工的生产方式给中国的碳排放带来越来越重要的影响，在深入参与 GVC 的过程中更加需要注重经济与环境关系的协调发展。中国在 GVC 相关活动的贸易中，在承担了碳排放的同时也损失了经济收益，处于经济—环境双重压力的状态，且环境成本和经济利益之间的冲突已经在加剧，不利于中国经济的低碳化发展。这与中国出口产品的碳密集度高和在全球价值链中的分工地位有关，要缓解中国在 GVC 活动中增加值收益和碳排放成本的失衡关系，可以从降低出口产品碳强度和提升中国在全球价值链中的分工地位等应对措施着手。

其次，对隐含碳贸易行业结构的分析发现，电力、金属、非金属行业是碳排放出口最多的部门，而这几个部门创造增加值的能力却非常有限，在承担了较大碳排放的同时只获得了较少的经济收益。对于产业政策，一方面，应努力降低高排放行业的碳排放强度，电力、金属、非金属行业作为基础行业，被用于很多部门中间产品的生产中，其产生的碳排放会沿着产业链传导到下游的生产中，产生较高的碳排放。另一方面，可以从调整出口贸易结构着手，适当降低部分高碳排放的污染密集型产品的出口规模，选择性地鼓励低碳产品出口，在全球范围内科学布局低碳产业和高碳产业；或者适当扩大进口规模，对于国内碳排放较高且产品可替代性较强的行业，可以充分发挥进口贸易的替代效应来实现碳减排目标，降低国内资源环境压力和对外贸易的环境成本。

再次，对贸易伙伴国的分析发现，中国与发达国家之间的隐含碳贸易有下降趋势，而与发展中国家的隐含碳贸易有增长趋势，中国通过全球价值链与发展中国家之间的碳排放贸易及经济关联越来越值得关注。发达国家之所以能够实现低碳经济增长，在一定程度上是以发展中国家的贸易与环境失衡为代价的，但上述发展合作模式无法持续。中国应充分利用 GVC 分工体系，主导发展中国家间的区域分工合作，实现发展中国家间贸易增长和气候治理的"双赢"，这也正是"人类命运共同体"发展理念的重要体现。

最后，通过对产业路径进行分解并对传统贸易路径、简单 GVC 路径和复杂 GVC 路径进行区分，发现中国在不同的贸易途径下表现出的产业链特征有较大差别。相较于传统贸易路径，GVC 相关活动经过的生产链条更长，涉及的生产环节更多，隐含在其中的经济和环境影响更为复杂。高碳产业大量地隐含在其他部门的产品中，也就是一些部门（如 S12）的需求通过产业链引起了高碳产业的生产，这种排放更加具有隐蔽性，需要结合从生产到消费的全产业链条来综合治理碳排放问题，在整个供应链上减少碳排放。

本章对 GVC 下中国增加值贸易的潜在碳排放成本及其政策含义进行分析，探讨了以下问题：中国在参与 GVC 活动中净出口大量碳排放的同时损失了增加值收益，而导致中国在 GVC 分工中处于经济收益和环境成本失衡关系的内在原因是什么？对该原因的深入探讨将有助于更好地了解碳排放的来源和有效的减排战略，以确保中国在保持经济发展的基础上实现 2060 年的碳中和目标。

本章参考文献

［1］Altomonte C, Colantone I, Bonacorsi L. Trade and growth in the age of global value chains ［R］. Baffi Carefin Centre Research Paper, 2018.

［2］Baldwin R, Lopez - Gonzalez J. Supply - chain trade：A portrait of global patterns and several testable hypotheses ［J］. The World Economy, 2015（38）：1682 - 1721.

［3］Baldwin R, Taglioni D. Gravity chains：Estimating bilateral trade flows when parts and components trade is important［R］. New York： National Bureau of Economic Research，2011.

　　［4］ Borin A， Mancini M. Follow the value added： Bilateral gross export accounting ［ R ］. Bank of Italy Temi di Discussione （ Working Paper ）， 2015： 1026.

　　［5］ Chen Z－M, Ohshita S, LenzenM, et al. Consumption－based greenhouse gas emissions accounting with capital stock change highlights dynamics of fast－developing countries ［J］. Nature Communications, 2018 （9）： 1－9.

　　［6］ Cole M A. Trade， the pollution haven hypothesis and the environmental Kuznets curve： Examining the linkages ［ J ］. Ecological Economics， 2004， 48 （1）： 71－81.

　　［7］ Corsatea T D, Lindner S, Arto I, et al. World Input－Output Database Environmental Accounts. Update 2000 － 2016 ［ DB/OL ］. Euopean Commision （2019－07－23） ［2022－09－08］. https： //ec. europa. eu/jrc/en/publication/ worl d－input－output－database－environmental－accounts.

　　［8］ Daudin G， Rifflart C， Schweisguth D. Who produces for whom in the world economy? ［J］. Canadian Journal of Economics, 2011 （44）： 1403－1437.

　　［9］ de Vries G J, Ferrarini B. What accounts for the growth of carbon dioxide emissions in advanced and emerging economies? The role of consumption， technology and global supply chain participation ［ J ］. Ecological Economics， 2017 （132）： 213－223.

　　［10］ DeCoursey T E. Don't judge research on economics alone ［J］. Nature, 2013 （497）： 40.

　　［11］ Ding T， Ning Y， Zhang Y. The contribution of China's bilateral trade to global carbon emissions in the context of globalization ［J］. Structural Change and Economic Dynamics, 2018 （46）： 78－88.

　　［12］ Dorninger C， Hornborg A， Abson D J, et al. Global patterns of ecologically unequal exchange： Implications for sustainability in the 21st century ［J］.

Ecological Economics，2021：179.

［13］Eskeland G S，Harrison A E. Moving to greener pastures? Multinationals and the pollution haven hypothesis ［J］. Journal of Development Economics，2003，70（1）：1 – 23.

［14］Francois J，Woerz J. Producer services，manufacturing linkages and trade ［J］. Social Science Electronic Publishing，2008，8（3 – 4）：199 – 299.

［15］Gallego B，Lenzen M. A consistent input – output formulation of shared producer and consumer responsibility ［J］. Economic Systems Research，2006（17）：365 – 391.

［16］Hummels D，Ishii J，Yi K-M. The nature and growth of vertical specialization in world trade ［J］. Journal of International Economics，2001（54）：75 – 96.

［17］Huo J，Meng J，Zhang Z，et al. Drivers of fluctuating embodied carbon emissions in international services trade ［J］. One Earth，2021（4）：1322 – 1332.

［18］IEA. CO_2 emissions from fuel combustion：Database documentation ［DB］. 2019.

［19］Johnson R C，Noguera G. Accounting for intermediates：Production sharing and trade in value added ［J］. Journal of International Economics，2012（86）：224 – 236.

［20］Johnson R C，Noguera G. A portrait of trade in value – added over four decades ［J］. The Review of Economics and Statistics，2017（99）：896 – 911.

［21］Kanemoto K，Lenzen M，Peters G P，et al. Frameworks for comparing emissions associated with production，consumption，and international trade ［J］. Environmental Science and Technology，2012（46）：172 – 179.

［22］Kim T – J，Tromp N. Analysis of carbon emissions embodied in South Korea's international trade：Production-based and consumption-based perspectives ［J］. Journal of Cleaner Production，2021（320）：128839.

［23］Koopman R，Powers W，Wang Z，et al. Give credit where credit is due: Tracing value added in global production chains ［R］. New York: National Bureau of Economic Research, 2010.

［24］ Koopman R, Wang Z, Wei S – J. How much of Chinese exports is really made in China? Assessing domestic value – added when processing trade is pervasive ［R］. New York: National Bureau of Economic Research, 2008.

［25］ Koopman R, Wang Z, Wei S – J. Tracing value – added and double counting in gross exports ［J］. American Economic Review, 2014 (104): 459 – 494.

［26］ Kraemer K, Linden G, Dedrick J. Capturing Value in Global Networks: Apple's iPad and iPhone ［R］. PCIC Working Paper, 2011: 1 – 11.

［27］ Lenzen M. Structural path analysis of ecosystem networks ［J］. Ecological Modelling, 2007 (200): 334 – 342.

［28］ Lenzen M, Moran D, Kanemoto K, et al. Building Eora: A global multi – region input – output database at high country and sector resolution ［J］. Economic Systems Research, 2013 (25): 20 – 49.

［29］ Li Q, Wu S, Lei Y, et al. Dynamic features and driving forces of indirect CO_2 emissions from Chinese household: A comparative and mitigation strategies analysis ［J］. Science of the Total Environment, 2020 (10): 704.

［30］ Lin J, Pan D, Davis S J, et al. China's international trade and air pollution in the United States ［J］. Proceedings of the National Academy of Sciences, 2014, 111 (5): 1736 – 1741.

［31］ Liu Y, Meng B, Hubacek K, et al. "Made in China": A reevaluation of embodied CO_2 emissions in Chinese exports using firm heterogeneity information ［J］. Applied Energy, 2016 (184): 1106 – 1113.

［32］ Liu Y, Zhao Y, Li H, et al. Economic benefits and environmental costs of China's exports: A comparison with the USA based on network analysis ［J］. China & World Economy, 2018 (26): 106 – 132.

［33］ Liu Z, Davis S J, Feng K, et al. Targeted opportunities to address the climate – trade dilemma in China ［J］. Nature Climate Change, 2016 (6):

201 – 206.

［34］ Maurer A, Degain C. Globalization and trade flows： What you see is not what you get！ ［J］ . Journal of International Commerce, Economics and Policy, 2012, 3 （3）： 1 – 27.

［35］ Meng B, Peters G P, Wang Z, et al. Tracing CO_2 emissions in global value chains ［J］ . Energy Economics, 2018 （73）： 24 – 42.

［36］ Meng B, Xiao H, Ye J, et al. Are global value chains truly global? A new perspective based on the measure of trade in value – added ［R］ . Tokyo： Japan External Trade Organization （JETRO）, 2019.

［37］ Meng B, Xue J, Feng K, et al. China's inter – regional spillover of carbon emissions and domestic supply chains ［J］ . Energy Policy, 2013 （61）： 1305 – 1321.

［38］ Mi Z, Meng J, Green F, et al. China's "exported carbon" peak： Patterns, drivers and implications ［J］ . Geophysical Research Letters, 2018 （45）： 4309 – 4318.

［39］ Mi Z, Meng J, Guan D, et al. Chinese CO_2 emission flows have reversed since the global financial crisis ［J］ . Nature Communications, 2017 （8）： 1 – 10.

［40］ Peters G P, Andrew R, Lennox J. Constructing an environmentally – extended multi – regional input – output table using the GTAP database ［J］ . Economic Systems Research, 2011 （23）： 131 – 152.

［41］ Peters G P, Hertwich E G. CO_2 embodied in international trade with implications for global climate policy ［J］ . Environmental Science & Technolegy, 2008, 42 （5）： 1401 – 1407.

［42］ Peters G P, Hertwich E G. The Application of Multi – regional Input – Output Analysis to Industrial Ecology ［A］ //Suh S. Handbook of Input – Output Economics in Industrial Ecology ［M］ . Dordrecht： Springer, 2009： 847 – 863.

［43］ Peters G P, Minx J C, Weber C, et al. Growth in emission transfers via international trade from 1990 to 2008［J］. Proceeding of the National Academy of Sciences of the United States of America, 2011 (108): 8903 – 8908.

［44］Shui B, Harriss R. The role of CO_2 embodiment in US – China trade［J］. Energy Policy, 2006, 34 (18): 4063 – 4068.

［45］Srholec M. High – tech exports from developing countries: A symptom of technology spurts or statistical illusion?［J］. Review of World Economics, 2007, 143 (2): 227 – 255.

［46］Stehrer R. Trade in value added and the valued added in trade［R］. Wiiw Working Paper, 2012.

［47］Su B, Ang BW, Li Y. Structural path and decomposition analysis of aggregate embodied energy and emission intensities［J］. Energy Economics, 2019 (83): 345 – 360.

［48］Timmer M P, Dietzenbacher E, Los B, et al. An illustrated user guide to the world input – output database: The case of global automotive production ［J］. Review of International Economics, 2015 (23): 575 – 605.

［49］Wang L, Sheng B. China – US trade in value – added and gains from bilateral trade in global value chains［J］. Journal of Financial Economics, 2014 (40): 97 – 108.

［50］Wang Z, Meng J, Zheng H, et al. Temporal change in India's imbalance of carbon emissions embodied in international trade［J］. Appllied Energy, 2018 (231): 914 – 925.

［51］Wang Z, Wei S – J, Yu X, et al. Measures of participation in global value chains and global business cycles［R］. National Bureau of Economic Research, 2017.

［52］Weber C, Peters G, Guan D, et al. The contribution of Chinese exports to climate change［J］. Energy Policy, 2008, 36 (9): 3572 – 3577.

［53］World Bank. World Development Report 2020: Trading for Development in the Age of Global Value Chains, Grey Cover Draft［R］. Washington: World

Bank，2019.

［54］Xiao H，Meng B，Ye J，et al. Are global value chains truly global？［J］. Economic Systems Research，2020（32）：540 – 564.

［55］Zhao H，Geng G，Zhang Q，et al. Inequality of household consumption and air pollution – related deaths in China［J］. National Communication，2019（10）：1 – 9.

［56］刘遵义，陈锡康，杨翠红，等. 非竞争型投入占用产出模型及其应用——中美贸易顺差透视［J］. 中国社会科学，2007（5）：91 – 103，206 – 207.

［57］王岚，盛斌. 全球价值链分工背景下的中美增加值贸易与双边贸易利益［J］. 财经研究，2014，40（9）：97 – 108.

［58］杨恋令. 基于投入产出方法的中美旅游贸易增加值研究［A］// 中国管理现代化研究会，复旦管理学奖励基金会. 第九届（2014）中国管理学年会——中国经济与社会安全分会场论文集［M］. 北京：中国管理现代化研究会，2014：9.

［59］尹显萍，程茗. 中美商品贸易中的内涵碳分析及其政策含义［J］. 中国工业经济，2010（8）：45 – 55.

［60］张文城，彭水军. 南北国家的消费侧与生产侧资源环境负荷比较分析［J］. 世界经济，2014（8）：126 – 150.

［61］张咏华. 中国制造业增加值出口与中美贸易失衡［J］. 财经研究，2013，39（2）：15 – 25.

第六章　基于投入产出方法的虚拟水转移研究

水资源短缺是我国很多地区面临的普遍问题。有效利用水资源是实现我国可持续发展的重要命题。本章主要利用投入产出方法分析我国省际贸易中隐含的虚拟水转移和经济收益以及我国地区出口导致的虚拟水消耗与增加值收益的不公平交换和对外贸易中隐含的虚拟水转移。

第一节　我国省际贸易中隐藏虚拟水转移和经济收益分析

一、研究背景

我国不仅是世界上水资源短缺的国家，也是水资源地域分布呈现巨大不均衡的国家。2017 年，中国人均水资源量为 2029 立方米，不到世界人均水资源的一半（5732 立方米）。中国水资源分布呈现南多北少的特征。2020 年，中国人均水资源量为 2239.8 立方米，而北方省份人均水资源量低于 1821.5 立方米。为缓解中国水资源短缺和分布不均衡问题，我国政府开展了南水北调工程等 20 多个水利项目，并且对用水提出了严格遵守三条控制"红线"政策（Liu et al., 2013）。尽管水利工程对缓解部分地区水资源短缺具有积极作用，但是物理调水项目会对生态系统产生潜在的负面影响（Berkoff, 2003）。

贸易是促进省份经济发展的重要推动力，贸易有利于发挥省份比较优势，促进省份专业分工发展（Krugman, 1981；Song et al., 2018）。同时，贸易中不仅仅是商品和货币交换，还伴随着资源、环境污染和金钱的交换（Liu et al., 2015；Zhang et al., 2017）。已有研究表明，随着贸易的发展，大量虚拟水发生转移（Hoekstra and Mekonnen, 2012；Tian et al., 2018）。贸易中隐含的虚拟水转移可以重新分配水资源，是缓解缺水省份水资源短缺的重要途径（Allan，1997；Marston et al.，2015；Liu et al.，2019）。然而贸易在促进省份发展的同时，也造成了虚拟水和经济收益分配不均衡的困境（Helpman and Krugman，1985；Xiong et al.，2021；Xin et al.，2022）。

虚拟水和经济收益的省份间转移是需要重点关注的问题，并且研究者试图确定关键省份、部门和过程（Wang et al.，2021；Xin et al.，2022）。投入产出（IO）模型将虚拟水和增加值转移分为直接转移和间接转移（Leontief，1986）。根据分析区域的数量，IO 模型分为单区域投入产出（SRIO）模型和多区域投入产出（MRIO）模型。MRIO 模型经常被用于跟踪本地和外部转移和由需求驱动的虚拟水和增加值转移（Zhang and Anadon，2014；Jiang et al.，2015；Chen et al.，2017；Zhang et al.，2019；Zhao et al.，2020；Xin et al.，2022）。如 Zhang 等（2019）利用 MRIO 模型，发现 2012 年华北的缺水省份通过从其他省份外包水密集型产品受益于虚拟水净流入，而西北的缺水省份却遭受虚拟水净流出。Xin 等（2022）利用 MRIO 模型，发现 2015 年发达省份（北京、天津和上海）由需求驱动的虚拟水有高达 70% 来自其他省份，而转移出去的增加值只占约 40%。一些发展中省份（如新疆和黑龙江）在与发达省份进行贸易时，不仅虚拟水净流出，而且增加值也净流出。然而，从初始生产者到最终消费者，MRIO 模型无法将间接虚拟水和增加值分配给不同生产层的中间消费者（Peters and Hertwich，2006）。由于现代产业分工的深化，虚拟水在不同生产层中的转移路径可能非常复杂，因而值得深入研究。因此，通过将总乘数效应分解为各生产层的效应，并对结果进行排序，结构路径分析（SPA）方法可以用来分析驱动环境负担和资源利用的关键节点和供应链路径（Lenzen，2007；Guan et al.，2019；Wang et al.，2021）。

随着对隐藏在区域和省际贸易中环境负担和资源转移的深入研究，研究者已经意识到各区域间和各省份间存在环境困境和不均衡的经济收益。一些研究调查了隐藏在贸易中的经济和环境的不平等性，如大气污染（Zhang et al.，2018a，2018b）、碳排放（Prell and Feng，2016；Wei et al.，2020）、水污染（Xiong et al.，2021）和虚拟水（Chen et al.，2021；Xin et al.，2022）。这些研究一致发现了在与发达地区或省份进行双边贸易时，不发达地区或省份不仅会发生污染净流入，还会出现增加值净流出，从而要承受环境和经济的不平等。为了衡量隐藏在中国省际贸易中的污染排放和增加值转移之间的不平等程度，Zhang 等（2018a）制定了区域环境不平等（REI）指数。REI 指数能够整合沿贸易流动的具体污染物和增加值，明确指出双边贸易中每个省份的情况。Chen 等（2021）利用 REI 指数，研究了国际贸易中体现的虚拟水和土地不平等。类似地，Xiong 等（2021）使用 REI 指数测算了中国省际贸易中体现的水污染不平等，并且运用 SPA 方法追踪了跨部门前 50 条关键水污染流动路径，发现主要路径是内陆省份生产的农产品被加工成食品，最终被东南发达省份消费。然而，Xiong 等（2021）测量了主要路径上的虚拟水，却并没有测量主要路径上的经济收益来反映水污染不平等。在现有研究中，研究者已经关注到省际贸易中存在虚拟水和经济收益转移的不均衡，而隐藏在虚拟水供应路径中的不均衡却很少被研究。

本部分测算了 2002—2017 年中国 30 个省份的虚拟水和增加值，分析了 2017 年省份虚拟水和增加值净转移情况，运用环境经济不平等指数测算了省际贸易中不均衡的程度。然后，对 2017 年 30 个省份分别经历 0～5 个生产层的虚拟水和增加值进行测算，对两个案例省份虚拟水主要供应链路径上虚拟水转移和不均衡的经济收益进行分析。深入研究隐藏在中国省际贸易中的虚拟水转移和经济收益的不均衡状况，对科学制定中国水资源管理政策和促进省际协调发展具有重要意义。

二、研究方法与数据来源

（一）多区域投入产出分析

MRIO 模型是一种用于分析需求触发的不同省份部门之间货币或资源流动的经济数学模型（Wiedmann et al.，2011）。假定有 m 个省份和 n 个部门。r 和 s 表示流入和流出省份，i 和 j 表示流入和流出部门。在式（6-1）中，x、y 是两个 $mn \times 1$ 向量，其元素 x_i^r、y_i^{rs} 分别表示 r 省份 i 部门的总产出和 r 省份 i 部门在 s 省份的最终需求。A 是一个 $mn \times mn$ 的中间投入系数矩阵。I 是一个

$mn \times mn$ 单位矩阵。$(I-A)^{-1}$ 被称为 Leontief 逆矩阵。

$$x = (I-A)^{-1} \times y \qquad (6-1)$$

我们来测算各省份各部门间的虚拟水和增加值流动情况。$f = (f_i^r)_{mn \times 1}$ 和 $d = (d_i^r)_{mn \times 1}$ 分别是用水强度向量和增加值系数向量，$f_i^r = \dfrac{w_i^r}{x_i^r}$，$d_i^r = \dfrac{v_i^r}{x_i^r}$。其中，$w_i^r$ 和 v_i^r 分别是 r 省份 i 部门的用水量和增加值。在式（6-2）和式（6-3）中，f^r 和 f^s 分别表示 r 和 s 省份的用水强度系数向量，而其他省份数据为 0；y^s 和 y^r 分别表示 s 和 r 省份的最终需求向量，而其他省份数据为 0（$s \neq r$）。用符号^表示构造的对角矩阵。W^{rs} 表示 r 省份流入 s 省份的虚拟水，W^{sr} 表示 s 省份流入 r 省份的虚拟水。

$$W^{rs} = \widehat{f^r}(I-A)^{-1}\widehat{y^s} \qquad (6-2)$$

$$W^{sr} = \widehat{f^s}(I-A)^{-1}\widehat{y^r} \qquad (6-3)$$

$$W_{net}^{rs} = W^{rs} - W^{sr} \qquad (6-4)$$

在式（6-4）中，净虚拟水流量矩阵 W_{net}^{rs} 既有正值也有负值。W_{net}^{rs} 为正值时，虚拟水从省份 r 净转移到 s；W_{net}^{rs} 为负值时，虚拟水从省份 s 净转移到 r。为了方便 RWI 指数的计算，$\overline{W_{net}^{rs}}$ 被定义为净虚拟水流量全是正值的矩阵。

$$W_{production}^r = \sum_{s=1}^{m} \widehat{f^r}(I-A)^{-1}\widehat{y^s} \qquad (6-5)$$

$$W_{consumption}^r = \sum_{s=1}^{m} \widehat{f^s}(I-A)^{-1}\widehat{y^r} \qquad (6-6)$$

在式（6-5）和式（6-6）中，$W_{production}^r$ 为省份 r 生产侧的虚拟水，$W_{consumption}^r$ 为省份 r 消费侧的虚拟水。

$$V^{rs} = \widehat{d^r}(I-A)^{-1}\widehat{y^s} \qquad (6-7)$$

$$V^{sr} = \widehat{d^s}(I-A)^{-1}\widehat{y^r} \qquad (6-8)$$

$$V_{net}^{rs} = V^{rs} - V^{sr} \qquad (6-9)$$

与虚拟水相类似，可以通过式（6-7）、式（6-8）和式（6-9）对增加值进行计算。其中，d^r 和 d^s 分别表示 r 和 s 省份的增加值系数向量，其他地区数据为 0。V^{rs} 是指省份 r 得到省份 s 的增加值，V^{sr} 是指省份 s 得到省份 r 的增加值。V_{net}^{rs} 是指省份 s 到省份 r 的净增加值流量矩阵。

$$V_{production}^r = \sum_{s=1}^{m} \widehat{d^r} (I-A)^{-1} \widehat{y^s} \qquad (6-10)$$

$$V_{consumption}^r = \sum_{s=1}^{m} \widehat{d^s} (I-A)^{-1} \widehat{y^r} \qquad (6-11)$$

类似地，在式（6-10）和式（6-11）中，$V_{production}^r$ 为省份 r 生产侧的增加值，$V_{consumption}^r$ 为省份 r 消费侧的增加值。

（二）虚拟水和增加值的转移不均衡指数

本部分通过一个 WVI 指数来反映省际虚拟水与增加值的净转移不均衡情况。首先，式（6-12）中，我们有一个归一化的处理，使 $\forall B_{m \times m}$ 中元素 b 介于 0 至 1 之间。其中 b_{min} 和 b_{max} 分别表示 b 的最小值和最大值。

$$f(b) = \frac{b - b_{min}}{b_{max} - b_{min}} \qquad (6-12)$$

归一化后，通过式（6-13），我们可以得到 WVI 指数矩阵。其中，$\overline{w}^{rs}$ 和 $\overline{v}^{rs}$ 分别是矩阵 $\overline{W_{net}^{rs}}$ 和 V_{net}^{rs} 中的元素；$|\overline{v}^{rs}|$ 是 $\overline{v}^{rs}$ 的绝对值。

$$\text{WVI}^{rs} = \begin{cases} f\left(\dfrac{\overline{w}^{rs}}{\overline{v}^{rs}}\right), & \text{if } \overline{w}^{rs} > 0 \text{ and } \overline{v}^{rs} > 0 \\ f(\overline{w}^{rs}) + f(|\overline{v}^{rs}|) + 1, & \text{if } \overline{w}^{rs} > 0 \text{ and } \overline{v}^{rs} < 0 \end{cases} \qquad (6-13)$$

式（6-13）存在两种状态：①当 $\overline{w}^{rs} > 0$ 和 $\overline{v}^{rs} > 0$ 时，虚拟水从省份 r 净流入到省份 s，增加值从省份 s 净流出到省份 r。WVI^{rs} 越大，表示净转移越不均衡。②当 $\overline{w}^{rs} > 0$ 和 $\overline{v}^{rs} < 0$ 时，虚拟水从省份 r 净流出到省份 s，而且增加值也是从省份 r 净流出到省份 s。在第二种状态中，将 $\overline{w}^{rs}$ 和 $|\overline{v}^{rs}|$ 归一化后相加来反映不公平性，再加上 1 来表示比状态 1 更加不均衡。无论是第一种状态还是第二种状态，WVI^{rs} 越高，省份 r 和省份 s 之间虚拟水和增加值净转移越不均衡。

（三）结构路径分析（SPA）

SPA 利用了式（6-14）中 Leontief 逆矩阵的幂级数展开式，可以将虚拟水供应链拆分为无限多条路径。我们可以根据每条路径的流量大小来识别关键路径。

$$(I - A)^{-1} = I + A + A^2 + A^3 + \cdots + A^n + \cdots \quad (6-14)$$

式（6-14）中，贸易中隐藏的虚拟水可以展开为无限个层级。

$$W = \hat{f}(I-A)^{-1}\hat{y} = \hat{f}I\hat{y} + \hat{f}A\hat{y} + \hat{f}A^2\hat{y} + \hat{f}A^3\hat{y} + \cdots + \hat{f}A^n\hat{y} + \cdots \quad (6-15)$$

类似地，贸易中的增加值也可以展开为

$$V = \hat{d}(I-A)^{-1}\hat{y} = \hat{d}I\hat{y} + \hat{d}A\hat{y} + \hat{d}A^2\hat{y} + \hat{d}A^3\hat{y} + \cdots + \hat{d}A^n\hat{y} + \cdots \quad (6-16)$$

式（6-17）和式（6-18）中，r 省份需求驱动的不同生产层的虚拟水和增加值通过解开 A 矩阵可以分解为无限条路径。

$$W^r_{layer0} = \sum_{i,j=1}^{mn} f_i I_{ij} y^r_j$$

$$W^r_{layer1} = \sum_{i,j=1}^{mn} f_i a_{ij} y^r_j$$

$$W^r_{layer2} = \sum_{i,k,j=1}^{mn} f_i a_{ik} a_{kj} y^r_j \qquad (6-17)$$

$$W^r_{layer3} = \sum_{i,l,k,j=1}^{mn} f_i a_{il} a_{lk} a_{kj} y^r_j$$

$$\cdots$$

$$V^r_{layer0} = \sum_{i,j=1}^{mn} d_i I_{ij} y^r_j$$

$$V^r_{layer1} = \sum_{i,j=1}^{mn} d_i a_{ij} y^r_j$$

$$V^r_{layer2} = \sum_{i,k,j=1}^{mn} d_i a_{ik} a_{kj} y^r_j \qquad (6-18)$$

$$V^r_{layer3} = \sum_{i,l,k,j=1}^{mn} d_i a_{il} a_{lk} a_{kj} y^r_j$$

其中，$f_i I_{ij} y^r_j$ 和 $d_i I_{ij} y^r_j$ 分别是指隐藏在最终产品里的虚拟水和增加值，是 0 层中一条路径上的虚拟水和增加值，路径为：一个省份 j 部门→r 省份需求；$f_i a_{ij} y^r_j$ 和 $d_i a_{ij} y^r_j$ 分别是经历了 1 次生产层转移的虚拟水和增加值，为 1 层中一条路径上的虚拟水和增加值，路径为：一个省份 i 部门→一个省份 j 部门→r 省份需求；$f_i a_{ik} a_{kj} y^r_j$ 和 $d_i a_{ik} a_{kj} y^r_j$ 分别是经历了 2 次生产层转移的虚拟水和增加值，为 2 层中一条路径上的虚拟水和增加值，路径为：一个省份 i 部门→一个省份 k 部门→一个省份 j 部门→r 省份需求。后面层级的路径是类似的。

（四）数据来源

本部分使用了 2002 年、2007 年、2012 年和 2017 年中国 30 省份 42 部门非竞争型中国多区域投入产出表（许宪春和李善同，2008；李善同，2016，2018，2021）。由于中国投入产出表每五年发布一次，2017 年中国多区域投入产出表是目前能利用的最新中国多区域投入产出表。考虑到各年份的部门划分一致，将 42 部门 MRIO 表合并为 28 部门 MRIO 表。

中国各省各部门的耗水量除了农林牧渔业耗水量从《中国统计年鉴》中可直接获取外（国家统计局，2003，2008，2013，2018），各省第二产业各部门和第三产业各部门耗水量没有可直接获取的渠道。本部分借鉴 Chen 等（2017）对中国各省第二、第三产业各部门耗水量的计算方法，中国第二、第三产业各部门总耗水量除以各部门总产出再乘以各省各部门产出，再用各省第二、第三产业实际总耗水量修正各省第二、第三产业各部门耗水量，即乘以各省第二、第三产业实际总耗水量与测算各省第二、第三产业总耗水量的比值。各省第二、第三产业实际总耗水量可以从《中国统计年鉴》（2003，2008，2013，2018）获取（国家统计局，2003，2008，2013，2018）。

2002 年中国第二产业各部门总耗水量可以从《中国环境年鉴》（2003）获取（环境保护部，2003，2007，2012），中国第二产业各部门总耗水量可以从《中国环境统计年报》（2007，2012）获取（环境保护部，2009，2013）；由于缺乏数据，假定各行业单位增加值耗水量不变，2017 年使用《中国环境统计年报》（2015）中 2015 年中国第二产业各部门总耗水量（环境保护部，2016），2017 年各产业增加值除以 2016 年与 2015 年的价格指数，再乘以 2015 年的单位增加值耗水量。2015 年各行业增加值采用投入产出表中 2012 年各行业增加值乘以 2012 年、2013 年、2014 年的价格指数。

2002 年中国第三产业各部门总耗水量可直接获取（中国投入产出协会课题组，2007），而 2007 年、2012 年和 2017 年中国第三产业各部门总耗水量和各省第三产业的总耗水量没有可直接获取的渠道。各省第三产业的总耗水量通过从各省的总耗水量（国家统计局，2003，2008，2013，2018）中减去第一产业、第二产业和家庭的用水量得出。各省家庭用水量由中国家庭总用水量乘以各省人口在中国人口占比得出。2007 年、2012 年中国家庭总用水量从2007 年、2013 年城乡建设统计公报获取（住房和城乡建设部，2008，2014）；由于 2017 年数据缺失，使用 2015 年中国家庭总用水量从 2015 年城乡建设统计公报获取（住房和城乡建设部，2016）。本书只能获取到 2002 年中国第三产业各部门总耗水量，其余年份中国第三产业各部门总耗水量通过各年份第三产业总耗水量乘以 2002 年中国第三产业各部门总耗水量与 2002 年第三产业总耗水量之比可获得。

三、结果与讨论

（一）生产侧和消费侧的虚拟水与增加值核算

发达省份消费侧虚拟水更多，以农业为主的省份生产侧虚拟水更多。2002—2017 年，广东、江苏、浙江、山东和福建消费侧虚拟水较多，年均占中国虚拟水的 33%（见图 6 – 1）。江苏、新疆、广东、湖南和黑龙江生产侧虚拟水最多，占中国虚拟水的 38%，原因是它们生产了大量的农产品。在中国的 30 个省份中，有 15 个省份通过省际贸易获取了外地的虚拟水。它们中的大多数是缺水的北部省份或位于沿海地区的较发达省份，需要外地的水资源或者生产高附加值而低耗水的商品或服务。例如，辽宁和浙江的消费侧虚拟水分别是生产侧虚拟水的 1.2 倍和 1.5 倍。相比之下，其余 15 个流出虚拟水的省份大多数是位于中西部的以农业为主的省份。

通过测算增加值，我们发现发达省份消费侧和生产侧增加值最多。2002—2017 年，广东、江苏、山东和浙江消费侧和生产侧增加值最多，年均分别占中国增加值的 36% 和 35%。在 30 个省份中，有 15 个省份增加值净流出，如甘肃和云南，它们的消费侧增加值分别是生产侧增加值的 1.1 倍和 1.2 倍。大多数增加值净流出的省份是位于西北或西南的欠发达省份。对虚拟水和增加值进行比较可以看出，中国省份虚拟水消费侧和生产侧的差异比增加值差异更为显著。2002—2017 年，中国省份虚拟水消费侧与生产侧比率的范围为 0.5~4.8，大于增加值比率的范围（0.8~1.9）。上述不匹配可能是由于省际贸易中高耗水型和低附加值产品引起的，如农产品。

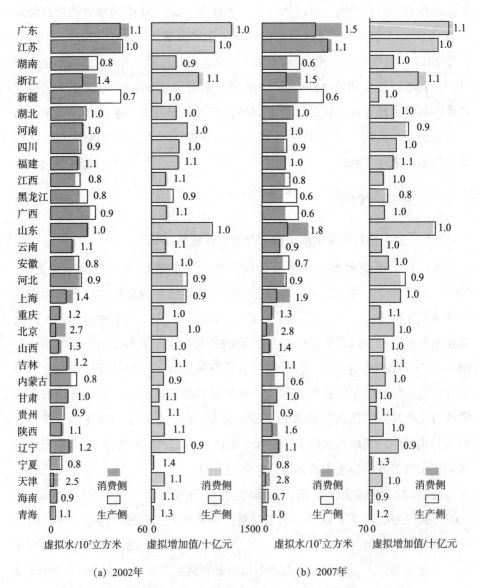

（a）2002年 （b）2007年

图 6-1 2002 年、2007 年、2012 年和 2017 年中国各省份生产侧和

消费侧的虚拟水和增加值

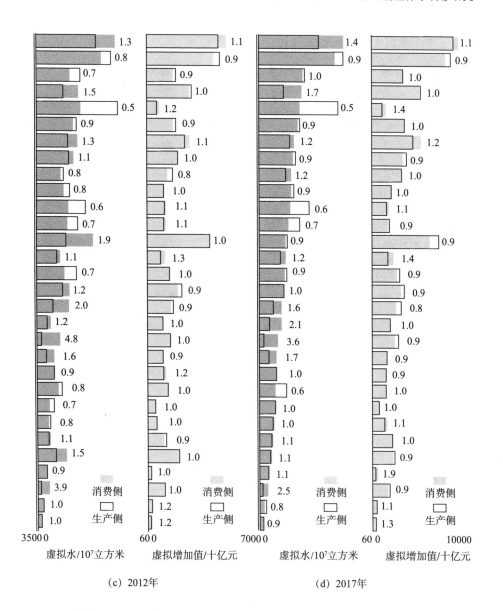

（c）2012年　　　　　　　　（d）2017年

图6-1　2002年、2007年、2012年和2017年中国各省份生产侧和

消费侧的虚拟水和增加值（续）

注：每个柱体末端的数字是消费侧与生产侧的比率。如果省份虚拟水的该比率大于1，表示虚拟水通过贸易净流入；如果这一比率小于1，表示该省净流出虚拟水。如果省份增加值的该比率大于1，表示在贸易中增加值净流出；如果这一比率小于1，表示该省增加值净流入。

（二）虚拟水和增加值的净转移

发达省份是主要的虚拟水和增加值净流入的双赢省份，而大部分欠发达省份是虚拟水和增加值净流出的双亏省份。图 6-2 组 4 中的大多数省份是位于北部或东部沿海的发达省份，既实现了虚拟水净流入，也获得了净经济收益。例如，2017 年，北京和上海分别净流入 94.2 亿吨和 56 亿吨的虚拟水，是它们生产侧虚拟水的 2.63 倍和 0.77 倍，同时它们分别净流入了 3020 亿元和 4720 亿元的增加值收益。可能是由于这些省份使用了大量来自外地的高耗水量产品，而本地主要生产高利润的产品。组 2 中的省份几乎是西部等偏远地区最不发达的省份，不仅将虚拟水净转移出去，而且将增加值收益净转移出去。比如新疆和黑龙江分别净转移出去了 268.80 亿吨和 132.90 亿吨的虚拟水，而且净转移出去了 4620 亿元和 2120 亿元的增加值收益。组 3 中的省份虚拟水净流入，增加值收益净流出，既有欠发达省份也有发达省份，如河南、

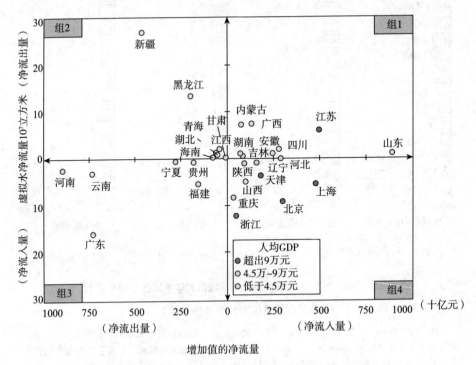

图 6-2　2017 年中国 30 个省份虚拟水和增加值的净流量

云南和广东。组 1 中的省份主要是农业大省，有些省份较发达并与组 4 中的省份邻近，如江苏和山东。这些省份由于资源禀赋和地理位置得到增加值净流入和虚拟水净流出。

在中国八大地理区域中，虚拟水主要从欠发达的西北地区净转移到西南和发达的南部沿海和京津地区。2017 年，欠发达的西北地区占中国区域间虚拟水净流出的 70%，虚拟水主要流出到西南地区和中国发达地区，包括南部沿海、京津以及东部沿海地区。但是，增加值也从欠发达的西北地区和中部地区净转移到发达的北部地区和东部沿海地区。作为钢铁和电子产品等工业产品的主要提供者，发达的北部地区和东部沿海地区获得的增加值净流入有约 43% 来自欠发达的西北地区和中部地区。

在中国省际贸易中，虚拟水从欠发达的农业省份向发达省份净转移。以农业为主的新疆、黑龙江和广西虚拟水分别净流出了 269 亿吨、133 亿吨和 75 亿吨，占中国省际虚拟水净流出的 68%。但是广东、浙江和北京是位于南部沿海、东部沿海和京津的发达省份，虚拟水分别净流入了 160 亿吨、124 亿吨和 94 亿吨，分别占虚拟水净流入量的 23%、18% 和 13%。另外，最大的增加值净转移发生在发达省份之间，如广东至山东（2040 亿元）、江苏（4940 亿元）和上海（4720 亿元）。位于西北、中部和西南的欠发达省份是主要的增加值净流出省份，比如，新疆、河南和云南在省际贸易中分别净流出了 4620 亿、8960 亿元和 7290 亿元的增加值收益，占中国省际增加值净流出的 53%；而沿海发达省份（山东和江苏）、服务业发达城市（北京和上海）、工业省份（河北）和煤炭资源丰富的省份（山西）在省际贸易中分别净流入了 8850 亿元、4940 亿元、3020 亿元、4720 亿元、2860 亿元和 1040 亿元的增加值收益，占中国省际增加值净流入的 65%。

（三）双边贸易中虚拟水和经济利益转移的不平衡

我们的研究结果表明，位于西北和中部的欠发达省份与发达省份双边贸易中遭受虚拟水与经济收益净转移不均衡的困扰，而发达省份从双边贸易中受益。例如，新疆（WVI = 2.06）和湖北（WVI = 1.62）分别在与北京双边贸易中不仅净流出了 24.80 亿吨和 0.5 亿吨的虚拟水，而且还净流出了 146 亿

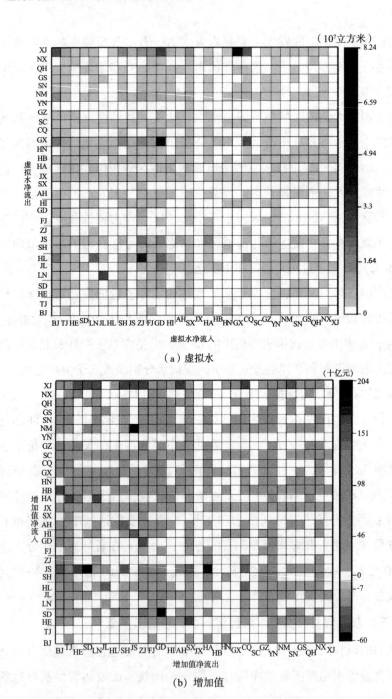

（a）虚拟水

（b）增加值

图 6-3　2017 年 30 个省份之间的虚拟水、增加值的净转移和 WVI

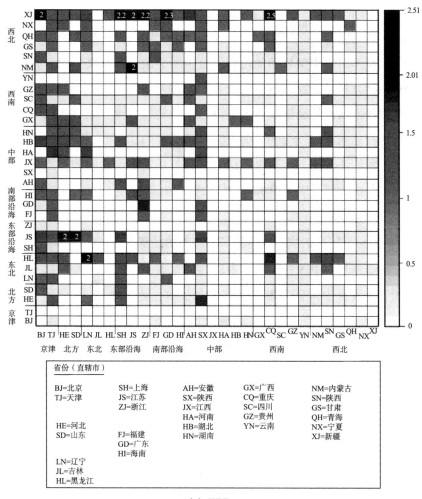

(c) WVI

图 6 - 3   2017 年 30 个省份之间的虚拟水、增加值的净转移和 WVI（续）

注：当 WVI 指数介于 0 和 1 之间时，表示省份虚拟水净流出/流入，同时增加值净流入/流出；当 WVI 指数介于 1 和 2.51 之间时，表示省份在双边贸易中虚拟水和增加值都净流出/流入。WVI 越大，表示双边贸易中虚拟水和增加值的净转移越不公平。

元和 357 亿元的增加值（见图 6 - 3）。不均衡指数（WVI）大于 1，表示虚拟水和增加值同时从流出省份（大部分是欠发达省份）净转移到流入省份（大部分是发达省份）。中国 30 个省份的 435 个双边贸易配对中有 174 个双边贸易配对的 WVI > 1，承受了较大的不均衡，占所有省份配对的近 40%。比如，新疆—浙江（WVI = 2.21）、新疆—上海（WVI = 2.2）、内蒙古—江苏（WVI = 1.95）和河南—天津（WVI = 1.68）。欠发达省份遭受的这种净转移的不均衡可能是由于中国目前的价值链分工所导致，甚至某些欠发达且缺水省份选择牺牲其稀缺的水资源，以换取少量的经济收益。此外，吉林虚拟水净流出到陕西，获得的经济收益不足以补偿净转移的虚拟水（WVI = 1）。其余省份双边贸易的 WVI 介于 0 ~ 0.01，表示获得的经济收益能够补偿净转移的虚拟水。我们还发现，远距离发达省份和欠发达省份之间的不均衡更为严重，这可能是由于贸易中虚拟水的转移受物理距离影响（Tamea et al.，2014；D'Odorico et al.，2019）。

（四）省份不同层的虚拟水转移和不均衡的经济收益

生产层级越高，中国省际贸易中转移的总虚拟水和总增加值越少。2017年，中国省际贸易中转移的虚拟水在 T0 层、T1 层、T2 层、T3 层、T4 层和 T5 层的占比分别为 32%、27%、17%、10%、6% 和 4%。增加值在 T0 层、T1 层、T2 层、T3 层、T4 层和 T5 层的占比分别为 41%、23%、14%、8%、5% 和 3%。T0 层是中国省份的虚拟水和增加值转移的主要层级，其次是 T1 层（见图 6 - 4）。在中国省际贸易中，中国 30 个省份在 T0 层的增加值在所有层级中是最大的。中国有 22 个省份在 T0 层的虚拟水在所有层级中是最大的，天津、河北、吉林、江苏、浙江、河南、陕西和青海的 T1 层虚拟水在所有层级中是最大的。总而言之，中国省份虚拟水和增加值的主要转移路径相对较短。

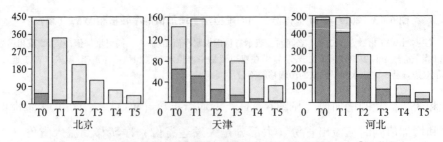

图 6 - 4   2017 年中国 30 个省份需求驱动的前六层虚拟水／10^7 立方米

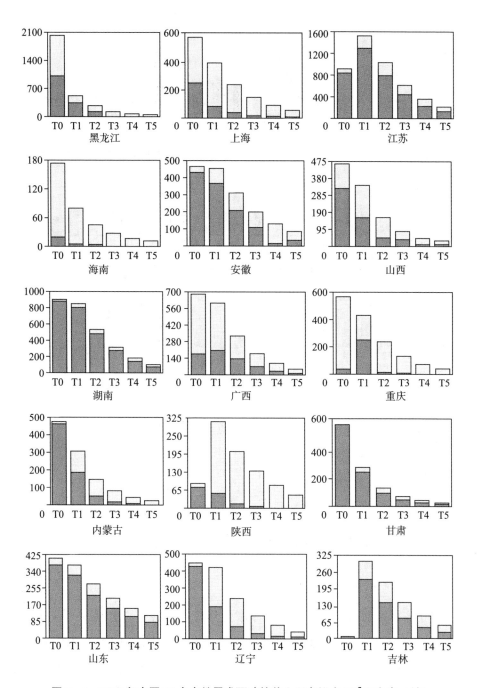

图 6 - 4　2017 年中国 30 个省份需求驱动的前六层虚拟水/10^7立方米（续）

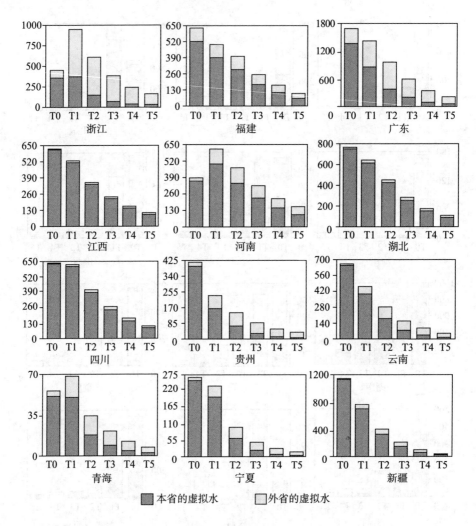

图 6 − 4 2017 年中国 30 个省份需求驱动的前六层虚拟水/10⁷立方米（续）

注：T0 层是直接转移的虚拟水；T1 层、T2 层、T3 层、T4 层和 T5 层分别是经历了 1 次、2 次、3 次、4 次和 5 次生产层转移的虚拟水。

　　发达省份在前六层中得到了更多来自其他省份供应的虚拟水，却只转移了少量份额的增加值。然而，欠发达的省份在前六层中得到了更少份额来自其他省份供应的虚拟水，却转移出了更多份额的增加值（见图 6 − 5）。例如，北京在 T0 层、T1 层、T2 层、T3 层、T4 层和 T5 层获得的其他省份供应的虚拟水分别占各层虚拟水的 86%、94%、95%、96%、97% 和 97%，多于转移到其他省份的增加值占比 19%、41%、54%、64%、72% 和 79%。广东在前六层获得的其他省份供应的虚拟水分别占 19%、41%、61%、71%、78% 和 82%，多于转移到其他省份的增加值占比 5%、25%、44%、59%、69% 和 77%。但是新疆在前六层获得的其他省份供应的虚拟水分别占 1%、9%、18%、27%、35% 和 44%，少于转移到其他省份的增加值占比 26%、48%、62%、72%、79% 和 84%。宁夏在前六层获得的其他省份供应的虚拟水分别占 4%、16%、39%、58%、72% 和 82%，少于转移到其他省份的增加值占比 33%、66%、82%、90%、95% 和 97%。

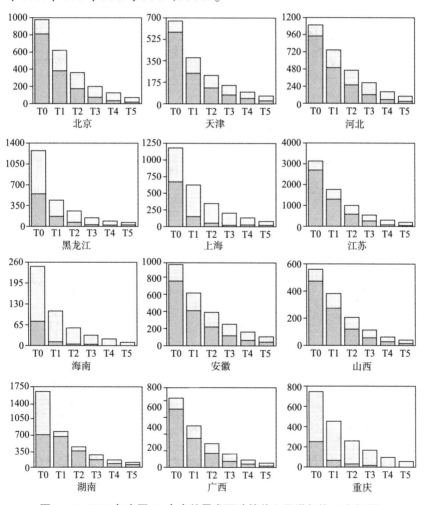

图 6-5　2017 年中国 30 个省份需求驱动的前六层增加值（十亿元）

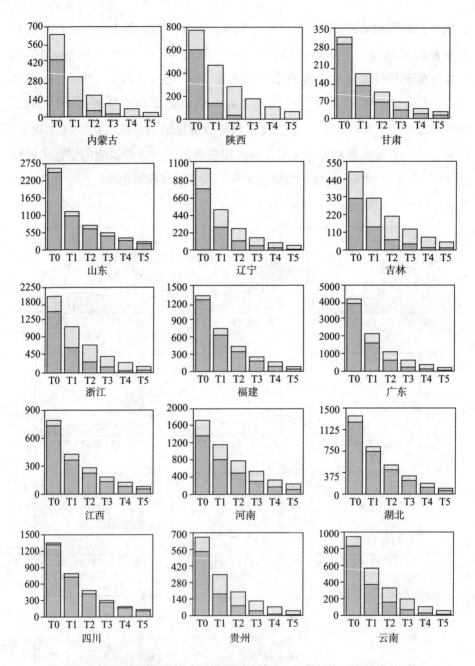

图6-5 2017年中国30个省份需求驱动的前六层增加值（十亿元）（续）

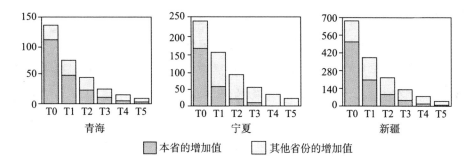

图 6-5　**2017 年中国 30 个省份需求驱动的前六层增加值（十亿元）（续）**

注：T0 层是直接转移的增加值；T1 层、T2 层、T3 层、T4 层和 T5 层分别是经历了 1 次、2 次、3 次、4 次和 5 次生产层转移的增加值。

（五）两个案例省份的虚拟水供应链路径与不平衡的经济收益

北京和宁夏都是缺水省市，北京是位于京津的发达直辖市，而宁夏是位于西北的欠发达省份。北京和宁夏的人均水资源分别为 117.8 立方米和 153 立方米，不到中国人均水资源 2239.8 立方米的 1/10。北京 2020 年人均 GDP 为 164889 元，是宁夏 54528 元的 3 倍多，在前 30 条虚拟水供应链路径中，宁夏的供应路径都来自本省。然而，在北京的前 30 条虚拟水供应链路径中，有 23 条路径来自其他 16 个省份，占前 30 条路径中虚拟水总量的 92%，而增加值仅占 10%。由此可见，宁夏的前 30 条虚拟水供应链路径都是在本省内；而北京的前 30 条虚拟水供应链路径更加多元化，但给外省的虚拟水供应链路径上转移的经济收益极少。

北京主要的虚拟水供应路径是直接从广西、新疆、内蒙古农业流向北京消费需求和黑龙江农业流向黑龙江食品烟草再流向北京消费需求。但是这些主要路径上转移的经济收益远远少于从北京服务直接或者经过一次生产层转移流向北京消费和资本需求这些路径。广西农业→北京消费、新疆农业→北京消费、内蒙古农业→北京消费、黑龙江农业→黑龙江食品烟草→北京消费是北京的前四条虚拟水供应路径，占供应到北京虚拟水的 28.22%，但是增加值只占到 1.44%。北京服务→北京消费、北京服务→北京资本、北京服务→北京服务→北京消费是北京前 30 条虚拟水供应路径中增加值最大的 3 条路径，仅仅占供应到北京虚拟水的 2.49%，但是增加值却高达 33.21%。

宁夏主要的虚拟水供应路径是直接从宁夏农业流向消费与资本需求和宁夏农业流向宁夏食品烟草再流向消费需求。而且宁夏主要的虚拟水供应路径上转移的虚拟水份额多于转移的经济收益份额。宁夏农业→宁夏消费、宁夏农业→宁夏资本、宁夏农业→宁夏食品和烟草→宁夏消费、宁夏农业→宁夏建筑→宁夏投资是宁夏的前四条虚拟水供应路径，占供应到宁夏虚拟水的 48.6%，但是增加值仅占 2.93%。宁夏服务→宁夏消费、宁夏批发零售餐饮→宁夏消费、宁夏农业→宁夏消费是宁夏前 30 条虚拟水供应路径中增加值最大的 3 条路径，占供应到宁夏虚拟水的 21.49%，但是增加值仅占 13.29%。

四、研究结论与政策建议

由于中国省份水资源禀赋和经济状况差异突出，对不同的中国省份也许应该制定不同的水资源保护政策和经济发展战略。本部分分析了中国省际虚拟水和增加值的净转移，可以作为制定差别化节水和水价等政策的参考依据。由于中国各省份之间的联系密切而繁杂，因此利用 MRIO 模型和 SPA 模型追踪供应链沿线的虚拟水和增加值。结论和建议如下：

第一，位于南部沿海、东部沿海和京津的发达省份由于贸易缓解了缺水状况，而位于西北等地区的欠发达省份由于贸易加剧了缺水状况。比如 2017 年，广东、浙江和北京在省际贸易中分别净流入了 160 亿吨、124 亿吨和 94 亿吨的虚拟水，共占中国省际虚拟水净流入的 54%。而新疆、广西和黑龙江在省际贸易中分别净流出了 269 亿吨、133 亿吨和 75 亿吨的虚拟水，共占中国省际虚拟水净流出的 68%。这些省份需要制定水资源保护政策，比如采取差别化的用水制度，通过定价机制鼓励企业采用更先进的节水技术，在生产中提高用水效率（Tsur，2020）。此外，取水许可证制度和水权制度也可以保护输出水资源的缺水省份（Xu et al.，2021）。另外，节水政策应综合考虑中国省份虚拟水供应链（Wang et al.，2021）。我们的结果表明，中国省际从上游部门转移到下游部门隐藏在中间投入中的虚拟水的主要供应链路径较短。

T0 层是中国省际虚拟水转移的主要层级，其次是 T1 层。因此，减少上游部门的一步或两步用水量可以降低下游部门的虚拟水。比如，广西农业、新疆农业和内蒙古农业→北京消费，黑龙江农业→黑龙江食品烟草→北京消费，是北京的前四条虚拟水供应路径；宁夏农业→宁夏消费和投资、宁夏农业→宁夏食品和烟草→宁夏消费、宁夏农业→宁夏建筑→宁夏投资是宁夏的前 3 条虚拟水供应路径，提高这些关键虚拟水供应路径上用水效率可以优化高效用水供应链。

第二，位于北部、东部沿海和京津的发达省份由于贸易收获了经济收益，而位于西北、中部和西南的欠发达省份由于贸易遭受了经济损失。比如 2017 年，山东、江苏和北京在省际贸易中分别净流入了 8850 亿元、4940 亿元和 3020 亿元的增加值收益，共占中国省际增加值净流入的 43%。而新疆、河南和云南在省际贸易中分别净流出了 4620 亿元、8960 亿元和 7290 亿元的增加值收益，共占中国省际增加值净流出的 53%。因此，位于西北、中部和西南的欠发达省份应发掘国内有效需求，加快产业结构转型，并且与发达的北部、东部沿海和京津协调发展。一方面，位于中西部的欠发达省份有相当一部分自然资源和劳动力，要发掘国内对中西部省份的有效需求，促进有效并且合理利用本地资源，形成优势产业，发展特色经济，打破中西部省份劳动力成本低且虚拟水消耗严重的困境。另一方面，如果位于北部、东部沿海和京津发达省份的产业向中西部欠发达省份转移，将有利于推动省际协调发展，加快欠发达省份经济结构调整，缩短产业升级的时间，缩小省份发展差距（Feng et al.，2010；Li et al.，2018）。

第三，发达省份是中国省际贸易带来虚拟水和增加值收益净转移的主要受益者，而位于西北和中部的欠发达省份遭受了虚拟水转移和经济收益的较大不均衡。例如，北京在与新疆（WVI = 2.06）和湖北（WVI = 1.62）的省际贸易中不仅净流入了 24.80 亿吨和 0.5 亿吨的虚拟水，而且还净流入了 146 亿元和 357 亿元的增加值。对此，遵循"谁受益谁补偿"原则的虚拟水补偿方案可以用来调整中国省际贸易中虚拟水和增加值收益净转移的不均衡（Wang et al.，2017）。可以根据省际贸易中虚拟水和增加值净转移不均衡程度（WVI）和净虚拟水流，受益省份对承受不公平的省份进行补偿。例如，北京对新疆和湖北以净虚拟水流量和基于 WVI 数值的某一单位补偿价格的乘积进行补偿。另外，考虑虚拟水供应链路径，发达省份的关键路径上的虚拟水主要来自其他省份，而欠发达的省份来自自己省份，路径上转移出去的经济收益均不均衡。例如，北京的前四条关键供应链路径全部来自其他省份（广西、新疆、内蒙古和黑龙江），占北京供应链虚拟水的 28.22%，但是增加值仅占 1.44%；宁夏的前四条关键供应链路径全部来自本省份，占宁夏供应链虚拟水的 48.6%，但是增加值仅占 2.93%。因此，建议对这些关键供应路径给予补贴来减少虚拟水和经济收益转移的不均衡。

第二节　中国地区出口导致的虚拟水消耗与增加值收益的不公平交换分析

一、研究背景

中国开放型经济快速发展。2001 年，中国加入世界贸易组织（WTO）；2012 年，中国已经成为世界第一大货物出口国，此后中国一直是全球最大货物出口国；2019 年，中国货物出口额已达世界货物出口额的 13.2% 左右（WTO，2020）。并且，2001—2019 年，中国货物出口额年均增长 13.5%。虽然中国经济通过快速增长的出口获得了难以想象的繁荣，但是出口带来的经济成就也伴随着大量自然资源的消耗和大量污染的排放（Liu et al.，2015；Liu et al.，2016；Liu et al.，2019）。此前的研究成果也表明，中国是一个虚拟水、虚拟土地的二氧化碳排放净出口国（Chen et al.，2018；Tian et al.，2018）。"虚拟水"（VW）是生产商品时的耗水量，是隐含在贸易商品中的水（ALLAN，1997）。在过去的 20 年里，中国是全球人均水资源最贫乏的国家之一。然而，中国又是世界上用水量最多的国家，也是虚拟水出口的大国（Hoekstra and Mekonnen，2012；Chen and Chen，2013；Tian et al.，2018）。

水资源短缺严重制约了中国经济进一步的发展（Chen et al.，2018）。

中国水资源南北差异较大，南方水资源丰富，北方水资源短缺。2019 年，全国人均水资源量为 2077.7 立方米，而北方人均水资源量低于 1876.2 立方米。中国国内贸易决定了区域间的水依赖，而国内贸易受经济和政府政策制约，不受地区水资源差异的制约，可能恶化国内水资源短缺。以往关于贸易对我国各地区水资源影响的研究主要是集中在国内贸易导致地区间虚拟水流动方面。Dong 等（2014）和 Chen 等（2017）运用区域间投入产出模型（IRIO 模型）发现，在国内贸易中，GDP 较高或快速发展的省份虚拟水流量较大，比如广东、江苏、山东、浙江、上海、新疆等。Zhang 和 Anadon（2014）基于 MRIO 模型，评估了我国虚拟水贸易规模，发现 2007 年国内贸易中体现的虚拟水贸易大约是中国出口中体现的虚拟水的 2 倍。Cai 等（2019）基于 MRIO 模型，对 2002 年、2007 年和 2012 年我国的取水再分配进行了评价，发现区域间贸易中的虚拟水流量占总取水量的比例有所增加（从 20.1% 增加到 40.5%）。Feng 等（2012）运用 MRIO 模型来评估黄河流域与中国其他地区之间的虚拟水流量，研究结果表明黄河流域外消费活动对黄河流域的水资源构成了压力。Jiang 等（2015a）采用 MRIO 模型，对我国国内贸易导致各省份水资源消耗压力进行了评价，发现新疆、河北和宁夏等是净虚拟水输出地。

地区出口不仅和合作地区交换了货物和金钱，还导致了与产品往来地间虚拟水和增加值的交换。在国家层面，以往的研究表明，在国际贸易中，发展中国家不仅没得到较大份额的增加值，还出口了更多的虚拟水（Chen et al.，2013；Chen et al.，2018）。在全球供应链中，由于我国水密集型产业多、节水技术不佳以及在国际贸易中处于劣势地位，中国为其他贸易国提供了大量的水密集型产品。在中国省份层面，以往的研究主要从我国各省份出口拉动当地水资源消耗与当地增加值收益的角度考察公平性，没有从出口省份与提供中间产品省份交换虚拟水与增加值的角度考察公平性（Chen et al.，2018；Liu et al.，2019）。对出口导致的增加值和虚拟水不匹配的量化分析，可以从不同视角研究出口导致我国沿海地区和内陆地区间货物交换的影响。通过从各省份出口交换虚拟水与增加值的角度考察公平性，可能会揭示虚拟水沿着国内供应链转移存在的问题，也可能会进一步揭示虚拟水和增加值的错配在省级和部门级的内在途径。

投入产出模型常用来量化贸易对交易国家或地区间环境和自然资源的影响，如二氧化碳（Peters and Hertwich，2008；Davis and Caldeira，2010）、大气污染（Liang et al.，2014；Zhao et al.，2015）、水资源短缺（Feng et al.，2014；Cai et al.，2019）和公众健康（Jiang et al.，2015b；Zhang et al.，2017）。本书基于多区域投入产出模型，利用中国各地各部门耗水量数据及最新的中国投入产出表数据，测算出中国各地出口拉动的区域间虚拟水消耗和增加值收益情况，分析了中国 6 个主要沿海省份出口贸易导致各省份虚拟水消耗和增加值收益的交换情况，讨论了 2 个典型省份部门出口拉动各部门虚拟水消耗和增加值收益情况。此外，还通过虚拟水与增加值公平指数（VA 指数）对中国各地通过出口交换的增加值和虚拟水是否公平进行了探讨。

二、研究方法与数据来源

（一）研究方法

本部分利用中国各地各部门的耗水量和增加值数据，基于 MRIO 模型研究中国各地各部门出口导致各地各部门间的虚拟水和增加值流动情况。MRIO 模型是一种能够研究参与出口贸易的多地区多部门中间产品的流动往来的经济数学模型。价值型 MRIO 表的每一行平衡等式为

$$x_i^r = \sum_s \sum_j a_{ij}^{rs} x_j^s + \sum_s y_i^{rs} + y_i^{re} \qquad (6-19)$$

其中，假定有 m 个地区和 n 个部门。r 和 s 表示 m 中的地区，i 和 j 表示 n 中的部门。x_i^r 表示 r 地区 i 部门的总产出，a_{ij}^{rs} 是中间投入系数，表示 r 地区 i 部门为 s 地区 j 部门的单位产出提供的中间产品量。$a_{ij}^{rs} x_j^s$ 是 r 地区 i 部门为 s 地区 j 部门产出提供的中间产品量；y_i^{rs} 指 r 地区 i 部门的产品在 s 地区的最终消费；y_i^{re} 代表 r 地区 i 部门的最终出口产品。

本部分用斜体小写字母表示标量，粗体斜体小写字母表示向量，斜体大写字母表示矩阵。对式（6-19），用 A 表示 a_{ij}^{rs} 的矩阵，x、y^d 和 y^e 分别表示 x_i^r、

y_i^{rs}和y_i^{re}的向量，上面行等式可表示为

$$x = Ax + y^d + y^e \tag{6-20}$$

式（6-21）通过式（6-20）合并同类项得到，其中，I是单位矩阵，$(I-A)^{-1}$称为 Leontief 逆矩阵。

$$\boldsymbol{x} = (I-A)^{-1} \times (\boldsymbol{y}^d + \boldsymbol{y}^e) \tag{6-21}$$

接下来研究各地各部门出口消耗的虚拟水和拉动的增加值情况，将$\boldsymbol{y}^d$从式（6-21）中移除得到式（6-22）。式（6-22）中，$\boldsymbol{x}^e$是因为各地区各部门出口发生的总产出向量。

$$\boldsymbol{x}^e = (I-A)^{-1} \times \boldsymbol{y}^e \tag{6-22}$$

式（6-23）和式（6-24）分别用来测算出口消耗各地区各部门的虚拟水和拉动各地区各部门的增加值，通过式（6-22）得到。式（6-23）和式（6-24）中，$\boldsymbol{f} = (f_i^r)_{mn \times 1}$和$\boldsymbol{d} = (d_i^r)_{mn \times 1}$分别是各地区各部门用水强度向量和增加值系数向量，$f_i^r$和$d_i^r$分别表示$r$地区$i$部门单位产出消耗的用水量和拉动的增加值，$f_i^r = w_i^r/x_i^r$，$d_i^r = v_i^r/x_i^r$。其中，$w_i^r$和$v_i^r$分别是$r$地区$i$部门生产导致的耗水量和增加值。本部分用列向量加上符号^表示由向量构造的对角矩阵。

$$W = \widehat{\boldsymbol{f}} \times (I-A)^{-1} \times \boldsymbol{y}^e \tag{6-23}$$

$$V = \widehat{\boldsymbol{d}} \times (I-A)^{-1} \times \boldsymbol{y}^e \tag{6-24}$$

具体而言，s地区各部门出口商品消耗r地区各部门的中间商品，导致r地区的虚拟水的消耗量W^{rs}和拉动r地区的增加值V^{rs}可用式（6-25）式（6-26）计算。f^r、d^r分别表示r地区用水强度和增加值系数，而其他地区数据为0；y^{se}表示s地区出口，而其他地区出口为0。当$s = r$时，式（6-25）和式（6-26）计算的是s地区出口，本地生产中间产品消耗的虚拟水和拉动的增加值，这时W^{rs}和V^{rs}是s地区直接消耗的虚拟水和直接拉动的增加值；当$s \neq r$时，式（6-25）和式（6-26）计算的是r地区通过跨地区供应链为s地区出口提供中间产品发生的虚拟水消耗和拉动的增加值，这时W^{rs}和V^{rs}是s地区出口间接消耗的虚拟水和间接拉动的增加值。

$$W^{rs} = \widehat{\boldsymbol{f}^r} \times (I-A)^{-1} \times \widehat{\boldsymbol{y}^{se}} \tag{6-25}$$

$$V^{rs} = \widehat{\boldsymbol{d}^r} \times (I-A)^{-1} \times \widehat{\boldsymbol{y}^{se}} \tag{6-26}$$

本部分定义了地区相关的虚拟水、地区相关的增加值，出口相关的虚拟水和出口相关的增加值。地区相关的虚拟水和增加值是地区因国家出口消耗虚拟水和拉动增加值。出口相关的虚拟水和增加值是地区出口商品导致的国家虚拟水消耗和国家增加值收益。r 地区相关的虚拟水和 r 地区相关的增加值可用式（6-27）和式（6-28）表示为

$$W^r = \sum_{s=1}^{m} W^{rs} \qquad\qquad (6-27)$$

$$V^r = \sum_{s=1}^{m} V^{rs} \qquad\qquad (6-28)$$

s 出口相关的虚拟水和 s 出口相关的增加值可用式（6-29）和式（6-30）表示为

$$Wt^s = \sum_{r=1}^{m} W^{rs} \qquad\qquad (6-29)$$

$$Vt^s = \sum_{r=1}^{m} V^{rs} \qquad\qquad (6-30)$$

用虚拟水与增加值公平指数来反映各地虚拟水消耗与增加值收益交换的差异，即 VW-AV 指数（以下简称 VA 指数，单位：千克/元），如式（6-31）所示。VA^{rs} 表示 r 地区为 s 地区出口提供中间产品，换取每一元增加值流入的虚拟水流出量。

$$VA^{rs} = \frac{W^{rs}}{V^{rs}} \qquad\qquad (6-31)$$

（二）数据来源

本研究使用投入产出数据为 2002 年、2007 年、2012 年和 2017 年中国 30 省 42 部门中国多区域投入产出表（许宪春和李善同，2008；李善同，2016，2018，2021）。由于中国投入产出表每五年发布一次，2017 年中国多区域投入产出表是目前能利用的最新中国多区域投入产出表。考虑到各年份的部门划分一致，本部分将 42 部门 MRIO 表合并为 28 部门 MRIO 表（见表 6-2）。

中国各省各部门的耗水量除了农林牧渔业耗水量可以从《中国统计年鉴》（2003，2008，2013，2018）直接获取外（国家统计局，2003，2008，2013，2018），第二产业各部门和第三产业各部门耗水量没有可直接获取的渠道。本

部分借鉴 Chen 等（2018）计算中国各省第二产业和第三产业部门耗水量的方法，中国第二产业和第三产业各部门总耗水量除以各部门总产出再乘以各省各部门产出，再用各省第二和第三产业实际耗水量修正各省第二和第三产业各部门耗水量，即乘以各省第二和第三产业实际耗水量与测算各省第二和第三产业耗水量的比值。2002 年，中国第二产业各部门总耗水量可以从《中国环境年鉴》（2003）获取（环境保护部，2003）；2007 年和 2012 年，中国第二产业各部门总耗水量可以从《中国环境统计年报》（2007，2012）获取（环境保护部，2009，2013）；由于缺乏数据，假定各行业单位增加值耗水量不变，2017 年使用《中国环境统计年报》中 2015 年中国第二产业各部门总耗水量（环境保护部，2013），2017 年各产业增加值除以 2016 年与 2015 年价格指数，再乘以 2015 年单位增加值耗水量，2015 年各行业增加值采用投入产出表中 2012 年各行业增加值乘以 2012 年、2013 年和 2014 年的价格指数。各省第二和第三产业实际耗水量可以从《中国统计年鉴》（2003，2008，2013，2018）获取（国家统计局，2003，2008，2013，2018）。

中国第三产业各部门总耗水量和各省第三产业的总耗水量除了 2002 年中国第三产业各部门总耗水量可从《国民经济部门水资源消耗与水投入系数的投入产出分析：2002 年投入产出表研究报告系列之五》中获得外（中国投入产出协会课题组，2007），中国第三产业各部门总耗水量和各省第三产业的总耗水量没有可直接获取的渠道。各省第三产业的总耗水量通过从各省的总耗水量中减去第一产业、第二产业和家庭的用水量得出。各省的总耗水量可从《中国统计年鉴》（2008，2013，2018）获得（国家统计局，2003，2008，2013，2018）。各省家庭用水量由中国家庭总用水量乘以各省人口在中国人口占比得到。2007 年和 2012 年中国家庭总用水量从 2007 年和 2013 年城乡建设统计公报获取（住房和城乡建设部，2007，2013）；由于 2017 年数据缺失，使用 2015 年中国家庭总用水量从 2015 年城乡建设统计公报获取（住房和城乡建设部，2015）。由于本研究只能获取到 2002 年中国第三产业各部门总耗水量，其余年份中国第三产业各部门总耗水量可通过各年份第三产业总耗水量乘以 2002 年中国第三产业各部门总耗水量与 2002 年第三产业总耗水量之比获得。

表 6 - 1　中国 30 个省份及所属地区划分

序号	省份名称	所属地区
1	北京	京津
2	天津	
3	河北	北部
4	山东	
5	辽宁	东北
6	吉林	
7	黑龙江	
8	上海	东部沿海
9	江苏	
10	浙江	
11	福建	南部沿海
12	广东	
13	海南	
14	安徽	中部
15	山西	
16	江西	
17	河南	
18	湖北	
19	湖南	
20	广西	西南
21	重庆	
22	四川	
23	贵州	
24	云南	
25	内蒙古	西北
26	陕西	
27	甘肃	
28	青海	
29	宁夏	
30	新疆	

表 6 − 2　MRIO 表 28 个部门

序号	部门名称
1	农林牧渔产品和服务
2	煤炭采选产品
3	石油和天然气开采产品
4	金属矿采选产品
5	非金属矿和其他矿采选产品
6	食品和烟草
7	纺织品
8	纺织服装鞋帽皮革羽绒及其制品
9	木材加工品和家具
10	造纸印刷和文教体育用品
11	石油、炼焦产品和核燃料加工品
12	化学产品
13	非金属矿物制品
14	金属冶炼和压延加工品
15	金属制品
16	通用、专用设备制造业
17	交通运输设备
18	电气机械和器材
19	通信设备、计算机和其他电子设备
20	仪器仪表
21	其他加工业
22	电力、热力的生产和供应
23	燃气生产和供应
24	水的生产和供应
25	建筑
26	运输、仓储、邮电服务
27	批发、零售业和餐饮业
28	其他服务业

三、结果与讨论

（一）中国各省商品出口结构

2002—2017 年，我国总出口额从 26678 亿元（约合 3223 亿美元）增长至163825 亿元（约合 24663 亿美元），从约占全球出口的 5% 增长至 14%。由于各省资源禀赋差异和地理位置差距，我国 30 个省份的出口额差距悬殊，富裕的沿海省份比贫困内陆省份出口更多（见图 6 – 6）。2002—2017 年，人均GDP 排名前十的省份有 2/3 为沿海省份，前十省份总出口占中国总出口的85% 左右；京津沪直辖市在人均 GDP 排名前三位，出口占中国总出口的 16%左右。广东是我国的出口大省，2002—2017 年，广东出口额从 8205 亿元增长至 48763 亿元，年均出口额占中国总出口的 29% 左右，几乎是中部、西北和西南地区出口总额的 2.1～3.3 倍。通信设备部门是我国出口最多的部门，2002—

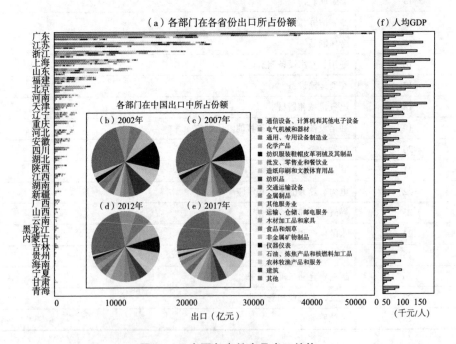

图 6 – 6　中国各省份商品出口结构

注：每一个省份的四条柱体表示四个年份的数据，柱体从上往下依次是 2017 年、2012 年、2007年和 2002 年，后图同。

2017 年，该部门出口额占中国总出口的 22% 左右。其中，广东省通信设备出口占中国通信设备出口的 37% 左右。通信设备和服务出口在京津出口中高达49%；化学产品、食品和烟草是北部的主要出口，占北部出口额的 23% 左右；交通运输设备（11.6%）、金属冶炼和压延加工品（9.3%）在东北出口中占主导地位。

（二）地区出口导致的增加值与虚拟水的不公平交换

2002—2017 年，中国出口总额拉动的增加值从 19859 亿元增至 125554 亿元，占中国 GDP 的 18% 左右，消耗的虚拟水也从 73.7 吉吨（Gt）变动到74.4 吉吨，占中国用水量的 15% 左右。中部、西北、西南和东北这四个地区相关的虚拟水和出口相关的虚拟水消耗量在我国出口消耗虚拟水所占份额要分别高于这四个地区相关的增加值和出口相关的增加值在我国出口拉动增加值中所占份额；而发达的东部沿海、南部沿海、京津和北部却正好相反（见图 6-7）。2002—2017 年，中部、西北、西南和东北地区相关的增加值约占我国出口拉动增加值总额的 25.75%，占比分别为 10.25%、4.5%、5.5% 和5.5%；而地区相关的虚拟水约占我国出口消耗虚拟水总量的 45%，占比分别为 14.5%、14.25%、8.5% 和 7.75%。这四个地区出口相关的增加值分别占我国出口拉动增加值总额的 7.25%、2.5%、4% 和 4.5%，而出口相关的虚拟水分别占我国出口消耗虚拟水总量的 9.5%、8.5%、5.25% 和 5.25%。这可能是因为中部、西北、西南和东北为支持中国出口生产的大多是低附加值和水密集型产品，比如农林牧渔产品、电热力、食品和烟草、化学产品。2002—2017 年，发达地区东部沿海、南部沿海、京津和北部地区相关的增加值占我国出口拉动增加值总额的 74.25%，占比分别为 29.25%、26%、6% 和13%；而地区相关的虚拟水却仅占我国出口消耗虚拟水总量的 55%，占比分别为 25.5%、19.75%、1% 和 8.75%。这四个发达地区出口相关的增加值分别占中国出口带动增加值总额的 34.25%、30%、6.25% 和 11.25%，出口相关的虚拟水消耗分别占中国出口消耗虚拟水总量的 32.75%、26%、3% 和9.75%。这可能是因为东部沿海、南部沿海、京津和北部这些发达地区出口的商品大多是高附加值产品，比如通信设备、通用专用设备和服装鞋帽。

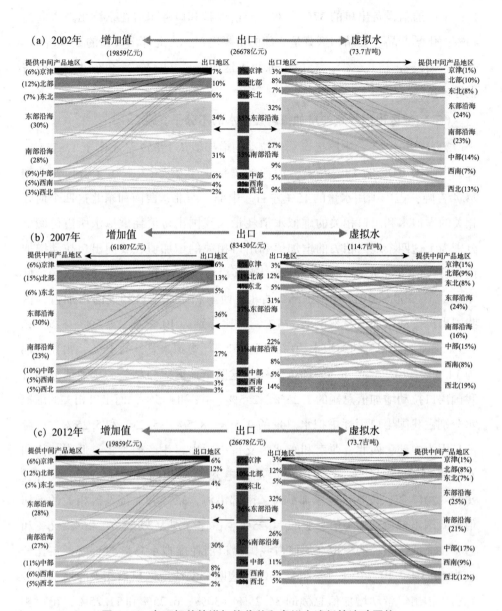

图 6-7　出口相关的增加值收益和虚拟水消耗的流动网络

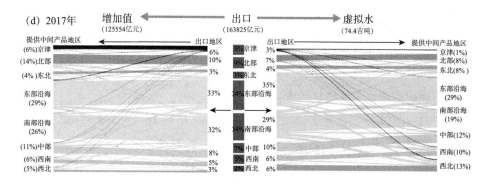

图6-7 出口相关的增加值收益和虚拟水消耗的流动网络（续）

注：（a）、（b）、（c）、（d）分别描述了2002年、2007年、2012年和2017年出口相关的增加值收益和虚拟水消耗从出口地区流向上游地区的流动网络。图中百分比分别表示各地区的增加值或虚拟水在全国总量中的占比。

2002年、2007年、2012年和2017年八个地区的VA指数范围分别为7～195千克/元、3～98千克/元、1～78千克/元和1～23千克/元（见图6-8）。2002年和2007年增加值最大的是西北向西北的贸易流，2012年增加值最大的是北部向西北的贸易流，2017年增加值最大的是西南向西北的贸易流。沿着行的平均值往下看时，2002—2017年，京津（2～8千克/元）、北部（4～30千克/元）、东部沿海（6～29千克/元）和南部沿海（4～31千克/元）出口相关的增加值要小于其他四个地区，表明这些发达地区出口商品使中国得到每1元增加值仅消耗2～8千克、4～30千克、6～29千克和4～31千克的虚拟水。相比之下，东北（11～39千克/元）、西南（9～56千克/元）、中部（7～58千克/元）和西北（16～155千克/元）出口相关的增加值要大得多，这四个不发达地区出口导致中国得到单位增加值消耗的虚拟水约为发达地区的3倍。沿着列的平均值横着看时，2002—2017年，京津、北部、东部沿海和南部沿海地区相关的增加值要小于其他四个地区，这些发达地区为中国出口提供中间产品得到每一元增加值仅消耗3～16千克、4～32千克、6～35千克和5～33千克的虚拟水。相比之下，东北（8～41千克/元）、西南（7～50千克/元）、中部（7～53千克/元）和西北（15～157千克/元）地区相关的增加值要大得多，这四个不发达地区为中国出口提供中间产品得到单位增加值消耗的虚拟水约为发达地区的 2.3 倍。总之，2002—2017 年，沿海等发达地区出口贸易使中国得到每一单位增加值消耗的虚拟水要比欠发达地区出口贸易少，并且沿海等发达地区由于直接出口和间接出口得到每一单位增加值消耗的虚拟水也比欠发达地区少。

2002—2017 年，西北出口相关的 VA 指数范围在 16 ~ 155 千克/元，西北地区相关的 VA 指数范围在 15 ~ 157 千克/元，比其他地区大得多，这说明西北出口贸易使中国得到每一单位增加值消耗的虚拟水比其他地区出口贸易要大得多，并且西北由于直接出口和间接出口得到每一单位增加值消耗的虚拟水比其他地区也要大得多。原因在于西北出口了大量农林牧渔产品等耗水型产品，并且为支持中国出口生产的中间产品主要是水密集型和低附加值型产品，比如农林牧渔产品、电热力、金属冶炼和压延加工品、化学产品（见图 6 - 9）。2002—2017 年，西北地区出口农林牧渔产品占西北出口额的 7%。为支持中国出口，西北生产农林牧渔产品消耗的虚拟水占西北地区相关的虚拟水的 68% 左右，而西北生产农林牧渔产品得到的增加值仅占西北地区相关的增加值的 10% 左右，其中为本地出口生产农林牧渔产品消耗的虚拟水占58%，为其他地区出口生产农林牧渔产品消耗的虚拟水占 42%。

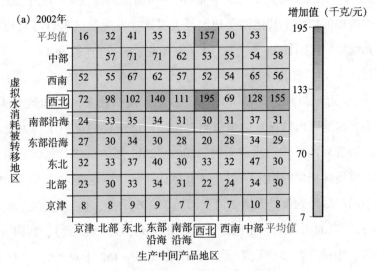

图 6 - 8　中国八个地区间 VA 指数

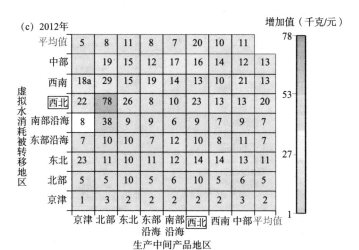

图 6 – 8　中国八个地区间 VA 指数（续）

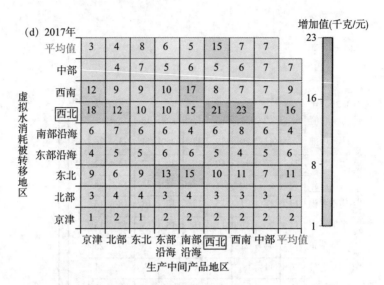

图 6 – 8　中国八个地区间 VA 指数 （续）

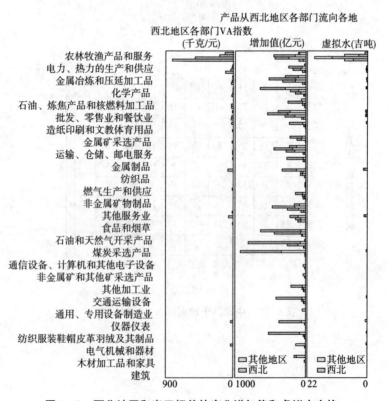

图 6 – 9　西北地区和出口相关的产业增加值和虚拟水交换

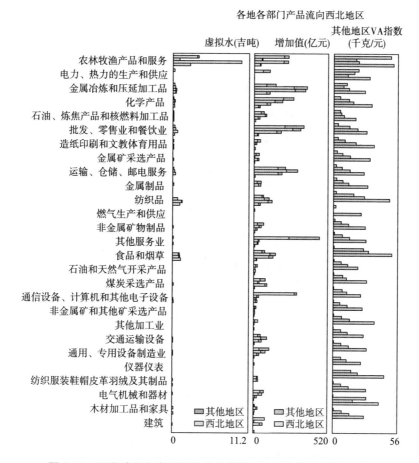

图6-9 西北地区和出口相关的产业增加值和虚拟水交换 (续)

(三) 主要沿海省份出口贸易导致增加值与虚拟水的不公平交换

2017年，广东、福建、浙江、上海、江苏和山东六大省份出口贸易额占全国出口总额的76%左右，出口相关的增加值占全国出口增加值的73%左右，出口相关的虚拟水占全国出口消耗虚拟水总量的69%左右。从增加值收益与虚拟水消耗交换公平性的视角来看，浙江、广东、福建、山东和上海均从出口贸易中受益 (见图6-10)。浙江、福建和山东是我国主要的工业省份。浙江主要出口服装鞋帽、通用专用设备、电气机械和化学产品；福建主要出口服装鞋帽和计算机电子设备；山东主要出口批发零售餐饮商品、化学产品和通用专用设备。2017年，浙江、福建和山东分别将38%、13%和

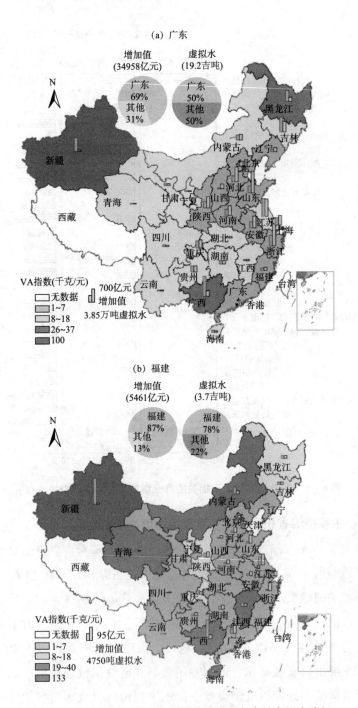

图 6-10　六个沿海省份出口贸易拉动中国各省份虚拟水消耗、
增加值收益和对应的 VA 指数

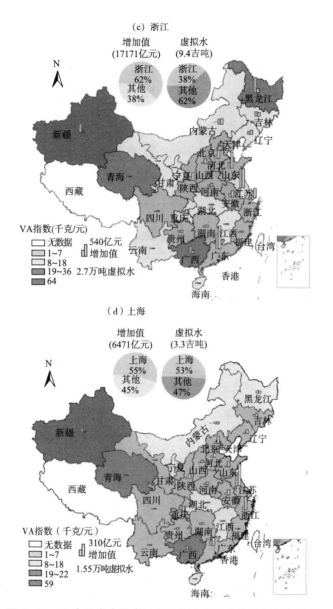

图6-10　六个沿海省份出口贸易拉动中国各省份虚拟水消耗、

增加值收益和对应的 VA 指数（续）

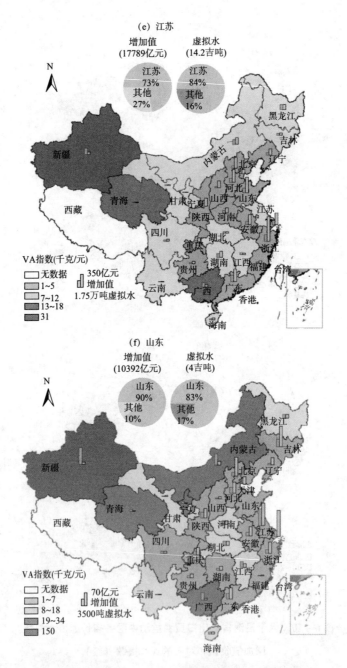

图6-10　六个沿海省份出口贸易拉动中国各省份虚拟水消耗、

增加值收益和对应的 VA 指数（续）

注：根据自然资源部审图号 GS（2019）1815 号的标准地图制作，底图无修改。

10% 的出口相关的增加值外包给了其他地区，却分别将高达 62%、22% 和 17% 的出口相关的虚拟水转移到了其他地区。广东和上海科技创新能力强，主要出口计算机电子设备、电气机械器材和通用专用设备。广东将 31% 的出口相关的增加值外包给了其他地区，却将多达 50% 的出口相关的虚拟水转移到了其他地区。相比之下，上海造成的增加值和虚拟水失衡少，上海将 45% 的出口相关的增加值外包给了其他地区，同时也将 47% 的出口相关的虚拟水转移到了其他地区。与其他五个沿海省份相比，江苏出口贸易拉动外地增加值的份额多于消耗虚拟水的份额，2017 年，江苏将 27% 的出口相关的增加值外包给了其他地区，却仅将 16% 的出口相关的虚拟水转移到了其他地区。

另外，这六个沿海省份出口贸易中，新疆、内蒙古、黑龙江、广西、河北、河南和安徽等省份是出口相关的虚拟水主要消耗省份，这些省份提供的中间产品主要是农业、重工业和农产品相关产品。例如，黑龙江和新疆是我国农产品生产基地，2017 年，浙江、广东和上海出口贸易，黑龙江消耗的虚拟水在出口相关的虚拟水中占比分别为 8.4%、3.2% 和 2.5%；2017 年，福建和浙江出口贸易，新疆消耗的虚拟水在出口相关的虚拟水中占比分别为 5.4% 和 4.7%；广东、福建和浙江出口贸易，广西消耗的虚拟水在出口相关的虚拟水中占比分别为 6%、4% 和 3.7%。沿海省份是这六个沿海省份出口贸易带来的增加值的主要受益者，这可能是因为沿海省份生产的主要是高附加值产品。例如，上海出口贸易，江苏和浙江得到的增加值在出口相关的增加值中占比分别为 9.4% 和 5.8%；浙江出口贸易，广东、江苏和山东得到的增加值在出口相关的增加值中占比分别为 6.3%、5.2% 和 4.5%。

2017 年，这六大出口沿海省份当地 VA 指数都低于 9 千克/元，这六大出口省份相互流入流出的 VA 指数都处于 1～10 千克/元，说明六大沿海省份相互流入流出的中间产品是耗水量少的产品，获得的增加值多，可能是因为这六大出口沿海省份主要生产的是高附加值、低耗水量产品。2017 年，北京和天津与六个沿海省份出口相关的 VA 指数都低于 3.3 千克/元，说明北京和天津投入这六个沿海省份的中间产品耗水量少，获得的增加值多；山西、河北、河南、陕西、安徽、辽宁和甘肃与六个沿海省份出口相关的 VA 指数处于 1～8.1 千克/元，表明这些省份由六个沿海省份出口贸易获得的增加值收益和虚拟水消耗相对均衡。相比之下，四川、重庆、湖南、湖北、贵州、云南和吉林与六个沿海省份出口相关的 VA 指数处于 2～14.2 千克/元，表明这些省份由这六个沿海省份出口贸易得到每一单位增加值消耗的虚拟水更多；江西、内蒙古、宁夏、海南、黑龙江、广西、青海和新疆与六个沿海省份出口相关的 VA 指数处于 7～150.2 千克/元，表明这些省份在与这六个沿海省份的贸易中处于不利地位，获得的增加值较少，消耗的虚拟水较高。例如，2017 年，新疆由广东、福建和山东出口贸易获得每一单位增加值收益，就分别消耗了 100 千克、133 千克和 150 千克虚拟水，遭受了最大的增加值和虚拟水交换不公平。

（四）两个典型省份部门层面出口相关的虚拟水和增加值不均衡交换

广东是我国 2017 年最大的出口省份，其中通信设备出口占广东出口贸易总额的 29% 左右，通信设备是广东省出口最多的商品。在广东省的通信设备行业出口过程中，广东本地通信设备行业得到了约 4477 亿元的增加值，仅消耗了 0.182 吉吨虚拟水，广东其他行业得到的增加值约 1659 亿元，消耗虚拟水却高达 0.734 吉吨，广东其他行业中消耗虚拟水最多的是批发零售餐饮、农林牧渔和电热力。总体来说，在广东省的通信设备出口过程中，广东获得 6136 亿元，占出口相关的增加值的 81%，而仅消耗了 0.916 吉吨虚拟水，占出口相关的虚拟水消耗量的 45%。在广东省的通信设备出口过程中，东北、东部沿海、西南和西北是外包虚拟水和增加值的主要发生地，出口消耗这些地区的虚拟水高达 0.855 吉吨，占外包虚拟水消耗量的 78%，同时这些地区也获得了 59% 的外包出口相关的增加值。在广东省的通信设备出口过程中，欠发达地区（东北、西南和西北）的 VA 指数为 11～15.2 千克/元 [见图 6-11（a）]，为京津、北部和东部沿海等发达地区的 1～3 倍。总体而言，在广东省的通信设备出口过程中，广东得到了约 4/5 出口相关的增加值，同时将超过一半的出口相关的虚拟水消耗转移到其他地区，特别是东北、东部沿海、西南和西北地区。

2017 年，新疆出口仅占全国出口的 0.67%（1103 亿元）。化学产品是新疆出口最多的商品，占新疆出口贸易总额的 15% 左右。如图 6 – 11（b）所示，在新疆的化学产品出口过程中，新疆化学产品行业得到了约 75 亿元的增加值，仅消耗 0.0241 吉吨的虚拟水，新疆其他行业只获得了约 44 亿元的增加值，却消耗了高达 0.11 吉吨的虚拟水，耗水量大的行业主要是农林牧渔业、电热力和批发零售餐饮业。总体来说，在新疆的化学产品出口过程中，新疆本地得到 88% 的出口相关的增加值，消耗了 95% 的出口相关的虚拟水。在新疆的化学产品出口过程中，新疆化学产品行业、新疆其他行业和其他地区出口相关的 VA 指数分别为 3 千克/元、25 千克/元和 2 ~ 7 千克/元，这表明在新疆的化学产品出口过程中，新疆其他行业获得同等增加值时，虚拟水消耗量远远高于化学产品行业和其他地区。农林牧渔产品和电热力为新疆化学

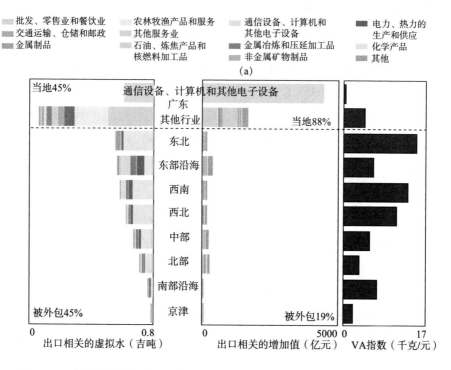

图 6 – 11　广东通信设备出口和新疆化学产品出口拉动各部门的虚拟水和增加值

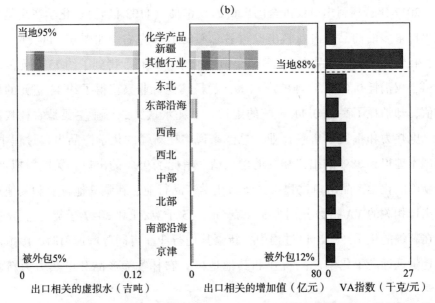

图 6 – 11　广东通信设备出口和新疆化学产品出口拉动各部门的虚拟水和增加值（续）

注：图 6 – 11（a）中的南部沿海不包括广东，图 6 – 11（b）中的西北不包括新疆。

产品出口消耗虚拟水最多的两类中间产品，消耗了新疆其他行业中 87% 的出口相关的虚拟水（0.0955 总吨），得到了新疆其他行业中约占 21% 的出口相关的增加值（9.3 亿元）。其他欠发达地区（东北、西南、中部和西北）的 VA 指数为 4~7 千克/元，为京津、北部和东部沿海等发达地区的 1~2 倍。

四、结论与启示

本部分基于 MRIO 模型，利用中国各地各部门耗水量数据和 2002 年、2007 年、2012 年和 2017 年多区域间投入产出表，对中国各地区出口导致的地区间虚拟水消耗和增加值收益的不公平性交换进行了研究，得到的结论和政策建议如下：

第一，东部沿海、南部沿海、京津和北部地区在出口导致的增加值和虚拟水交换中受益，而西北、西南、东北和中部地区在出口中处于劣势地位。2002—2017 年，东部沿海、南部沿海、京津和北部地区相关的增加值和出口相关的增加值在我国出口拉动增加值中所占份额分别为 74.25% 和 81.75%，高于这些地方地区相关的虚拟水和出口相关的虚拟水消耗量在我国出口消耗虚拟水中所占份额（分别为55%和71.5%）；西北、西南、东北和中部地区相关的增加值和出口相关的增加值在我国出口拉动增加值所占份额分别为25.75%和18.25%，低于这四个地区相关的虚拟水和出口相关的虚拟水消耗量在我国出口消耗虚拟水所占份额（分别为45%和28.5%）。因此，中西部地区应加快地区产业结构转型，积极对接国家对外开放战略，促进出口贸易发展。比如，出口大量农林牧渔产品的西北地区进行产业结构调整，加大获利多的电子设备和纺织品的生产。中西部地区自然资源和劳动力资源丰富，中西部省份应积极对接"一带一路"倡议，加大国际合作，发掘国内外对中西部的有效需求，促进中西部有效并且合理利用本地资源，形成优势产业，发展特色经济，提升产业国际竞争力，打破增加值收益低和虚拟水消耗高的困境。

第二，沿海省份是中国地区出口带来增加值的主要受益者，而中西部省份不仅通过出口获得的增加值收益远低于沿海省份，而且还是沿海省份出口相关的虚拟水的主要消耗地。2017年，广东、福建、浙江、上海、江苏和山东六大省份出口占全国出口总额的76%左右，出口相关的增加值占全国出口增加值的73%左右，消耗出口相关的虚拟水占全国出口消耗虚拟水总量的69%左右。新疆、内蒙古、黑龙江、广西、河北、河南和安徽等省份是这六个沿海省份出口相关的虚拟水的主要消耗省份。例如，2017年，为支持浙江、广东和上海出口贸易，黑龙江消耗的虚拟水在浙江、广东和上海出口相关的虚拟水中占比分别为8.4%、3.2%和2.5%。为降低虚拟水消耗，新疆、内蒙古和黑龙江等省份应通过有效的差别化用水制度鼓励企业采用更先进的节水技术，在生产中提高用水效率。此外，应通过水权制度来明晰水权，鼓励企业更有效地利用水资源。针对各地区出口导致的虚拟水消耗和增加值收益不公平交换问题，应遵循"谁受益谁补偿"的原则加快建立完善虚拟水贸易补偿机制，参与省际间接贸易（价值链相关贸易）的省份应对其间接耗水进行补偿。例如，广东、福建、浙江、上海、江苏、山东等主要出口省份可以根据间接虚拟水消耗量对新疆、内蒙古和黑龙江等虚拟水消耗省份进行虚拟水补偿。

第三，在广东省的通信设备出口过程中，东北、东部沿海、西南和西北地区承受了增加值和水资源交换的不公平；在新疆的化学产品出口过程中，新疆承受了增加值和水资源交换的最大不公平。2017年，在广东省的通信设备出口过程中，广东获得了81%的出口相关的增加值，而仅消耗了45%的出口相关的虚拟水，而东北、东部沿海、西南和西北地区消耗了高达43%的出口相关虚拟水消耗量，仅获得11%的出口相关增加值。2017年，在新疆的化学产品出口过程中，新疆本地得到88%的出口相关的增加值，消耗了95%的出口相关的虚拟水。因此，以新疆为典型的西部省份应与发达的京津、东部沿海和南部沿海省份协调发展。京津、东部沿海和南部沿海等发达地区的电子设备等高附加值产业向中西部转移，有利于推动区域协调发展，加快中西部经济结构调整，缩短产业升级的时间，缩小区域发展差距。但是，在产业转移时，一定要注意有效且合理地运用资源和控制环境污染。

本章参考文献

［1］Allan J A. "Virtual Water"：A long – term solution for water – short Middle Eastern economies？［R］. London：University of London，1997.

［2］Berkoff J. China：The south – north water transfer project—is it justified？［J］. Water Policy，2003（5）：1 – 28.

［3］Cai B，Zhang W，Hubacek K，et al. Drivers of virtual water flows on regional water scarcity in China［J］. Journal of Cleaner Production，2019（207）：1112 – 1122.

［4］Chen W，Wu S，Lei Y，et al. China's water footprint by province，and inter – provincial transfer of virtual water［J］. Ecological Indicators，2017（74）：321 – 333.

［5］Chen W，Wu S，Lei Y，et al. Virtual water export and import in China's foreign trade：A quantification using input – output tables of China from 2000 to 2012［J］. Resources，Conservation and Recycling，2018（132）：278 – 290.

［6］ Chen Z M, Chen G Q. Virtual water accounting for the globalized world economy: National water footprint and international virtual water trade ［J］. Ecological Indicators, 2013 （28）: 142 – 149.

［7］ Chen W, Kang J N, Han M S. Global environmental inequality: Evidence from embodied land and virtual water trade ［J］. Science of the Total Environment, 2021 （783）: 146992.

［8］ Davis S J, Caldeira K. Consumption – based accounting of CO_2 emissions ［J］. Proceedings of the National Academy of Sciences, 2010, 107 （12）: 5687 – 5692.

［9］ D'Odorico P, Carr J, Dalin C, et al. Global virtual water trade and the hydrological cycle: Patterns, drivers, and socio – environmental impacts ［J］. Environmental Research Letters, 2019, 14 （5）: 53001.

［10］ Dong H, Geng Y, Fujita T, et al. Uncovering regional disparity of China's water footprint and inter – provincial virtual water flows ［J］. Science of the Total Environment, 2014 （500）: 120 – 130.

［11］ Feng Feng G, Liu Liu Z, Jiang Jiang W. An analysis on the trends, features and causes of industrial transfer among China's eastern, central and western regions ［J］. Modern Economic Science, 2010 （2）: 1 – 10.

［12］ Feng K, Hubacek K, Pfister S, et al. Virtual scarce water in China ［J］. Environmental Science and Technology, 2014, 48 （14）: 7704 – 7713.

［13］ Feng K, Siu Y L, Guan D, et al. Assessing regional virtual water flows and water footprints in the Yellow River Basin, China: A consumption based approach ［J］. Applied Geography, 2012, 32 （2）: 691 – 701.

［14］ Guan S, Han M, Wu X, et al. Exploring energy-water-land nexus in national supply chains: China 2012 ［J］. Energy, 2019 （185）: 1225 – 1234.

［15］ Helpman E, Krugman P R. Market structure and foreign trade: Increasing returns, imperfect competition, and the international economy ［M］. Cambridge: MIT Press, 1985.

［16］ Hoekstra A Y, Mekonnen M M. The water footprint of humanity ［J］.

Proceedings of the National Academy of Sciences, 2012, 109 (9): 3232 – 3237.

[17] Jiang Y, Cai W, Du P, et al. Virtual water in interprovincial trade with implications for China's water policy [J] . Journal of Cleaner Production, 2015 (87): 655 – 665.

[18] Jiang Y. China's water security: Current status, emerging challenges and future prospects [J] . Environmental Science & Policy, 2015 (54): 106 – 125.

[19] Krugman P R. Intraindustry specialization and the gains from trade [J] . Journal of Political Economy, 1981, 89 (5): 959 – 973.

[20] Lenzen M. Structural path analysis of ecosystem networks [J] . Ecological Modelling, 2007 (200): 334 – 342.

[21] Leontief Was. Input – output Economics [M] . Oxford: Oxford University Press, 1986.

[22] Li Y, Sun L, Zhang H, et al. Does industrial transfer within urban agglomerations promote dual control of total energy consumption and energy intensity? [J] . Journal of Cleaner Production, 2018 (204): 607 – 617.

[23] Liang S, Zhang C, Wang Y, et al. Virtual atmospheric mercury emission network in China [J] . Environmental Science and Technology, 2014, 48 (5): 2807 – 2815.

[24] Liu X, Du H, Zhang Z, et al. Can virtual water trade save water resources? [J] . Water Research, 2019 (163): 114848.

[25] Liu Z, Davis S J, Feng K, et al. Targeted opportunities to address the climate – trade dilemma in China [J] . Nature Climate Change, 2016, 6 (2): 201 – 206.

[26] Liu J, Mooney H, Hull V, et al. Systems integration for global sustainability [J] . Science, 2015, 347 (6225): 1258832.

[27] Liu J, Zang C, Tian S, et al. Water conservancy projects in China: Achievements, challenges and way forward [J] . Global Environmental Change,

2013 (23): 633 – 643.

[28] Marston L, Konar M, Cai X, et al. Virtual groundwater transfers from overexploited aquifers in the United States [J]. Proceedings of National Academy Science, 2015, 1 (12): 8561 – 8566.

[29] Peters G P, Hertwich E G. CO_2 embodied in international trade with implications for global climate policy [J]. Environmental Science and Technology, 2008, 42 (5): 1401 – 1407.

[30] Peters G P, Hertwich E G. Structural analysis of international trade: Environmental impacts of Norway [J]. Economic Systems Research, 2006: 18 (2): 155 – 181.

[31] Prell C, Feng K. The evolution of global trade and impacts on countries' carbon trade imbalances [J]. Social Networks, 2016 (46): 87 – 100.

[32] Song M, Wang S. Market competition, green technology progress and comparative advantages in China [J]. Management Decision, 2017, 56 (1): 88 – 203.

[33] Tamea S, Carr J A, Laio F, et al. Drivers of the virtual water trade [J]. Water Resources Research, 2014, 50 (1): 17 – 28.

[34] Tian X, Sarkis J, Geng Y, et al. Evolution of China's water footprint and virtual water trade: A global trade assessment [J]. Environment International, 2018 (121): 178 – 188.

[35] Tsur Y. Optimal water pricing: Accounting for environmental externalities [J]. Ecological Economics, 2020 (170): 106429.

[36] Wang S, Cao T, Chen B. Identifying critical sectors and supply chain paths for virtual water and energy – related water trade in China [J]. Applied Energy, 2021 (299): 117294.

[37] Wang Y B, Liu D, Cao X C, et al. Agricultural water rights trading and virtual water export compensation coupling model: A case study of an irrigation district in China [J]. Agricultural Water Management, 2017 (180): 99 – 106.

[38] Wei W, Hao S, Yao M, et al. Unbalanced economic benefits and the

electricity – related carbon emissions embodied in China's interprovincial trade [J]. Journal of Environmental Management, 2020 (263): 110390.

[39] Wiedmann T, Wilting H C, Lenzen M, et al. Quo Vadis MRIO? Methodological, data and institutional requirements for multi – region input – output analysis [J]. Ecological Economics, 2011, 70 (11): 1937 – 1945.

[40] World Trade Organization. World Trade Statistical Review 2020 [R]. Geneva: WTO, 2020.

[41] Xin M, Wang J, Xing Z. Decline of virtual water inequality in China's inter – provincial trade: An environmental economic trade – off analysis [J]. Science of the Total Environment, 2022 (806): 150524.

[42] Xiong Y, Zhang Q, Tian X, et al. Environmental inequity hidden in skewed water pollutant – value flows via interregional trade in China [J]. Journal of Cleaner Production, 2021 (290): 125698.

[43] Xu X, Ni J, Xu J. Incorporating a constructed wetland system into a water pollution emissions permit system: A case study from the Chaohu watershed, China [J]. Environmental Science and Pollution Research, 2021: 1 – 21.

[44] Zhang C, Anadon L D. A multi – regional input – output analysis of domestic virtual water trade and provincial water footprint in China [J]. Ecological Economics, 2014 (100): 159 – 172.

[45] Zhang Q, Jiang X, Tong D, et al. Transboundary health impacts of transported global air pollution and international trade [J]. Nature, 2017, 543 (7647): 705 – 709.

[46] Zhang S, Taiebat M, Liu Y, et al. Regional water footprints and interregional virtual water transfers in China [J]. Journal of Cleaner Production, 2019 (228): 1401 – 1412.

[47] Zhang W, Liu Y, Feng K, et al. Revealing environmental inequality hidden in China's inter – regional trade [J]. Environmental Science and Technology, 2018, 52 (13): 7171 – 7181.

［48］Zhao H Y, Zhang Q, Guan D B, et al. Assessment of China's virtual air pollution transport embodied in trade by using a consumption – based emission inventory ［J］. Atmospheric Chemistry and Physics, 2015, 15（10）: 5443 – 5456.

［49］Zhao H, Qu S, Liu Y, et al. Virtual water scarcity risk in China ［J］. Resources, Conservation and Recycling, 2020（160）: 104886.

［50］李善同. 2007 年中国地区扩展投入产出表：编制与应用 ［M］. 北京：清华大学出版社, 2016.

［51］李善同. 2012 年中国地区扩展投入产出表：编制与应用 ［M］. 北京：经济科学出版社, 2018.

［52］李善同. 2017 年中国地区扩展投入产出表：编制与应用 ［M］. 北京：经济科学出版社, 2021.

［53］许宪春, 李善同. 中国区域投入产出表的编制与分析（1997）［M］. 北京：清华大学出版社, 2008.

［54］中国国家统计局. 中国统计年鉴（2003）［M］. 北京：中国统计出版社, 2003.

［55］中国国家统计局. 中国统计年鉴（2008）［M］. 北京：中国统计出版社, 2008.

［56］中国国家统计局. 中国统计年鉴（2013）［M］. 北京：中国统计出版社, 2013.

［57］中国国家统计局. 中国统计年鉴（2018）［M］. 北京：中国统计出版社, 2018.

［58］中国投入产出协会课题组. 国民经济各部门水资源消耗及用水系数的投入产出分析——2002 年投入产出表系列分析报告之五 ［J］. 统计研究, 2007, 24（3）: 20 – 25.

［59］中华人民共和国环境保护部. 中国环境年鉴（2003）［M］. 北京：中国统计出版社, 2003.

［60］中华人民共和国环境保护部. 中国环境统计年报（2007）［M］. 北京：中国统计出版社, 2009.

［61］中华人民共和国环境保护部．中国环境统计年报（2012）［M］．北京：中国统计出版社，2013.

［62］中华人民共和国环境保护部．中国环境统计年报（2015）［M］．北京：中国统计出版社，2016.

［63］住房和城乡建设部信息中心．2007 年城市、县城和村镇建设统计公报［R/OL］．北京：中华人民共和国住房和城乡建设部，（2008－06－24）［2022－06－22］．http：//mohurd. gov. cn/xytj/tjzljsxytjgb/tjxxtjgb/200806/t20080624_173507. html.

［64］住房和城乡建设部信息中心．2013 年城乡建设统计公报［R/OL］．北京：中华人民共和国住房和城乡建设部，（2014－08－05）［2022－06－22］．http：//www. mohurd. gov. cn/xytj/tjzljsxytjgb/tjxxtjgb/201408/t20140805_ 218642. html.

［65］住房和城乡建设部信息中心．2015 年城乡建设统计公报［R/OL］．北京：中华人民共和国住房和城乡建设部，（2016－07－14）［2022－06－22］．http：//www. mohurd. gov. cn/xytj/tjzljsxytjgb/tjxxtjgb/201607/t20160713_ 228085. html.

第七章　基于投入产出方法的区域发展研究

本章利用投入产出方法，以资源型省份山西为例，全面研究并测算了资源型省份在全球价值链分工参与中获取的增加值利润与承担的碳排放成本，并依据增加值净出口和碳排放净出口构建了经济环境不公平指数，以此来评估资源型省份在全球价值链分工中的地位。

第一节　研究背景

资源型地区是指发展主要依靠自然资源（如矿产、能源和原始森林）开发和初级加工的地区（Li et al.，2013）。尽管拥有丰富的自然资源，资源型地区发展却一直面临着资源诅咒的问题（Auty，1993）。近年来，众多学者针对"资源诅咒"是否存在以及如何避免这一问题展开了一系列研究（Fitjar and Timmermans，2019；Manzano and Gutiérrez，2019；Ploeg，2011；Wu et al.，2018）。同时，如何实现资源型地区可持续发展也成为各国政府关注的焦点（Li et al.，2013；Li et al.，2016；Yan et al.，2019）。

随着基础设施和信息通信技术的发展，国际分工不断深化，由开始时生产和消费的分离，逐渐发展到产业间、产业内分工，再发展到目前全球价值链分工成为国际分工的新常态（Baldwin and Lopez-Gonzalez，2013；Mattoo et al.，2013）。在全球价值链分工迅速发展的背景下，资源型地区在产业间、产业内和全球价值链分工方面也不例外。因此，如何实现资源型地区的可持续发展也需要从全球价值链分工的角度来考虑。中国拥有大量资源型地区，中国政府也长期致力于促进资源型地区可持续发展，并在 2013 年发布了《全国资源型城市可持续发展规划（2013—2020 年）》。但是，中国资源型地区在全球价值链分工的参与过程中地位如何，是否在持续改善呢？这是值得深入研究的重要现实问题。

近年来，随着全球价值链分工的不断深化，全球价值链分工研究日益活跃，众多学者基于国家层面展开了一系列研究。例如，Hummels 等（2001）利用投入产出表计算了 14 个经济体出口中蕴含的进口价值，并将其称为 VS。Koopman 等（2012）基于中国加工贸易的特点测算了中国出口的价值来源。Johnson 和 Noguera（2012）定义并测度了增加值出口（Value Added Export，VAX），并将增加值出口和总值出口之比（VAXR）视为测度生产共享程度的指标。Koopman 等（2014）是识别出口价值来源的集大成者，他们构建了分解国家层面出口价值来源的框架，将以往对出口价值来源的测度指标统一起来。Wang 等（2013）认为，国家层面的出口价值分解框架不适用于双边国家和产业层面的分析，从而建立了双边国家和产业层面的分解框架。总体来说，出口增加值已成为衡量一个国家通过出口获得经济效益的可靠指标（Javorsek et al.，2015）。出口虽然带来了经济效益，但是也导致出口国要付出较大的环境成本。其中，出口中隐含的二氧化碳排放已被广泛研究（Hertwich and Peters，2009；Kanemoto et al.，2014；Meng et al.，2017；Peters，2008；Peters and Hertwich，2008）。基于全球价值链的分解方法，Meng 等（2018）从国家的角度出发，追踪了全球价值链中各国出口碳排放的流向，这是对增加值贸易和贸易隐含碳排放进行的一次整合统一，从生产、消费和贸易等不同角度对全球价值链的潜在环境成本进行估算。至此，对各国基于全球价值链的增加值出口和碳排放出口的剖析成为众多学者研究的热点（Liu et al.，2015；Xu et al.，2017；Zhao et al.，2017）。

与已有研究相比，本部分有以下几个方面的显著不同：第一，已有研究主要是基于国家层面开展的，研究的多是国家间的增加值出口或碳排放出口（Liu et al.，2015；Los et al.，2016），很少对国内某一地区参与全球价值链分工问题进行研究。本研究中，笔者将中国的省份嵌入全球投入产出表，构建嵌入中国省份的全球投入产出表，深入研究中国某一地区参与全球价值链分工问题。第二，已有研究较少将参与全球价值链分工的获利与代价相结合进行分析，尤其是以一国内部区域为单元开展的相关研究更少。尽管 Meng 等（2018）提出了一套系统地追溯全球价值链分工中碳排放的核算体系，但是该核算体系侧重于追溯国家在全球价值链分工中整体的碳排放，无法追溯国内某一地区在全球价值链分工中的碳排放。而本部分深入研究国内地区参与全球价值链分工的获利与承担的碳排放，填补了这一空白。第三，已有研究主要通过测算在全球价值链中的位置来反映地区或行业全球价值链分工参与中的境况（Wang et al.，2017），然而资源型地区由于处于生产链上游的特性，测算这些指标的研究意义较小。本部分通过测算地区参与全球价值链分工过程中的利益获取与承担的碳排放，并构建环境不公平指数，可以更加准确地反映资源型地区在全球价值链分工的真实境况。

本部分之所以以山西省为研究案例，是因为山西是中国资源型省份的典型代表。山西省矿产资源丰富，特别是煤炭储量占全国煤炭总储量的1/3（Li et al.，2011）。在资源禀赋优势、国家经济政策和产业投资倾斜政策、区域发展战略等多重因素的影响下，山西省建立起了以煤炭产业为特色的资源型经济体系，资源开发成为其经济发展的主导模式。近年来，中国政府出台了一系列政策措施促进山西经济转型发展，2010 年 12 月 1 日，国家发展改革委正式批复设立"山西省国家资源型经济转型综合配套改革试验区"，2017 年 9 月 1 日国务院颁布了《国务院关于支持山西省进一步深化改革促进资源型经济转型发展的意见》。山西省也一直致力于经济转型发展，其"十一五"发展规划和"十二五"发展规划均提及要全面推进资源型经济转型。然而，这些政策是否起到了促进山西资源型经济转型的作用？特别是，山西在全球价值链分工体系中的地位改善了吗？

第二节 研究方法与数据来源

一、研究方法

本部分主要通过测算资源型地区参与全球价值链分工过程中的增加值进

出口来衡量其获利情况。所谓增加值出口，是指地区在参与全球价值链分工过程中产生的，并被别国最终消费吸收的增加值（Johnson and Noguera，2012）。与获利相对应，本部分衡量资源型地区参与全球价值链分工的代价是其为获取增加值所承担的碳排放。因此，增加值进出口和碳排放进出口是本部分的重要指标。参考 Koopman 等（2014）和 Wang 等（2013）的研究，本部分构建了国内某一地区参与全球价值链分工过程中的增加值进出口与碳排放进出口的测算方法。

假定现有 2 个国内地区（s，w）、2 个国外的国家（H，R），每个国家或地区均有 N 个部门，其投入产出关系模型可用表 7−1 表示。

表 7−1　嵌入区域间投入产出表的全球投入产出表（WIOT−IRIOT）

	中间使用				最终使用				总产出
	H	R	s	w	H	R	s	w	
H	Z^{HH}	Z^{HR}	Z^{Hs}	Z^{Hw}	Y^{HH}	Y^{HR}	Y^{Hs}	Y^{Hw}	X^H
R	Z^{RH}	Z^{RR}	Z^{Rs}	Z^{Rw}	Y^{RH}	Y^{RR}	Y^{Rs}	Y^{Rw}	X^R
s	Z^{sH}	Z^{sR}	Z^{ss}	Z^{sw}	Y^{sH}	Y^{sR}	Y^{ss}	Y^{sw}	X^s
w	Z^{wH}	Z^{wR}	Z^{ws}	Z^{ww}	Y^{wH}	Y^{wR}	Y^{ws}	Y^{ww}	X^w
增加值	VA^H	VA^R	VA^s	VA^w					
总投入	$(X^H)'$	$(X^R)'$	$(X^s)'$	$(X^w)'$					

根据表 7−1 中的投入产出基本关系，可以得到地区 s 向国家 R 的出口分解方程

$$E^{sR} = \left[(V^s B^{ss})' \# Y^{sR} + (V^s L^{ss})' \# (A^{sR} B^{RR} Y^{RR}) + \right.$$
$$\left. (V^s L^{ss})' \# A^{sR} (B^{RH} Y^{HR} + B^{Rw} Y^{wR}) \right] + \left[(V^s L^{ss})' \# A^{sR} (B^{RH} Y^{HH} + \right.$$
$$\left. B^{Rw} Y^{wH}) + (V^s L^{ss})' \# (A^{sR} B^{RR} Y^{RH}) \right] + \left[(V^s L^{ss})' \# (A^{sR} B^{Rw} Y^{ww}) + \right.$$
$$\left. (V^s L^{ss})' \# A^{sR} (B^{RR} Y^{Rw} + B^{RH} Y^{Hw}) \right] + \left[(V^s L^{ss})' \# (A^{sR} B^{RR} Y^{Rs}) + \right.$$
$$\left. (V^s L^{ss})' \# (A^{sR} B^{RH} Y^{Hs} + A^{sR} B^{Rw} Y^{ws}) + (V^s L^{ss})' \# (A^{sR} B^{Rs} Y^{ss}) \right] +$$
$$\left[(V^s L^{ss})' \# A^{sR} (B^{Rs} Y^{sR} + B^{Rs} Y^{sH} + B^{Rs} Y^{sw}) \right] + \left[(V^s B^{ss} - V^s L^{ss})' \# A^{sR} X^R \right] +$$
$$\left[(V^R B^{Rs})' \# Y^{sR} + (V^R B^{Rs})' \# A^{sR} L^{RR} Y^{RR} + (V^R B^{Rs})' \# A^{sR} L^{RR} E^R \right] +$$
$$\left[(V^H B^{Hs})' \# Y^{sR} + (V^H B^{Hs})' \# A^{sR} L^{RR} Y^{RR} + (V^H B^{Hs})' \# A^{sR} L^{RR} E^R \right] +$$
$$\left[(V^w B^{ws})' \# Y^{sR} + (V^w B^{ws})' \# A^{sR} L^{RR} Y^{RR} + (V^w B^{ws})' \# A^{sR} L^{RR} E^R \right] \quad (7-1)$$

其中，V^s 为增加值系数，$L^{ss}=(I-A^{ss})^{-1}$，对 H、R、w 同样成立。

如果将模型拓展为 Q 个国内地区和 G 个国家，每个地区和国家均包括 N 个部门，本书将第三国家（或地区）分为两类，即外国（F）和本国其他地区（d），则国内地区 s 向国家 R 的出口可分解为

$$E^{sR}=\left[(V^sB^{ss})'\#Y^{sR}(1)+(V^sL^{ss})'\#(A^{sR}B^{RR}Y^{RR})(2)+\right.$$

$$(V^sL^{ss})'\#(A^{sR}\sum_{t\neq s,R}^{G+Q}B^{Rt}Y^{tR})(3)+(V^sL^{ss})'\#(A^{sR}\sum_{t\neq s,R}^{G+Q}\sum_{U\neq t,R}^{G}B^{Rt}Y^{tU})(4)+$$

$$(V^sL^{ss})'\#(A^{sR}\sum_{F\neq R}^{G}B^{RF}Y^{FF})(5)+(V^sL^{ss})'\#(A^{sR}B^{RR}\sum_{F\neq R}^{G}Y^{RF})(6)\right]+$$

$$\left[(V^sL^{ss})'\#(A^{sR}\sum_{t\neq s,R}^{Q+G}\sum_{g\neq h,s}^{Q}B^{Rt}Y^{tg})(7)+(V^sL^{ss})'\#(A^{sR}\sum_{d\neq s}^{Q}B^{Rd}Y^{dd})(8)+\right.$$

$$(V^sL^{ss})'\#(A^{sR}B^{RR}\sum_{d\neq s}^{Q}Y^{Rd})(9)\right]+\left[(V^sL^{ss})'\#(A^{sR}\sum_{F\neq R}^{G}B^{RF}Y^{Fs}+A^{sR}\sum_{d\neq s}^{Q}\right.$$

$$B^{Rd}Y^{ds})(10)+(V^sL^{ss})'\#(A^{sR}B^{Rs}Y^{ss})(11)+(V^sL^{ss})'\#(A^{sR}B^{RR}Y^{Rs})(12)\right]+$$

$$(V^sL^{ss})'\#(A^{sR}B^{Rs})(\sum_{F}^{G}Y^{sF}+\sum_{d\neq s}^{Q}Y^{sd})(13)+(V^sB^{ss}-V^sL^{ss})'\#(A^{sR}X^R)(14)+$$

$$\left[(V^RB^{Rs})'\#Y^{sR}(15)+(V^RB^{Rs})'\#A^{sR}L^{RR}Y^{RR}(16)+(V^RB^{Rs})'\#A^{sR}L^{RR}E^R(17)\right]+$$

$$\left[(\sum_{F\neq R}^{G}V^FB^{Fs})'\#Y^{sR}(18)+(\sum_{F\neq R}^{G}V^FB^{Fs})'\#A^{sR}L^{RR}Y^{RR}(19)+\right.$$

$$(\sum_{F\neq R}^{G}V^FB^{Fs})'\#A^{sR}L^{RR}E^R(20)\right]+\left[(\sum_{d\neq s}^{Q}V^dB^{ds})'\#Y^{sR}(21)+\right.$$

$$(\sum_{d\neq s}^{Q}V^dB^{ds})'\#A^{sR}L^{RR}Y^{RR}(22)+(\sum_{d\neq s}^{Q}V^dB^{ds})'\#A^{sR}L^{RR}E^R(23)\right]$$

$$(7-2)$$

公式中的 23 项，可以归为 6 类：

第一类为地区 s 出口中所隐含并被国外吸收的增加值，包括（1）（2）（3）（4）（5）（6）。

第二类为地区 s 出口所隐含的增加值，返回国内，并被国内其他地区吸收，包括（7）（8）（9）。

第三类为地区 s 出口所隐含的增加值，返回国内，并被地区 s 自己吸收，包括（10）（11）（12）。

第四类为地区 s 出口中所隐含的国外增加值，包括（15）（16）（18）（19）。

第五类为地区 s 出口中所隐含的国内其他地区的增加值，包括（21）（22）。

第六类为重复计算部分，包括（13）（14）（17）（20）（23）。

根据式（7-2），并参考 Wang 等（2013，2015）的研究，可以得到地区 s 向所有国家出口的增加值

$$VA^{s*} = \widehat{V^s} B^{ss} \sum_R^G Y^{sR} + \widehat{V^s} \sum_R^G B^{sR} Y^{RR} + \widehat{V^s} \sum_R^G \sum_{T \neq R}^G B^{sT} Y^{TR} + \sum_R^G \sum_{u \neq s}^Q \widehat{V^s} B^{su} Y^{uR}$$

$$(7-3)$$

根据式（7-3），地区 s 向国家 R 的增加值出口可以通过以下几条途径实现：一是地区 s 直接出口最终产品到国家 R，从而实现增加值出口，即式（7-3）右边第 1 项（Ⅰ）；二是地区 s 出口中间产品到国家 R，进而实现增加值出口，即式（7-3）右边第 2 项、第 3 项、第 4 项之和。其中，中间产品出口可进一步分为地区 s 直接出口中间产品到国家 R（第 2 项）（Ⅱ）；地区 s 出口中间产品到其他国家，其他国家加工成最终产品再出口到国家 R（第 3 项）（Ⅲ）；地区 s 调出中间产品到国内其他地区，国内其他地区加工成最终产品后出口到国家 R（第 4 项）（Ⅳ）。

相应地，可以得到地区 s 从所有国家进口的增加值

$$VA^{*s} = \sum_R^G \widehat{V^R} B^{RR} Y^{Rs} + \sum_R^G \widehat{V^R} B^{Rs} Y^{ss} + \sum_R^G \sum_{T \neq R}^G \widehat{V^R} B^{RT} Y^{TS} +$$

$$\sum_R^G \sum_{u \neq s}^g \widehat{V^R} B^{Ru} Y^{us} \qquad (7-4)$$

根据式（7-3）和式（7-4），可以得到地区 s 的增加值净出口

$$net VA^{s*} = VA^{s*} - VA^{*s} = \sum_R^G (VA^{sR} - VA^{Rs}) \qquad (7-5)$$

用同样的方法也可测算出地区 s 向所有国家出口和进口的碳排放

$$CE^{s*} = \widehat{C}^s B^{ss} \sum_{R}^{G} Y^{sR} + \widehat{C}^s \sum_{R}^{G} B^{sR} Y^{RR} + \widehat{C}^s \sum_{R}^{G} \sum_{T \neq R}^{G} B^{sT} Y^{TR} + \sum_{R}^{G} \sum_{u \neq s}^{Q} \widehat{C}^s B^{su} Y^{uR}$$

$$(7-6)$$

$$CE^{*s} = \sum_{R}^{G} \widehat{C}^R B^{RR} Y^{Rs} + \sum_{R}^{G} \widehat{C}^R B^{Rs} Y^{ss} + \sum_{R}^{G} \sum_{T \neq R}^{G} \widehat{C}^R B^{RT} Y^{TS} +$$

$$\sum_{R}^{G} \sum_{u \neq s}^{g} \widehat{C}^R B^{Ru} Y^{us}$$

$$(7-7)$$

其中，$\widehat{C}^s$ 为地区 s 的碳排放系数。根据式（7-6）和式（7-7），可得到地区 s 的碳排放净出口

$$net\, CE^{s*} = CE^{s*} - CE^{*s} = \sum_{R}^{G} (CE^{sR} - CE^{Rs})$$

$$(7-8)$$

根据地区 s 在全球价值链中获取的增加值和承担的碳排放，构建环境公平性指数，来表示增加值净出口和二氧化碳排放净出口的关系：

$$NCV^{sR} = netCE^{sR}/netVA^{sR}$$

$$(7-9)$$

NCV^{sR} 表示环境公平性指数，即地区 s 向国家 R 的出口中每获得一单位的净增加值所要承担的净碳排放。NCV 代表某一地区的单位增加值净出口所要承担的净碳排放。

综合增加值净出口、碳排放净出口以及 NCV，可以将地区或行业参与全球价值链分工的境况分为四种：

类型 I：$Net\ VA-export > 0$，$Net\ CE-export > 0$，$NCV > 0$。这类地区或行业参与全球价值链分工一方面促进了经济发展，另一方面导致了碳排放的增加；且｜NCV｜越大，在全球价值链分工参与中每获取单位净增加值所承担的净碳排放就越高。

类型 II：$Net\ VA-export < 0$，$Net\ CE-export > 0$，$NCV < 0$。这类地区或行业在参与全球价值链分工过程中获利为负，却承担着净碳排放，这意味着极其恶劣的全球价值链分工参与状况，参与全球价值链分工给经济发展和环境带来不利影响，并且｜NCV｜越大，其所处境况就越恶劣。

类型 III：$Net\ VA-export < 0$，$Net\ CE-export < 0$，$NCV > 0$。在这种情况下，增加值净出口和碳排放净出口均为负，实质上相当于用经济收益购买了

碳排放转嫁的权利，这有利于减缓碳减排压力，改善环境状况，但不利于经济发展。｜NCV｜越大，则单位实际收益对碳排放转嫁出去的购买力越大，对本地的经济环境发展也就越有利。

类型Ⅳ：$Net\ VA - export > 0$，$Net\ CE - export < 0$，$NCV < 0$。这意味着在全球价值链分工参与中收获了净收益，并且净碳排放由其他国家承担，表明参与全球价值链分工既促进了经济发展又改善了环境，处于最有利的地位。

二、数据来源

本研究的 2002 年、2007 年和 2012 年中国区域间投入产出表由李善同等编制（Li et al., 2010；Li et al., 2016；Li et al., 2018），参考 Meng 等（2013）的方法，将中国区域间投入产出表与 WIOT 表进行链接，最终链接完成嵌入中国区域间投入产出表的世界投入产出表。该投入产出表包含中国 30 个省、14 个国家和地区（欧盟、澳大利亚、巴西、加拿大、印度、印度尼西亚、日本、韩国、中国台湾、墨西哥、俄罗斯、土耳其、美国、世界其他地区），每个国家（或地区）包含 18 个行业。在此基础上，借鉴 Minx 等（2011）的双重缩减方法对链接后的投入产出表进行了价格平减。

中国各省各行业碳排放数据来自中国排放账户（China Emissions Accounts and Datasets，CEADS）。2002 年和 2014 年 14 个国家和地区分行业碳排放数据来自 WIOD。

第三节 研究结果分析

一、全球价值链分工中山西省增加值进出口分析

从增加值进出口总量来看，2002—2012 年山西参与全球价值链分工过程中增加值进出口均保持了高速增长的态势（见图 7 - 1）。山西增加值出口由 2002 年的 316500 万美元增加到 2012 年的 2222800 万美元，年均增长率为

21.5%，增加值进口则由 161400 万美元增加到 2679100 万美元，年均增长率高达 32.4%。增加值进出口总量的高速增长表明山西在全球价值链分工中的参与度逐渐提高。对比总值贸易状况可以发现，传统方法核算的山西进出口量远小于其增加值进出口量，并且差距还在不断拉大，如 2012 年增加值出口总量为 2222800 万美元，而传统方法核算的出口量仅为 602400 万美元。

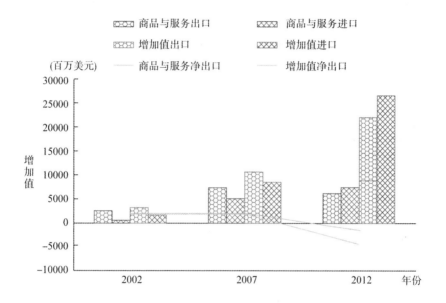

图 7-1　山西省商品与服务进出口、增加值进出口及其净出口（2002—2012 年）

然而，山西省在全球价值链分工参与中的获利能力远不及东部沿海省份（见图 7-2）。山西省增加值出口占全国增加值出口的比重一直维持在 1.35% 左右，在 30 个省份中排第 18 名或第 19 名，而以加工制造业为主的东部沿海省份广东和江苏在全国各省当中获益能力最强（分别为第 1 名、第 2 名），在全球价值链分工中实现的增加值出口是山西的数十倍，以服务业为主的东部城市上海和北京在全球价值链分工参与中实现的增加值出口也是山西省的数倍。可以说，山西作为资源型省份，在全球价值链中的获益能力相当微弱。同时，山西在全球价值链分工中被其他国家或地区获取的利益越来越多，即增加值进口不断上涨，山西增加值进口占全国的比重由 2002 年的 0.85% 增长为

2012 年的 1.87%。2012 年，山西增加值进口超过了增加值出口（见图 7－2）。这意味着在全球价值链中，山西省由以增加值获取为主的状况转变为被获取为主，山西省在全球价值链中的实际获利情况不容乐观。2002—2007年山西省增加值净出口总量略有增加（由 155100 万美元增至 197900 万美元），然而在 2012 年骤然下降为负值（－456400 万美元），增加值贸易由顺差变为逆差。

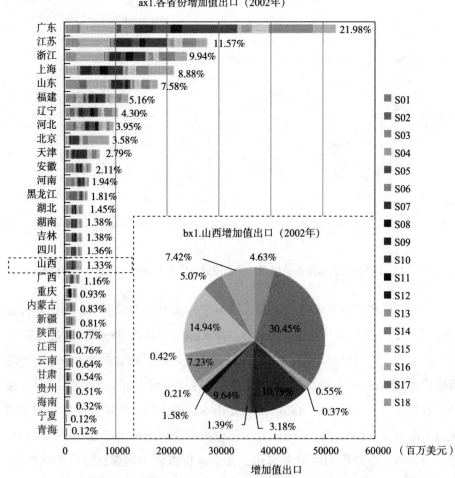

图 7－2　山西及其他各省份增加值进出口总量和行业结构变化

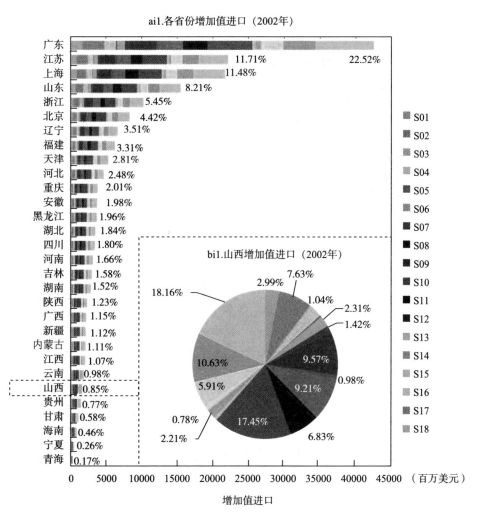

图 7－2　山西及其他各省份增加值进出口总量和行业结构变化（续）

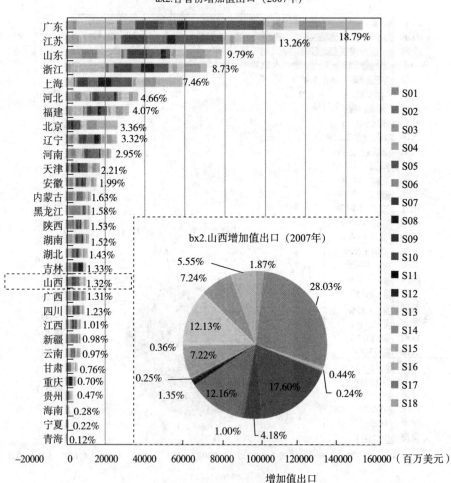

图7-2 山西及其他各省份增加值进出口总量和行业结构变化（续）

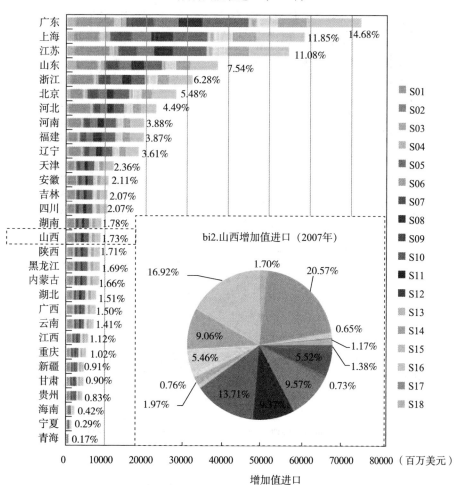

图7-2 山西及其他各省份增加值进出口总量和行业结构变化（续）

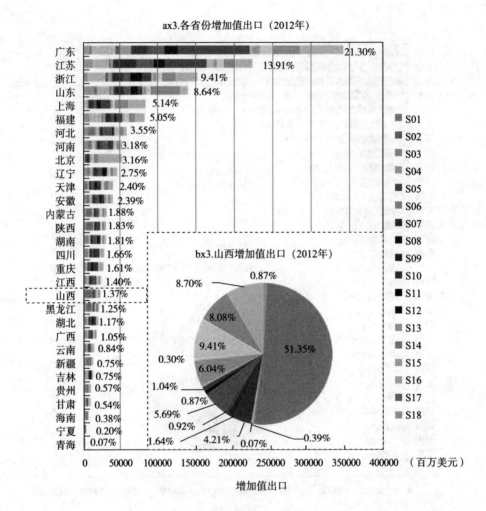

图 7 - 2　山西及其他各省份增加值进出口总量和行业结构变化（续）

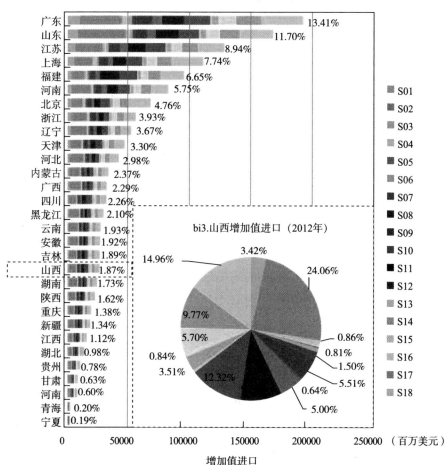

图7-2 山西及其他各省份增加值进出口总量和行业结构变化（续）

注：ax1、ax2、ax3 表示中国各省份增加值出口，ai1、ai2、ai3 表示各省份增加值进口；bx1、bx2、bx3 展示山西省增加值出口行业分布情况，bi1、bi2、bi3 展示山西省增加值进口行业分布情况。行业代码名称：S01 农业；S02 采掘业；S03 食品和烟草业；S04 纺织皮革业；S05 木材加工行业；S06 造纸印刷业；S07 石油、炼焦产品和核燃料加工品行业；S08 化学产品行业；S09 非金属矿物制造行业；S10 金属制品行业；S11 设备制造业；S12 电气、电子、仪表业；S13 其他制造业；S14 电气水行业；S15 建筑业；S16 运输、仓储、邮电服务业；S17 批发、零售业和餐饮业；S18 其他服务业。

从部门情况来看，山西增加值出口主要由资源型产业实现。2002 年山西实现增加值出口最多的三个部门为 S02（采掘业）、S16（运输、仓储、邮电服务业）和 S07（石油、炼焦产品和核燃料加工品行业），占山西增加值出口的比重分别为 30.45%、14.94% 和 10.79%，这三个部门对山西增加值出口的贡献率超过了 56%。需要注意的是，尽管 S16 不属于资源型产业，但是由于山西省特殊的产业结构，其省内运输业多是为煤炭矿产服务的，运输业与采掘业密切相关，因此，随着 S02 部门实现大量的增加值出口，S16 部门也会实现较多的增加值出口。2012 年，实现增加值出口最多的前两个部门仍旧为 S02 和 S16，而排名第三的部门由 S07 变为了 S18（其他服务业），三个部门的占比分别为 51.35%、9.41% 和 8.70%，同时，S07 占山西省增加值出口的比重降为 4.21%。值得注意的是，尽管 S18 的占比有所上升（由 7.42% 增长为 8.70%），但变化较小，主导山西增加值出口的部门仍为 S02 和 S16，这两个部门对山西增加值出口的贡献率超过了 60%。这充分说明了山西省在实现增加值出口过程中严重依赖于资源型产业，且依赖程度在逐渐加深。

山西的增加值进口主要是由对国外的加工制造业和服务业的需求产生的。2002 年山西增加值进口最多的三个部门为 S18（其他服务业）、S12（电气、电子、仪表业）和 S17（批发、零售业和餐饮业），三个部门占比分别为 18.16%、17.45% 和 10.63%；2012 年，增加值进口最多的三个部门变为 S02（采掘业）、S18（其他服务业）和 S12（电气、电子、仪表业），占比分别为 24.06%、14.96% 和 12.32%。值得注意的是，从 2002 年到 2012 年，不仅山西省 S02（采掘业）部门增加值进口逐渐增多，中国其他各省的 S02（采掘业）部门的增加值进口均逐渐增多，这主要是由中国扩大资源进口政策导致的。但是，山西省增加值进口仍旧是由于自身制造业和服务业发展严重不足，为满足省内需求而从国外大量进口产生的。例如，2012 年山西省增加值进口中占比较大部门分别为：S08（化学产品行业）、S10（金属制品行业）、S11（设备制造业）、S12（电气、电子、仪表业）、S17（批发、零售业和餐饮业）、S18（其他服务业），这六个部门对增加值进口的贡献率高达

60%。同时，制造业和服务业的增加值进口远远超过了增加值出口，这也使得2012年山西省增加值贸易由顺差转为逆差。而东部沿海省份参与全球价值链分工中的行业分布与山西省存在明显的差异。如广东和北京增加值出口的实现分别依靠加工制造业和服务业，而增加值进口中资源型产业（S02）均占较大比重（2012年分别为18%和14%）。

山西省主要通过向沿海省份提供中间产品和原材料，间接参与全球价值链分工，并实现增加值出口。根据统计数据，山西省通过出口最终产品实现的增加值出口所占比重越来越小，由2002年的13%下降为2012年的5%；而通过出口中间产品实现的增加值出口所占的比重越来越大，由2002年的87%增长为2012年的95%。中间产品出口比重不断加大，意味着山西省间接参与全球价值链的程度也在不断加深。值得注意的是，中间产品出口中的途径Ⅳ是山西先调出中间产品到国内其他地区，由国内其他地区加工成最终产品再出口，从而实现增加值的出口。这一途径反映了山西通过向国内其他地区提供中间产品，间接参与全球价值链分工。山西由途径Ⅳ实现的增加值出口比重增长迅速，由2002年的16%增长为2012年的41%。这表明山西与国内其他省份的贸易往来越来越密切，增加值出口越来越依靠国内其他省份来实现，即越来越依靠国内其他省份参与全球价值链分工，这也解释了山西省的增加值出口远远大于传统的总值出口的原因。研究还发现，在中间产品出口中S02所占的比重具有绝对优势，特别是途径Ⅳ中S02所占比重不断加大，在2012年高达58%。这充分表明了山西省资源型产业对国内其他省份出口的支持，且支持力度越来越大。

为此，我们给出了S02部门和其他部门通过国内其他省份实现的增加值出口状况（见图7-3）。从图7-3中可以发现，从2002年到2012年，山西S02部门经过国内其他省份实现的增加值出口不仅数量剧增，与其他部门相比所占的比重也越来越大，并在2012年超过了其他17个部门的比重总和。同时，江苏、浙江、广东、上海、河北是山西增加值出口途经的主要省份，途经这几个省份的比重也由2002年的70%增长至2012年的80%。山西省作为资源大省，在我国的经济发展中长期属于资源供给大省，尽管其直接出口的商品与服务较少，但通过向国内其他省份供给资源型中间产品，间接实现了大量的增加值出口，并且也主要是通过向制造业大省提供资源来实现的。而且，随着 S02 比重的不断加大，山西省作为资源供给大省的定位越来越明显，这意味着，山西省依赖资源发展的问题越来越严重。长期以来的经济转型尽管使山西省在全球价值链分工中获取了利益，却并没有改变其依赖资源实现经济发展的问题，并且资源依赖问题还在不断加重。

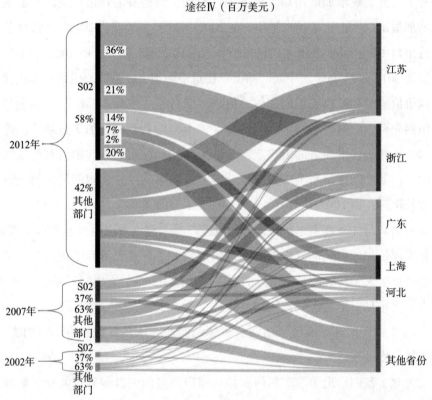

途径Ⅳ（百万美元）

图 7 - 3 山西省通过途径Ⅳ实现的增加值出口及途经的国内其他省份分布

二、全球价值链中山西省碳排放进出口分析

从碳排放进出口总量来看，2002—2012 年山西省的碳排放进出口均保持持续增长（见图 7 - 4），碳排放进出口年均增长率分别为 25.2% 和 6.2%。尽

管山西碳排放进口增长速度高于出口，但进口的总量仍远远低于出口的总量。2012 年出口碳排放约为进口碳排放的 4 倍。也就是说，山西在全球价值链中承担的碳排放仍旧远远大于被承担的碳排放。图 7-5 显示，2012 年山西碳排放出口占全国的比重为 3.86%，在全国排第 9 位，与前面的增加值出口形成鲜明对比；2012 年山西省增加值出口占全国的比重为 1.37%，在全国排第 19 位。不仅如此，山西省的碳排放净出口也位居全国前列，2012 年占全国比重为 6%，而其增加值净出口在 2002—2012 年由顺差变为逆差。增加值出口与碳排放出口存在显著差异，意味着山西在全球价值链分工参与中承担的碳排放远远高于其获得的收益。结合增加值出口来看，2012 年山西增加值出口为 2679100 万美元，碳排放出口为 6201 万吨，也就是说，山西参与全球价值链分工每获取 1 美元的收益就要承担约 2.80 千克的碳排放，远高于全国平均水平（0.99 千克/美元）（见图 7-6）。而东部沿海的广东和北京，单位增加值出口隐含碳分别为 0.55 千克/美元和 0.29 千克/美元。与广东和北京相比，山西省作为资源型省份，在全球价值链中取得的收益远远低于其承担的碳排放成本，表明其在全球价值链分工参与中也处于相对劣势的地位。

从部门情况来看，山西省碳排放出口主要来自资源型产业，而碳排放进口主要来自制造业和建筑业。从 2002 年到 2012 年，山西省碳排放出口的主要部门为 S02（采掘业）、S07（石油、炼焦产品和核燃料加工品行业）、S10（金属制品行业）、S14（电气水行业），碳排放进口的主要部门为 S11（设备制造业）、S12（电气、电子、仪表业）、S15（建筑业）。尤其是 S14（电气水行业），其出口的碳排放比重不断攀升，在 2012 年高达 53%。这主要是因为 S14（电气水行业）是高碳密集型行业，碳排放强度大，产生的碳排放也较多。同时，高碳密集型行业的碳排放出口与增加值出口也形成了鲜明的对比，S07（石油、炼焦产品和核燃料加工品行业）、S10（金属制品行业）和 S14（电气水行业）这些高污染、高排放型的重工业在山西省的增加值出口中仅占 17%，而在碳排放出口中的占比却高达 82%。

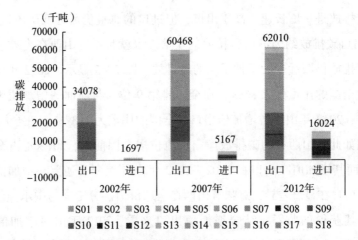

图 7-4 山西省碳排放进出口状况（2002—2012 年）

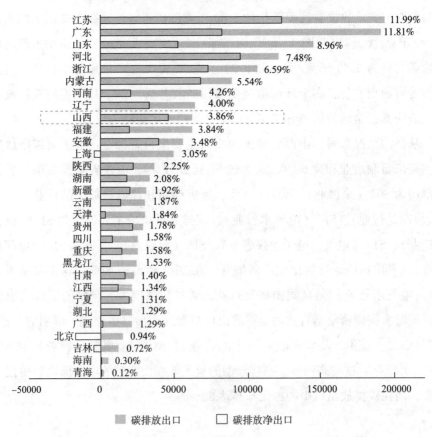

图 7-5 2012 年山西省及其他各省份碳排放出口和净出口情况

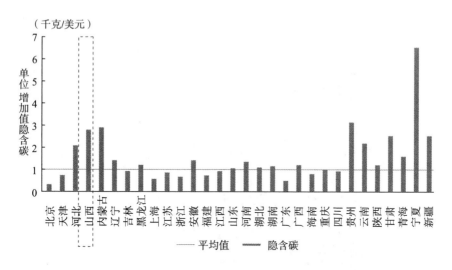

图7-6　2012年山西省与其他各省份单位增加值出口中隐含碳比较

与增加值出口类似，山西省碳排放出口也主要是通过出口中间产品来满足国外的最终需求而产生的（见图7-7）。2002—2012年，山西省通过出口中间产品产生的碳排放比重（途径Ⅱ、途径Ⅲ、途径Ⅳ的比重总和）由89%增长至96%。不仅如此，经由国内其他省份出口的碳排放也逐渐增多（途径Ⅳ），其占碳排放出口总量的比重由20%增长至38%。也就是说，山西通过国内其他省份来参与全球价值链的分工导致了自身碳排放的增多和环境压力的增大。同时，高碳密集型产业S14（电气水行业）也是通过国内其他省份出口碳排放最多的产业，尽管S14（电气水行业）出口的碳排放在途径Ⅳ中的比重有所下降，但在2012年占比仍高达57%。此外，江苏、浙江、广东、上海、河北也是山西出口碳排放过程中主要途经的省份，2007年通过这五个省份出口的碳排放占途径Ⅳ碳排放出口总量的比重达到80%（见图7-7）；2012年这一比重有所下降，但仍旧高达69%，加工制造型省份仍旧是山西省通过出口中间产品而产生碳排放出口主要经过的地区。

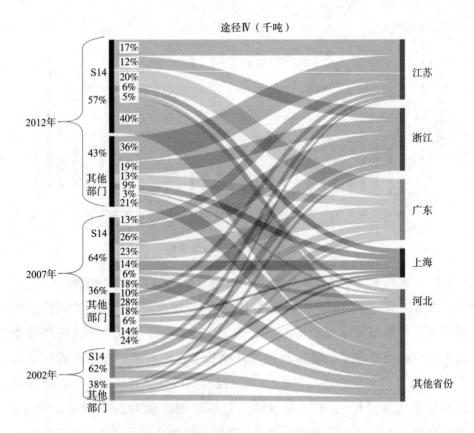

图 7 – 7 山西通过途径Ⅳ产生的碳排放出口及途经的国内其他省份分布

第四节 结果讨论

一、价值链视角下山西省与其他省份贸易分析

从前面的研究结果中得知，2002—2012 年山西的增加值和碳排放进出口总量均保持了快速增长的态势。一方面，山西通过参与全球价值链分工获取的增加值和承担的碳排放越来越多；另一方面，山西省在全球价值链中被获取的增加值和被承担的碳排放也逐渐增多。那么，山西参与全球价值链分工的真实获利情况如何呢？为此，本书构建出环境不公平指数，结合增加值净

出口和碳排放净出口进行分析，并将中国各省参与全球价值链分工的境况分为三类。

研究发现，以山西省为代表的资源型省份在全球价值链分工参与中的境况逐渐恶化，而以东部沿海省份为主的加工制造型省份的境况逐渐改善。从2002年到2007年中国大部分省份在全球价值链分工中的境况均有所改善，有10个省份（内蒙古、陕西、新疆等）由极其恶劣的类型Ⅱ转为了可以获利的类型Ⅰ，多数处于类型Ⅰ的省份（安徽、浙江、江苏等）参与全球价值链分工获得的单位净增加值所承担的碳排放有所下降，实现单位净增加值的碳排放均不足1千克/美元。这些地区在全球价值链分工参与中获取更多净增加值的同时，对环境造成的相对负面影响也逐渐减弱。然而，山西省的情况却不容乐观，2002年至2007年山西参与全球价值链分工实现的单位净增加值所承担的碳排放由20.87千克/美元上升为27.94千克/美元，也就是说，山西省在获取同等利益的情况下，对环境产生的负面影响逐渐增强。2007—2012年，由于全球金融危机的影响，中国大部分资源型省份在全球价值链分工中的境况有所恶化，由牺牲环境而获利的类型Ⅰ转变为经济环境双双受损的类型Ⅱ，这其中就包括山西省。与资源型省份相比，加工制造型省份受金融危机的影响较小，仅有少数省份的境况变差，绝大多数加工制造型省份在全球价值链分工中的境况在持续改善，特别是广东、江苏和浙江。这也进一步说明以山西为代表的资源型地区在全球价值链中的处境十分恶劣，其经济发展容易受到外部环境的影响，一旦经济危机来袭，经济发展就会遭受重创，环境发展也将遭受损失。

二、价值链视角下山西省行业发展分析

为了找出山西省在全球价值链分工中境况变差的背后原因，我们从环境不公的角度对山西省的各个部门进行了分析。为此，我们对2002年和2012年山西省的18个行业进行了类型划分（见图7-8和图7-9）。

从图7-8中可以发现，2002年山西省18个行业中有7个属于类型Ⅰ（*Net VA - export* >0，*Net CE - export* >0）：S01（农业）、S02（采掘业）、S07

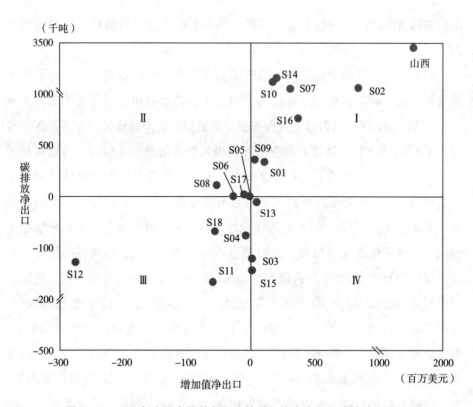

图 7 - 8　2002 年山西省及其各行业的增加值净出口和碳排放净出口

（石油、炼焦产品和核燃料加工品行业）、S09（非金属矿物品制造行业）、S10（金属制品行业）、S14（电气水行业）和 S16（运输、仓储、邮电服务业）。这 7 个行业中既有资源型产业也有加工制造业，在全球价值链分工参与中均以牺牲环境为代价来换取实际利益。有 4 个行业属于类型Ⅱ（*Net VA - export* < 0，*Net CE - export* > 0）：S05（木材加工行业）、S06（造纸印刷业）、S08（化学产品行业）和 S17（批发、零售业和餐饮业）。这 4 个行业中既有加工制造业也有服务业，尽管在全球价值链分工参与中既没有为山西省带来实际利益，又为国外承担了额外的碳排放成本，但是承担的碳排放成本和损失的实际利益都较少。有 4 个行业属于类型Ⅲ（*Net VA - export* < 0，*Net CE - export* < 0）：S04（纺织皮革业）、S11（设备制造业）、S12（电气、电子、仪表业）和 S18（其他服务业）。这 4 个行业主要是制造业和服务业，既没有为山

西省带来实际利益，也没有为国外承担额外的碳排放成本。有 3 个行业属于类型Ⅳ（*Net VA – export* >0，*Net CE – export* <0）：S03（食品和烟草业）、S13（其他制造业）和 S15（建筑业），这 3 个行业在全球价值链分工参与中具有绝对的优势，既获得了实际利益，又没有为国外承担额外的碳排放成本，在四种类型中属于最优，是一种经济和环境双赢的状态。

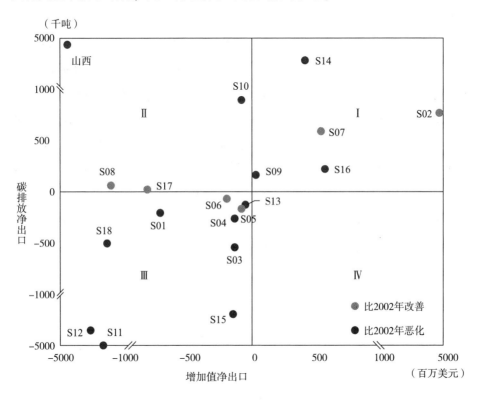

图 7 – 9　2012 年山西省及其各行业的增加值净出口和碳排放净出口

从图 7 – 9 中可以发现，2012 年山西省 18 个行业中有 5 个属于类型Ⅰ（*Net VA – export* >0，*Net CE – export* >0）：S02（采掘业）、S07（石油、炼焦产品和核燃料加工品行业）、S09（非金属矿物制造业）、S14（电气水行业）和 S16（运输、仓储、邮电服务业）。有 3 个行业属于类型Ⅱ（*Net VA – export* <0，*Net CE – export* >0）：S08（化学产品行业）、S10（金属制品行业）、S17（批发、零售业和餐饮业）。有 10 个行业属于类型Ⅲ（*Net VA – export* <0，

Net CE – export <0）：S01（农业）、S03（食品和烟草业）、S04（纺织皮革业）、S05（木材加工业）、S06（造纸印刷业）、S11（设备制造业）、S12（电气、电子、仪表业）、S13（其他制造业）、S15（建筑业）和 S18（其他服务业）。18个行业中没有行业属于类型Ⅳ（*Net VA – export* >0，*Net CE – export* <0），即没有行业在参与全球价值链分工中导致山西碳排放减少，同时获取净增加值。

对比图 7-8 和图 7-9 可以发现，2002—2012 年山西省在全球价值链分工参与中境况恶化的主要原因是对资源型产业的依赖逐渐加深，而制造业和服务业发展严重不足。一方面，山西省实现增加值净出口的部门数量持续下降。2002 年山西省产生实际利益（*Net VA – export* >0）的部门有 10 个，到2012 年仅剩下 5 个；而且 2002 年产生实际利益的不仅有资源型产业，也有加工制造业和服务业，如 S01、S03、S10、S13、S15、S16，其中 S03、S13 和S15 这三个部门甚至实现了经济和环境双赢（*Net VA – export* >0，*Net CE – export* <0）。然而到 2012 年，实现增加值净出口的几乎只剩下资源能源型部门，S16 部门仍在产生实际利益，是因为其主要是服务于采掘业，与资源型产业关系紧密。另一方面，多数部门境况恶化严重，且境况恶化的部门数量多于境况改善的部门数量。以 2002 年为基准，2012 年山西省有 12 个部门的境况剧烈恶化。首先是环境不公平类型的恶化：S10（金属制品行业）由类型Ⅰ（*Net VA – export* >0，*Net CE – export* >0）恶化为类型Ⅱ（*Net VA – export* <0，*Net CE – export* >0），恶化后的 S10 部门不仅未给山西省带来实际利益，还使山西省为国外承担了额外的碳排放成本，这是极度恶劣且不公平的，使经济和环境双双遭受损失；S03、S13 和 S15 这三个部门由经济和环境双赢的类型Ⅳ（*Net VA – export* >0，*Net CE – export* <0）恶化为类型Ⅲ（*Net VA – export* <0，*Net CE – export* <0），尽管这类部门的实际碳排放成本转移到了国外，但是使实际利益受到了损失，不利于山西省经济的发展。其次是相同类型内环境不公平指数的恶化：同属于类型Ⅰ（*Net VA – export* >0，*Net CE – export* >0）的 S09、S14 和 S16 部门急剧恶化，*NCV* 指数增大，也就是说，这三个部门在取得同等利益的情况下，使山西省承担的实际碳排放成本加大，对环境造成的负面影响也加重；同属于类型Ⅲ（$Net\ VA-export<0$，$Net\ CE-export<0$）的 S04、S11、S12 和 S18，这四个部门的环境不公平指数减小，在这种情况下，山西省每牺牲 1 美元的经济收益所换来的碳排放转移（由国外为山西省额外承担的碳排放成本）减少。另外，山西省有少数部门在全球价值链分工中的境况有所改善。如 S02（采掘业）和 S07（石油、炼焦产品和核燃料加工品行业），这两个部门同属于资源型产业，但其环境不公平状况有所改善，在取得相同实际利益的情况下，使山西省承担的碳排放成本逐渐减少，这对于山西省的经济和环境发展是有利的。

总体来说，从 2002 年到 2012 年，山西省在全球价值链分工参与中，尽管资源型产业的境况有所改善，但是与资源型产业密切相关的产业急剧恶化，加工制造业和服务业发展严重滞后，使得山西省整体上从可以获得实际利益的类型Ⅰ（$Net\ VA-export>0$，$Net\ CE-export>0$）恶化为境况十分恶劣的类型Ⅱ（$Net\ VA-export<0$，$Net\ CE-export>0$）。山西省在全球价值链分工参与中的实际收益由顺差变为逆差，却仍要为国外承担额外的碳排放成本，处于一种经济和环境双双受损的极度恶劣且不公平的境地。

第五节　研究结论与政策建议

一、研究结论

本部分基于 2002 年、2007 年和 2012 年嵌入中国省份的世界投入产出表，全面研究并测算了资源型省份山西在全球价值链分工参与中获取的增加值利益与承担的碳排放成本，并依据增加值净出口和碳排放净出口构建了经济环境不公平指数，以此来评估山西省在全球价值链分工中所处的地位。具体的研究结论如下：

第一，2002—2012 年山西参与全球价值链分工过程中增加值进出口都保持了高速增长的态势，其增加值出口主要由资源型产业实现，增加值进口主要由加工制造业和服务业实现。然而,山西省在全球价值链分工参与中的获利能力远远不及东部沿海省份,而且其实现增加值出口也主要是通过沿海省份间接参与全球价值链分工,为沿海省份参与全球价值链分工提供原材料。

第二,2002—2012年山西省碳排放进出口总量持续增长,但产生的碳排放出口总量远远高于其进口总量,其碳排放出口主要来自资源型产业,而碳排放进口主要来自制造业和建筑业。山西省的碳排放出口主要是通过S14(电气水行业)部门来实现,也主要是通过中间产品出口,尤其是经由东部沿海省份来实现。江苏、浙江、广东、上海、河北是山西省实现碳排放出口主要途经的中间地区,而且山西省在全球价值链分工中实现的单位增加值出口所承担的碳排放成本远远高于沿海加工制造型省份。

第三,结合增加值净出口和碳排放净出口构建的经济环境不公平指数分析可知,2002—2012年,以山西省为代表的资源型省份在全球价值链分工参与中的境况逐渐恶化,而以东部沿海省份为主的加工制造型省份的境况逐渐改善。山西省在全球价值链分工参与中的获利主要是通过资源型产业,以牺牲环境为代价来换取利益,而加工制造业和服务业未产生实际利益。而境况恶化的主要原因是山西省对资源型产业的依赖逐渐加深,但制造业和服务业发展严重不足。

二、政策建议

改革开放以来,沿海省份出于历史原因和国家政策支持,经济飞速发展,成为国家产品出口的主要地区,也形成了以加工制造业为主的行业体系。然而,由于受制于煤炭资源禀赋因素,山西省被国家作为能源基地向其他省份提供高污染、低附加值的产品。尽管山西省一直致力于资源型经济转型,但由于区位发展优势已经确立,欠发达的山西省难以在全国以及全球的产品链中取得突破。与沿海省份相比,山西省在全球价值链分工参与中获得了较少的经济收益,但是却承担了较多份额的碳排放成本;不仅对省外市场尤其是东部沿海地区的依赖性加强,而且对矿产资源的依赖也逐渐加强,这使得山西省在外部经济环境发生动荡时容易遭受重创,难以维持自身经济发展,在全球价值链分工参与中的处境迅速恶化。因此，有必要制定落实切实可行的经济发展政策，帮助山西省走出资源经济转型困境。本部分将从以下几个方面给出建议，希望可以改变山西省在全球价值链分工参与中的地位。

第一，积极承接沿海产业转移，加快本地制造业发展，延长产业链，向全球产业链中高端迈进。一方面，山西省应以资源产业为依托，利用煤炭作能源，各种初级产品或低附加值产品作原料，发展加工业，生产多次延伸或终端产品，比如高端装备制造业、电子产品、医药产品等，提高资源就地转化率。另一方面，山西省应提升产业配套能力，加大基础设施建设，大力发展第三产业和现代化服务业，实现服务产业集群，提高产业园区利用率，改善物流环境，增强对沿海转移产业的吸引力。

第二，优化高污染、高耗能、高排放的产业技术结构，提高能源利用效率，降低污染密集型产业的碳排放强度。2002—2012 年，山西省的采掘业和炼焦业境况都出现了不同程度的好转，但是与煤炭紧密相关的行业如电力电热行业、煤化工行业、金属制品行业、交通运输业等，均呈现出严重恶化的状况。山西省在保持资源产业优势的同时，应进一步改进优化与资源型产业紧密相关的行业，大力整改淘汰落后产业，提高这些相关产业的技术水平，向集约化、绿色化发展，降低二氧化碳排放强度。

第三，加强山西省碳排放控制水平，并从环境公平性的角度出发，深入开展区域间二氧化碳减排责任划分与补偿机制相关研究。山西省产生的碳排放有很大份额是为了供应发达地区的产品出口。由于获得的经济收益少、承担的碳排放责任大，山西省减排的能力和动力均表现出不足。因此，需要研究探索建立发达沿海省份与内陆落后污染省份（如山西省）的碳排放补偿机制。一方面，需要通过加严排放标准和执法力度使碳减排成本充分内化到产品价值中；另一方面，可以通过环境税、区域间排放权交易等环境经济手段为山西省的环境治理提供更多的治理资金，保证山西省的环境治理有足够的资金保障。

本章参考文献

［1］ Auty R M. Sustaining Development in Mineral Economics：The Resource

Curse Thesis [M]. London: Routledge, 1993.

[2] Baldwin R, Lopez - Gonzalez J. Supply - chain trade: A portrait of global patterns and several testable hypotheses [J]. World Economy, 2013 (38): 1682 - 1721.

[3] Beverelli C, Stolzenburg V, Koopman R, et al. Domestic value chains as stepping stones to global value chain integration [J]. The World Economy, 2019, 42 (5): 1467 - 1494.

[4] Fitjar R D, Timmermans B. Relatedness and the resource curse: Is there a liability of relatedness? [J]. Economic Geography, 2019 (95): 231 - 255.

[5] Hertwich E G, Peters G P. Carbon footprint of nations: A global, trade - linked analysis [J]. Environmental Science and Technology, 2009 (43): 6414 - 6420.

[6] Hummels D, Ishii J, Yi K - M. The nature and growth of vertical speciali- zation in world trade [J]. Journal of International Economics, 2001 (54): 75 - 96.

[7] Javorsek M, Camacho I, Chowdhury R M H. Trade in value added: Concepts, estimation and analysis [R]. ESCAP, 2015.

[8] Johnson R C, Noguera G. Accounting for intermediates: Production sha- ring and trade in value added [J]. Journal of International Economics, 2012 (86): 224 - 236.

[9] Kanemoto K, Moran D, Lenzen M, et al. International trade undermines national emission reduction targets: New evidence from air pollution [J]. Global Environmental Change, 2014 (24): 52 - 59.

[10] Koopman R, Wang Z, Wei S J. Estimating domestic content in exports when processing trade is pervasive [J]. Journal of Development Economics, 2012 (99): 178 - 189.

[11] Koopman R, Wang Z, Wei S - J. Tracing value - added and double counting in gross exports [J]. American Economic Review, 2014 (104):

459 – 494.

［12］Li H, Long R, Chen H. Economic transition policies in Chinese re-source – based cities: An overview of government efforts ［J］. Energy Policy, 2013 (55): 251 – 260.

［13］Li L, Lei Y, Pan D, et al. Research on sustainable development of re-source – based cities based on the DEA Approach: A case study of Jiaozuo, China ［J］. Mathematical Problems in Engineering, 2016 (10): 1 – 10.

［14］Li S T. China Regional Expansion Input – Output Table in 2007: Prep-aration and Application ［M］. Beijing: Economic Science Press, China, 2016.

［15］Li S T. China Regional Expansion Input – Output Table in 2012: Prepa-ration and Application ［M］. Beijing: Economic Science Press, China, 2018.

［16］Li S T, Qi S C, Xu Y Z. China Regional Expansion Input – Output Ta-ble in 2002: Preparation and Application ［M］. Beijing: Economic Science Press, China, 2010.

［17］Li Z, Zhang L, Ye R, et al. Indoor air pollution from coal combustion and the risk of neural tube defects in a rural population in shanxi province, China ［J］. American Journal of Epidemiology, 2011 (174): 451 – 458.

［18］Liu H, Liu W, Fan X, et al. Carbon emissions embodied in value add-ed chains in China ［J］. Journal of Cleaner Production, 2015 (103): 362 – 370.

［19］Los B, Timmer M P, Vries G J. Tracing value – added and double counting in gross exports: Comment ［J］. American Economic Review, 2016, 106 (7).

［20］Manzano O, Gutiérrez J. The subnational resource curse: Theory and evidence ［J］. The Extractive Industries and Society, 2019 (6): 261 – 266.

［21］Mattoo A, Wang Z, Wei S J. Trade in value added: Developing new measures of cross – border trade ［R］. Boston: World Bank, 2013.

［22］Meng B, Peters G P, Wang Z, et al. Tracing CO_2 emissions in global value chains ［J］. Energy Economics, 2018 (73): 24 – 42.

［23］ Meng B, Wang J, Andrew R, et al. Spatial spillover effects in determining China's regional CO_2 emissions growth: 2007 – 2010 ［J］. Energy Economics, 2017（63）: 161 – 173.

［24］ Meng B, Xue J, Feng K, et al. China's inter – regional spillover of carbon emissions and domestic supply chains ［J］. Energy Policy, 2013（61）: 1305 – 1321.

［25］ Meng B, Wang Z, Koopman R. How are global value chains fragmented and extended in China's domestic production networks? ［R］. IDE Discussion Papers, 2013.

［26］ Minx J C, Baiocchi G, Peters G P, et al. A carbonizing dragon: China'sfast – growing CO_2 emissions revisited ［J］. Environmental Science and Technology, 2011, 45（21）: 45 – 53.

［27］ NDRC. Shanxi Provincial National Resource – based Economic Transition Comprehensive Reform Pilot Zone ［R］. National Development and Reform Commission, 2010.

［28］ Peters G P. From production – based to consumption – based national emission inventories ［J］. Ecological Economics, 2008（65）: 13 – 23.

［29］ Peters G P, Hertwich E G. CO_2 embodied in international trade with implications for global climate policy ［J］. Environmental Science and Technology, 2008（42）: 1401 – 1407.

［30］ Ploeg F, van der. Natural resources: Curse or blessing? ［J］. Journal of Economic Literature, 2011（49）: 366 – 420.

［31］ The State Council. National plan for sustainable development of resource – based cities（2013 – 2020）［R］. 2013.

［32］ The State Council. The state council's opinions on supporting shanxi province to further deepen reform and promote the transition and development of resource – based economy ［R］. 2017.

［33］ Wang Z, Wei S J, Yu X D. Characterizing global value chains: Production length and upstreamness［R］. NEBR Working Paper, 2017：23261.

［34］Wang Z, Wei S – J, Zhu K. Quantifying international production sharing at the bilateral and sector levels［R］. Cambridge：National Bureau of Economic Research, 2013：19677.

［35］Wang Z, Wei S, Yu X, et al. Measures of participation in global value chains and global business cycles［R］. National Bureau of Economic Research, 2017.

［36］Wu S, Li L, Li S. Natural resource abundance, natural resource – oriented industry dependence, and economic growth：Evidence from the provincial level in China［J］. Resources, Conservation and Recycling, 2018（139）：163 – 171.

［37］Xu X, Mu M, Wang Q. Recalculating CO_2 emissions from the perspective of value – added trade：An input – output analysis of China's trade data［J］. Energy Policy, 2017（107）：158 – 166.

［38］Yan D, Kong Y, Ren X, et al. The determinants of urban sustainability in Chinese resource – based cities：A panel quantile regression approach［J］. Science of the Total Environment, 2019（686）：1210 – 1219.

［39］Zhao Y, Liu Y, Zhang Z, et al. CO_2 emissions per value added in exports of China：A comparison with USA based on generalized logarithmic mean Divisia index decomposition［J］. Journal of Cleaner Production, 2017（144）：287 – 298.

［40］陈全润, 许健, 夏炎, 等. 国内国际双循环的测度方法及我国双循环格局演变趋势分析［J］. 中国管理科学, 2022, 30（1）：12 – 19.

［41］程恩富, 张峰. "双循环"新发展格局的政治经济学分析［J］. 求索, 2021（1）：108 – 115.

［42］丁晓强, 张少军, 李善同. 中国经济双循环的内外导向选择——贸易比较偏好视角［J］. 经济管理, 2021, 43（2）：23 – 37.

［43］范欣, 蔡孟玉. "双循环"新发展格局的内在逻辑与实现路径［J］. 福建师范大学学报（哲学社会科学版）, 2021（3）：19 – 29 + 171.

［44］范欣, 宋冬林, 赵新宇. 基础设施建设打破了国内市场分割吗?

[J].经济研究, 2017, 52 (2): 20-34.

[45] 高辉清, 熊亦智, 胡少维. 世界金融危机及其对中国经济的影响 [J].国际金融研究, 2008 (11): 20-26.

[46] 高敬峰, 王彬. 国内区域价值链、全球价值链与地区经济增长 [J].经济评论, 2020 (2): 20-35.

[47] 葛扬, 尹紫翔. 我国构建"双循环"新发展格局的理论分析 [J].经济问题, 2021 (4): 1-6.

[48] 何雅兴, 罗胜, 谢迟. 中国区域双重价值链的测算与嵌入特征分析 [J].数量经济技术经济研究, 2021, 38 (10): 85-106.

[49] 黄群慧, 倪红福. 中国经济国内国际双循环的测度分析——兼论新发展格局的本质特征 [J].管理世界, 2021, 37 (12): 40-58.

[50] 黄群慧. "双循环"新发展格局: 深刻内涵、时代背景与形成建议 [J].北京工业大学学报 (社会科学版), 2021, 21 (1): 9-16.

[51] 黄群慧. 新发展格局的理论逻辑、战略内涵与政策体系——基于经济现代化的视角 [J].经济研究, 2021, 56 (4): 4-23.

[52] 江小涓, 孟丽君. 内循环为主、外循环赋能与更高水平双循环——国际经验与中国实践 [J].管理世界, 2021, 37 (1): 1-19.

[53] 金凤君, 马丽, 许堞. 黄河流域产业发展对生态环境的胁迫诊断与优化路径识别 [J].资源科学, 2020, 42 (1): 127-136.

[54] 黎峰. 国内国际双循环: 理论框架与中国实践 [J].财经研究, 2021, 47 (4): 4-18.

[55] 黎峰. 双重价值链嵌入下的中国省级区域角色——一个综合理论分析框架 [J].中国工业经济, 2020 (1): 136-154.

[56] 李朝鲜. 区域价格收敛视角下中国国内市场一体化的演变特征分析 [J].北京工商大学学报 (社会科学版), 2020, 35 (5): 11-20.

[57] 李善同, 张一兵, 唐泽地. 国内市场一体化研讨会综述 [J].区域经济评论, 2022 (1): 150-154.

[58] 李晓. "双循环"需要更高水平的对外开放 [J].南开学报 (哲

学社会科学版），2021（1）：13 – 17.

［59］林毅夫．百年未有之大变局下的中国新发展格局与未来经济发展的展望［J］．北京大学学报（哲学社会科学版），2021，58（5）：32 – 40.

［60］刘景卿，车维汉．国内价值链与全球价值链：替代还是互补？［J］．中南财经政法大学学报，2019（1）：86 – 98 + 160.

［61］刘志彪．重塑中国经济内外循环的新逻辑［J］．探索与争鸣，2020（7）：42 – 49 + 157 – 158.

［62］吕越，盛斌，吕云龙．中国的市场分割会导致企业出口国内附加值率下降吗［J］．中国工业经济，2018（5）：5 – 23.

［63］马丹，郁霞．中国区域贸易增加值的特征与启示［J］．数量经济技术经济研究，2021，38（12）：3 – 24.

［64］毛其淋，盛斌．贸易自由化与中国制造业企业出口行为："入世"是否促进了出口参与？［J］．经济学（季刊），2014，13（2）：647 – 674.

［65］潘彪，黄征学．新发展格局下长三角地区制造业高质量发展的路径——基于产业分工合作的视角［J］．上海商学院学报，2021，22（3）：78 – 89.

［66］钱学锋，裴婷．国内国际双循环新发展格局：理论逻辑与内生动力［J］．重庆大学学报（社会科学版），2021，27（1）：14 – 26.

［67］盛斌，苏丹妮，邵朝对．全球价值链、国内价值链与经济增长：替代还是互补［J］．世界经济，2020，43（4）：3 – 27.

［68］王一鸣．百年大变局、高质量发展与构建新发展格局［J］．管理世界，2020，36（12）：1 – 13.

［69］行伟波，李善同．引力模型、边界效应与中国区域间贸易：基于投入产出数据的实证分析［J］．国际贸易问题，2010（10）：32 – 41.

［70］徐奇渊．双循环新发展格局：如何理解和构建［J］．金融论坛，2020，25（9）：3 – 9.

［71］余丽丽，彭水军．国内价值链分工位置、增加值收益及产业链分解［J］．经济科学，2021（3）：96 – 107.

［72］余淼杰.“大变局”与中国经济“双循环”发展新格局［J］.上海对外经贸大学学报，2020，27（6）：19－28.

［73］袁凯华，李后建，高翔.我国制造业企业国内价值链嵌入度的测算与事实［J］.统计研究，2021，38（8）：83－95.

［74］袁凯华，彭水军，余远.增加值贸易视角下中国区际贸易成本的测算与分解［J］.统计研究，2019，36（2）：63－75.

［75］张少军，刘志彪.国内价值链是否对接了全球价值链——基于联立方程模型的经验分析［J］.国际贸易问题，2013（2）：14－27.

［76］张少军.贸易的本地偏好之谜：中国悖论与实证分析［J］.管理世界，2013（11）：39－49.

［77］张燕生.构建国内国际双循环新发展格局的思考［J］.河北经贸大学学报，2021，42（1）：10－15.

［78］赵永亮，徐勇，苏桂富.区际壁垒与贸易的边界效应［J］.世界经济，2008（2）：17－29.

［79］赵永亮，徐勇.国内贸易与区际边界效应：保护与偏好［J］.管理世界，2007（9）：37－47.

［80］周曙东，韩纪琴，葛继红，等.以国内大循环为主体的国内国际双循环战略的理论探索［J］.南京农业大学学报（社会科学版），2021，21（3）：22－29.

［81］朱珉迕.不是“内循环”，不是“小循环”［N］.解放日报，2021－03－07（005）.